国家职业技能等级认定培训教材
国家基本职业培训包教材资源

家政服务员

（初级）

本书编审人员

主　编　王　君
编　者　王　方　王　君　王怡然　陈雅宜　陈珊玲
　　　　周秋芳
主　审　刘冬红
审　稿　陈　恒　刘冬红

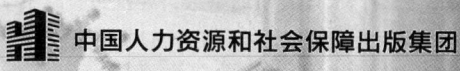
中国人力资源和社会保障出版集团

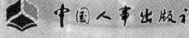

图书在版编目（CIP）数据

家政服务员：初级 / 人力资源社会保障部教材办公室组织编写. -- 北京：中国劳动社会保障出版社：中国人事出版社，2020

国家职业技能等级认定培训教材

ISBN 978-7-5167-4456-7

Ⅰ.①家… Ⅱ.①人… Ⅲ.①家政服务-职业技能-鉴定-教材 Ⅳ.①TS976.7

中国版本图书馆 CIP 数据核字（2020）第 109538 号

中国劳动社会保障出版社
中国人事出版社 出版发行

（北京市惠新东街1号 邮政编码：100029）

*

北京市艺辉印刷有限公司印刷装订　新华书店经销

787 毫米 ×1092 毫米　16 开本　28.5 印张　434 千字
2020 年 7 月第 1 版　2025 年 1 月第 7 次印刷
定价：48.00 元

营销中心电话：400-606-6496
出版社网址：http://www.class.com.cn

版权专有　　侵权必究

如有印装差错，请与本社联系调换：（010）81211666
我社将与版权执法机关配合，大力打击盗印、销售和使用盗版图书活动，敬请广大读者协助举报，经查实将给予举报者奖励。
举报电话：（010）64954652

前　言

为加快建立劳动者终身职业技能培训制度，大力实施职业技能提升行动，全面推行职业技能等级制度，推进技能人才评价制度改革，促进国家基本职业培训包制度与职业技能等级认定制度的有效衔接，进一步规范培训管理，提高培训质量，人力资源社会保障部教材办公室组织有关专家在《家政服务员国家职业技能标准》（以下简称《标准》）和国家基本职业培训包（以下简称培训包）制定工作基础上，编写了家政服务员国家职业技能等级认定培训系列教材（以下简称等级教材）。

家政服务员等级教材紧贴《标准》和培训包要求编写，内容上突出职业能力优先的编写原则，结构上按照职业功能模块分级别编写。该等级教材共包括《家政服务员（基础知识）》《家政服务员（初级）》《家政服务员（中级）》《家政服务员（高级）》《家政服务员（技师）》5本。《家政服务员（基础知识）》是各级别家政服务员均需掌握的基础知识，其他各级别教材内容分别包括各级别家政服务员应掌握的理论知识和操作技能。

本书是家政服务员等级教材中的一本，是职业技能等级认定推荐教材，也是职业技能等级认定题库开发的重要依据，已纳入国家基本职业培训包教材资源，适用于职业技能等级认定培训和中短期职业技能培训。

本书在编写过程中得到中国就业培训技术指导中心、北京家政服务协会、北京市朝阳区家庭服务业协会、北京中青家政有限公司、北京市朝阳区中青职业技能培训学校、国开文化传播（北京）有限公司等单位的大力支持与协助，在此一并表示衷心的感谢。

人力资源社会保障部教材办公室

目 录 CONTENTS

第1篇 家务服务员

职业模块1 制作家庭餐 ·· 3

培训课程1 加工配菜 ·· 5
 学习单元1 刀具的使用 ·· 5
 学习单元2 初加工蔬菜 ······································· 17
 学习单元3 初加工肉类 ······································· 28
 学习单元4 初加工鱼、虾 ····································· 39
 学习单元5 保鲜、冷冻、解冻食物 ····························· 46

培训课程2 烹制膳食 ··· 49
 学习单元1 制作单一主料凉菜 ································· 49
 学习单元2 调味品的种类和调味技术 ··························· 54
 学习单元3 厨房炊具、电器的使用方法 ························· 60
 学习单元4 燃气与用电安全 ··································· 64
 学习单元5 制作主食 ··· 68
 学习单元6 制作菜肴 ··· 80
 学习单元7 制作汤食 ··· 88

职业模块2 洗涤收纳衣物 ·· 95

培训课程1 洗涤衣物 ··· 97
 学习单元1 识别洗涤标识 ····································· 97
 学习单元2 选用洗涤用品 ····································· 99
 学习单元3 手工洗涤衣物 ···································· 108
 学习单元4 洗衣机洗涤衣物 ·································· 116

培训课程2 收纳衣物 ·· 122

学习单元1　衣物的干燥 …………………………………………………………122
　　学习单元2　衣物的收纳 …………………………………………………………127
　　学习单元3　衣物防霉、防蛀 ……………………………………………………138

职业模块3　清洁家居 …………………………………………………………………143
培训课程1　清洁居室 …………………………………………………………………145
　　学习单元1　清洁器具的使用方法 ………………………………………………145
　　学习单元2　居室清洁程序与要求 ………………………………………………151
　　学习单元3　清洁居室地面、墙面 ………………………………………………156
培训课程2　清洁家居用品 ……………………………………………………………165
　　学习单元1　常用清洁、消毒用品使用方法 ……………………………………165
　　学习单元2　厨房用设施设备清洁 ………………………………………………169
　　学习单元3　常见家用电器清洁 …………………………………………………181
　　学习单元4　家具清洁 ……………………………………………………………193
　　学习单元5　卫生洁具清洁 ………………………………………………………202

第2篇　母婴护理员

职业模块4　照护孕产妇与新生儿 ……………………………………………………211
培训课程1　照护孕妇 …………………………………………………………………213
　　学习单元1　妊娠期科学营养指导 ………………………………………………213
　　学习单元2　孕妇膳食制作 ………………………………………………………224
　　学习单元3　妊娠期起居与生活保健指导 ………………………………………238
　　学习单元4　陪同孕妇出行并准备出行物品 ……………………………………245
培训课程2　照护产妇 …………………………………………………………………247
　　学习单元1　制作产妇膳食 ………………………………………………………247
　　学习单元2　照护产妇盥洗和沐浴 ………………………………………………269
　　学习单元3　为卧床产妇擦浴、更换衣物 ………………………………………273
　　学习单元4　指导产妇喂哺新生儿 ………………………………………………279
培训课程3　照护新生儿 ………………………………………………………………288

学习单元1	新生儿生理特点	288
学习单元2	清洗、消毒奶具	291
学习单元3	为新生儿冲调奶粉	294
学习单元4	给新生儿喂奶和水	296
学习单元5	托抱新生儿	299
学习单元6	照护新生儿盥洗、沐浴	301
学习单元7	为新生儿穿、脱并洗涤衣服及换纸尿裤	306
学习单元8	为新生儿便后清洁	310

职业模块5　照护婴幼儿 ………………………………………… 315

培训课程1　照护婴幼儿膳食 …………………………………… 317

学习单元1	婴幼儿生理发育特点	317
学习单元2	清洁、消毒婴幼儿膳食器具	326
学习单元3	给婴幼儿冲调奶粉	330
学习单元4	给婴幼儿喂奶、喂水、喂食	332
学习单元5	婴幼儿辅食添加	336
学习单元6	处理婴幼儿呛奶、呛水	346

培训课程2　照护婴幼儿起居 …………………………………… 348

学习单元1	抱、领婴幼儿	348
学习单元2	为婴幼儿穿、脱衣服及换纸尿裤	350
学习单元3	照护婴幼儿盥洗、沐浴	354
学习单元4	照护婴幼儿二便并换洗尿布	359
学习单元5	照护婴幼儿睡觉	363
学习单元6	为婴幼儿测量体温	365
学习单元7	清洁、消毒婴幼儿玩具与用品	367
学习单元8	婴幼儿安全照护	368

第3篇　家庭照护员

职业模块6　照护老年人 ………………………………………… 375

培训课程1　照护老年人膳食 …………………………………… 377

学习单元1　为老年人制作主食 377
　　学习单元2　为老年人制作菜肴 381
　　学习单元3　为老年人制作汤羹 385
　　学习单元4　照护老年人进食、进水 389
　培训课程2　照护老年人起居 393
　　学习单元1　照护老年人洗脸、洗手 393
　　学习单元2　照护老年人更换衣物 396
　　学习单元3　为老年人修剪指（趾）甲 400
　　学习单元4　为老年人测量体温 401
　　学习单元5　陪伴老年人散步 403
　　学习单元6　陪伴老年人购物 405
　　学习单元7　陪伴老年人就医 407

职业模块7　照护病患 409

　培训课程1　照护病患膳食 411
　　学习单元1　病患膳食制作 411
　　学习单元2　照护病患进食、进水 417
　　学习单元3　清洁、消毒病患膳食器具 419
　培训课程2　照护病患起居 422
　　学习单元1　与病患相处的技巧 422
　　学习单元2　照护病患日常盥洗 426
　　学习单元3　给卧床病患洗头、擦澡、翻身、更换衣物 427
　　学习单元4　照护卧床病患二便 433
　　学习单元5　给病患测量体温、脉搏 436
　　学习单元6　照护病患口服药物 439
　　学习单元7　照护病患使用轮椅、拐杖 441
　　学习单元8　陪伴病患就诊 443

第 1 篇　家务服务员

职业模块 ① 制作家庭餐

内容结构图

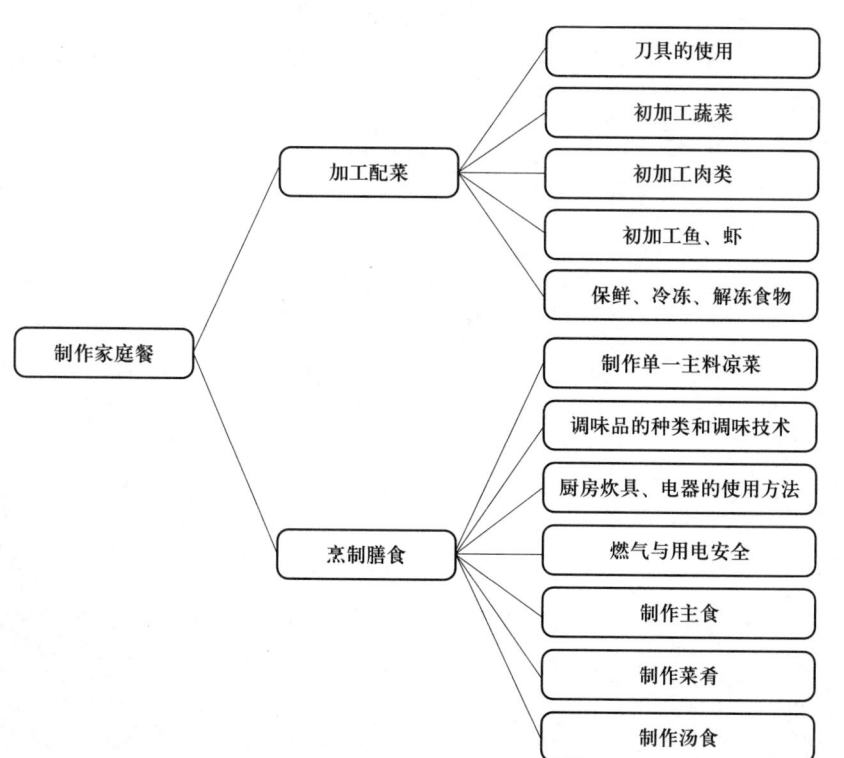

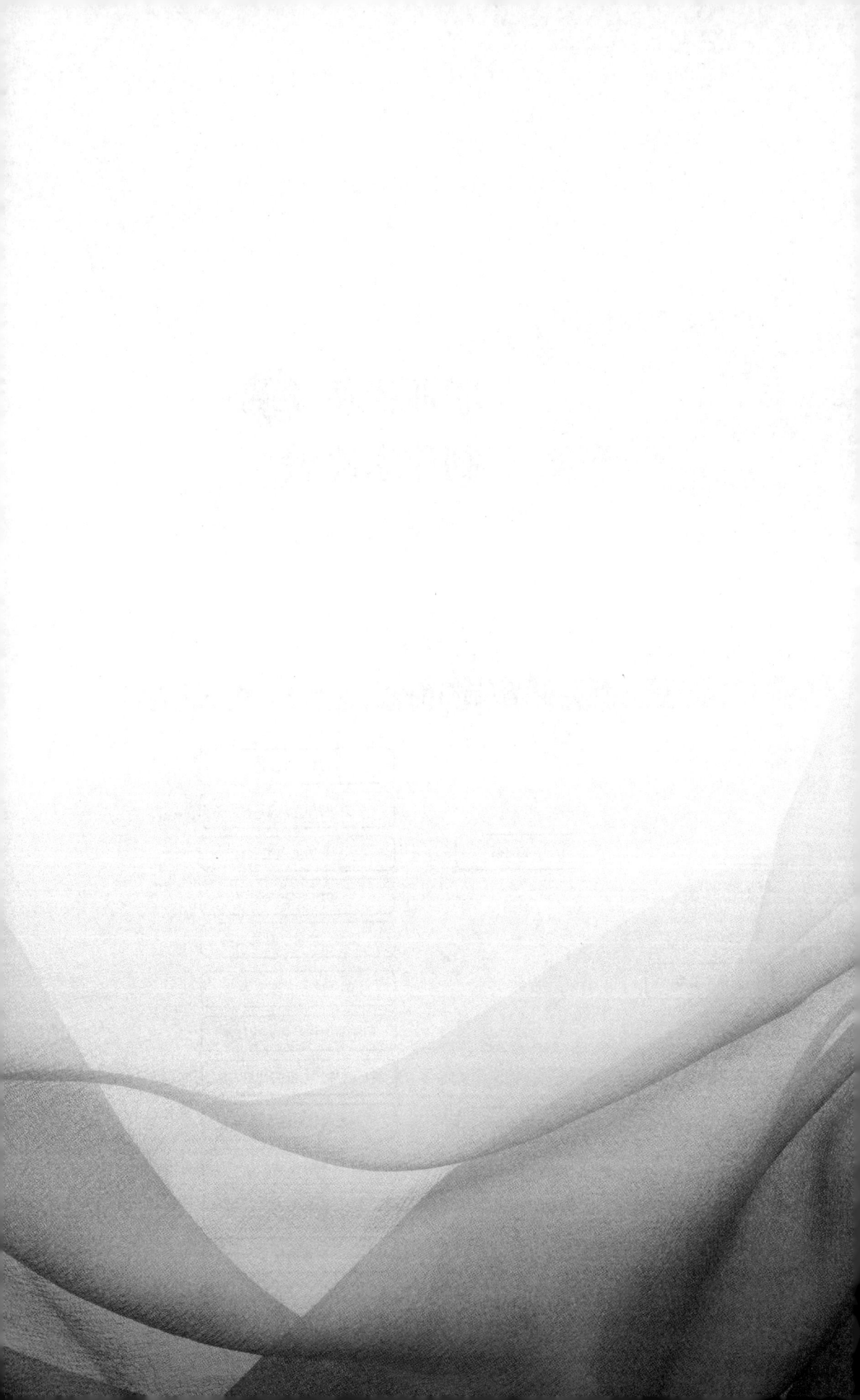

培训课程 1

加工配菜

学习单元1 刀具的使用

知=识=要=求

一、刀具的种类

厨房里用的刀具种类较多，根据形状可分为方头、尖头、圆头、马头及特殊用途的刀，如尖头剔肉刀、食品雕刻刀、西瓜刀、多用刀等。家庭常用刀具及用品一般包括切刀、砍刀、多用刀、蔬果刀、刮皮刀、剪刀及磨刀棍等，如图1-1所示。

图1-1 常用刀具及用品

1. 切刀

切刀又名方头刀，约500克，轻而薄，适用于切不带骨的精细原料，如猪肉、牛肉、羊肉、鸡肉及各种蔬菜等，如图1-2所示。

2. 砍刀

砍刀重约 1 000 克，刀身重，刀刃厚钝，适用于砍带骨、坚硬的原料，如图 1-3 所示。

图 1-2 切刀

图 1-3 砍刀

3. 多用刀

多用刀比较小巧，可以用来切菜、水果、熟肉等，如图 1-4 所示。

4. 蔬果刀

蔬果刀适用于各种瓜果和蔬菜的去皮、切片、切丝等，如图 1-5 所示。

图 1-4 多用刀

图 1-5 蔬果刀

5. 刮皮刀

刮皮刀适用于刮削瓜果皮、土豆皮等，如图 1-6 所示。

6. 磨刀棍

磨刀棍适用于磨厨刀，如图 1-7 所示。

图 1-6 刮皮刀

图 1-7 磨刀棍

二、厨房刀具的使用及保养

1. 刀具的使用

刀具是厨房必备的工具,要保持刀刃锋利,刀要经常磨。磨刀时要做到正反次数一致,磨两头带中间,快刀好干活。

(1)要经常清洗刀把,防止刀把沾油打滑。

(2)拿刀走路时,刀刃要向下;刀要平放,不要刀刃向上;不要把刀放在盆里。

(3)如果菜刀不慎滑落,千万不要用手或脚去接,以免割伤,应确保安全。

(4)切忌用切刀砍骨头之类的硬物,应使用砍刀。

(5)切生、熟菜时,刀具分开使用;有条件的最好切荤、素菜也分开使用刀具。切完生肉的刀应立即用清洁剂清洗干净,并用开水烫过再擦干或晾干放置。

2. 刀具的保养

(1)刀具使用后,要将其洗净擦干,再收进刀架。

(2)如果刀具长期不用,要在刀上涂点油,包好收藏,以免刀身氧化生锈。

三、家庭常用刀功技法

1. 直刀法

直刀法是指刀面与菜板板面或者原料呈直角的一种刀法,如图1-8所示。根据原料性质和烹调要求的不同,直刀法又分为切、劈、剁三种。直刀法是家庭烹饪中最简单、常见、常用的刀功技法。

(1)切刀法

使用切刀法时左右手必须有节奏地配合。左手或右手按稳原料,根据每刀对原料厚薄、长短、形状等的要求,不断后移。另一只手持刀,运用腕力,随着左手或右手的移动,紧跟着一刀一刀直切下去,移动的距离要相等。

(2)劈刀法

使用劈刀法时应快速、用力且确保下刀垂直,若刀口偏斜、下刀不直,不仅影响原料的整齐、美观,而且容易切落菜板上的木屑,使木屑混入原料,影响菜肴质量。劈刀法一般用于切带骨的原料,如图1-9所示。

图1-8 直刀法

图1-9 劈刀法

（3）剁刀法

形体较厚、质地较老及带骨的原料一般采用剁刀法。与切刀法不同的是，采用剁刀法时，刀抬得较高，而且比较用力地剁下去，把原料剁成块或段。做肉馅、菜馅也用这种刀法，但是要先从切开始，把原料切成小片，改刀成丝，再用刀有节奏地连续剁原料。剁时不需要按住原料，只需用一只手，采用排刀连续剁下去，直到把原料剁成馅泥，如图1-10所示。

2. 平刀法

平刀法在操作时，刀面与菜板板面基本呈平行状态，刀刃由原料一侧进刀，从另一侧出来，从右到左，将原料加工成片状（见图1-11）。平刀法适用于质地较为柔软的原料。在片的基础上，再运用其他刀法将原料加工成丝、条、丁、粒等形状。只有片的厚度一致，才能保证丝和丁的粗细、大小均等。

图1-10 剁刀法

图1-11 平刀法

平刀法的要求如下。

（1）此法需将刀身横放，用力必须非常均匀。

（2）刀与菜板或原料保持平行，从右到左运刀，将原料一层一层片开。

（3）用一只手的掌心将原料压住固定，由于原料受压后会更致密一些，切起来也更加顺畅，如图1-12所示。

（4）也可从上往下平切，透过左手食指与中指的间隙观察原料，更容易掌握每片原料的厚度。

3. 斜刀法

斜刀法是指刀面与菜板板面呈小于45°的角，刀刃与原料呈斜角，将原料加工成片状的一种刀法，如图1-13所示。

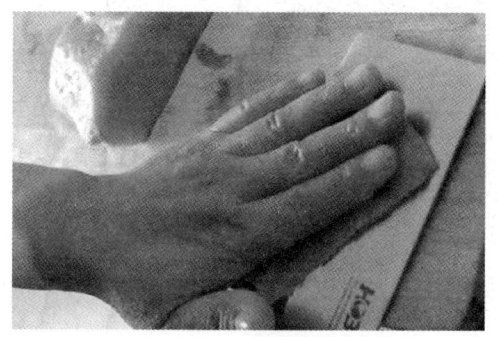

图1-12 压料固定切片

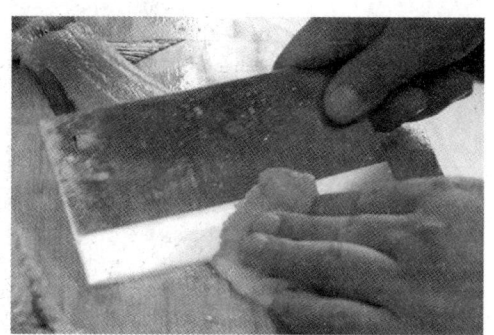

图1-13 斜刀法

斜刀法的要求如下。

（1）在运用斜刀法时，刀要紧贴原料，避免原料被粘走或产生滑动。

（2）刀身的倾斜度要根据原料的特点灵活调整。每片一刀，刀与左手同时移动一次，并保持刀距相等。

技=能=要=求

技能1 切片

一、月牙片

月牙片（见图1-14）的加工方法是先将整体原料切成两半，然后顶刀切成片。片形为直径约2厘米、厚约0.2厘米的半圆片。月牙片适用于加工圆柱形、球形的原料，如藕、黄瓜、土豆、青笋等。

二、菱形片（又称象眼片）

菱形片（见图 1-15）的加工方法是将整形后的原料切成厚 0.2 厘米左右的薄片。一般其长对角线为 2.5 厘米左右，短对角线为 1.5 厘米左右，厚约 0.2 厘米。象眼片一般用于加工柱形原料，黄瓜、胡萝卜等可直接加工，或将原料先加工成柱形再切片。

图 1-14 月牙片

图 1-15 菱形片

三、柳叶片

柳叶片（见图 1-16）形似柳树叶，加工方法如下：先将原料加工成长尖形的块，然后加工成片。形体为长约 5 厘米、最大宽度约 1.5 厘米、厚约 0.2 厘米的长尖形。柳叶片适用于加工动、植物原料，如鸡片、冬笋等。

图 1-16 柳叶片

四、夹刀片（见图 1-17）

步骤 1 先将大块食材修整齐，然后在右端距边缘 0.5 厘米处切入一刀，但不切到底，距菜板 0.3 厘米处停止，如图 1-18 所示。

步骤 2 第二刀距离刚切入的刀痕 0.5 厘米，垂直切到底，即可切出像书页一样的夹刀片，如图 1-19 所示。

注意：夹刀片不一定非要夹馅后烹调，如水煮鱼片。

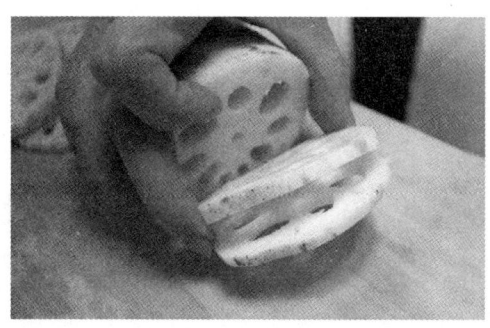
图1-17 夹刀片

图1-18 夹刀片步骤1

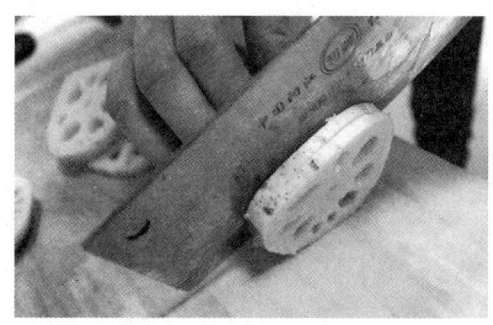
图1-19 夹刀片步骤2

五、抹刀片

抹刀片以抹刀法或坡刀法加工而成。抹刀法或坡刀法是指将原料加工成厚0.4厘米、长4厘米、宽2.5厘米的片。

抹刀片技术要求:把原料在菜板上放稳,使其不致移动,左手按稳被压部位,与右手运刀有节奏地配合,一刀一刀地切片下去。片的薄厚、大小及斜度主要依靠眼睛注视两手动作和落刀的部位来控制;同时,右手要牢牢地控制刀的运动方向。

抹刀法适用于鱼、肉等扁长形原料的加工,如海参片、鱼片、熟肚片、腰子片等,如图1-20所示。

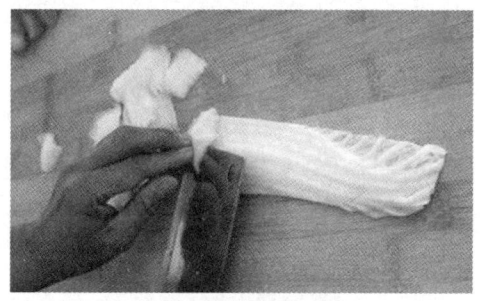
图1-20 抹刀片

技能2　切块

在块状原料的烹饪加工过程中，经常使用的刀法有切、剁、劈等。形体较厚、质地较老及带骨的原料一般采用剁、劈的方法，质地较嫩软且不带硬骨的原料主要使用切的方法。

一、菱形块

先将整形后的原料切成1厘米厚的大片，然后改切成1.5厘米宽的条，再切成2.5厘米长的菱形块，如图1-21所示。

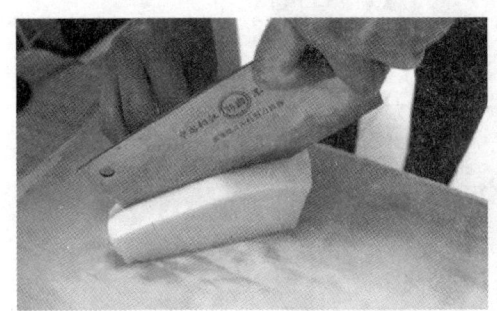

图1-21　菱形块的加工

二、方块

将原料切成2厘米的厚片，再改切成2厘米宽的长条，最后改切成2厘米见方的块。块有两种：2厘米见方的为大块，1.5厘米见方的为小块，如图1-22所示。

三、长方块

先将原料切成1厘米的厚片，再改切成1.5厘米宽的条，最后切成3厘米长的长方块，如图1-23所示。

图 1-22 方块

图 1-23 长方块

四、排骨块

先将原料切成 1 厘米厚、3 厘米宽的条,再切成 6 厘米长的长方块。

五、滚刀块

刀与原料呈斜角,切一刀转动一下原料,切成长约 2.5 厘米的不规则多角形。滚刀块适于加工黄瓜、土豆、胡萝卜等,如图 1-24 所示。

注意:切块时持刀要稳,用力均匀,刀法一致,块不能切得大小不一,要注意安全。

图 1-24 滚刀块

技能 3 切丁

一般称 0.8~1.7 厘米见方的小方块为丁(见图 1-25)。制作丁形原料多采用切刀法和片刀法。丁可分大、中、小三种。

图 1-25 丁

一、大方丁

大方丁的加工方法是先将整形后的原料切或片成1.5厘米厚的片，然后顺其长度切成1.5厘米宽的长条（见图1-26），再将长条顶刀切成1.5厘米见方，即成丁，如图1-27所示。

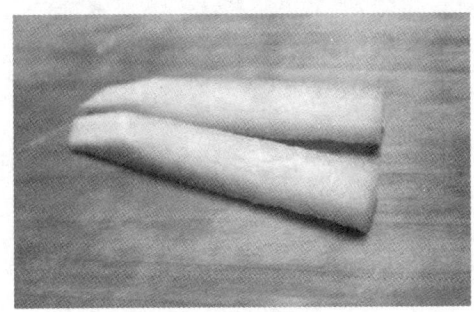

图1-26 切长条

图1-27 大方丁

二、中方丁

中方丁的制作方法和程序与制作大方丁相同，1.2厘米见方的为中方丁，如图1-28所示。

图1-28 中方丁

三、小方丁

小方丁的制作方法和程序与制作大方丁相同，0.8厘米见方的为小方丁。

四、注意事项

1. 持刀要稳，用力要匀，刀距要一致。
2. 质量标准：大小一致，整齐划一。

技能 4　切段

加工段形原料（见图 1-29）的刀法多为切法，带骨的原料则用剁法。段形分大段、小段两类。

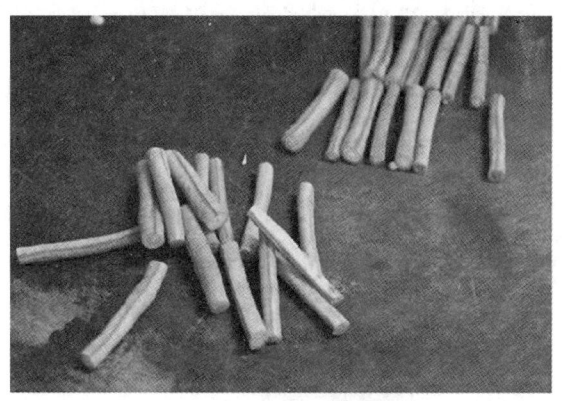

图 1-29　段形原料

一、大段

大段主要适用于动物性原料和带骨鱼类的加工（见图 1-30）。段的大小、长短可根据原料的品种、烹调方法及食用要求而定。一般情况下大段的长度为 10～12 厘米，如带鱼段、青鱼段、黄鳝段等。

二、小段

小段主要适用于植物性原料的加工（见图 1-31）。一般情况下小段的长度为 6 厘米左右，如蒜苗段、芹菜段等。

图 1-30　大段

图 1-31　小段

> **相关链接**

菜墩、菜板的使用与保养

菜墩和菜板（见图 1-32）有实木的和塑料的，实木的有柳木、橡木、银杏木等。其中以银杏木为最佳，其通透性好且木质细腻，不伤刀又不易起屑。实木菜墩和菜板在使用时要特别注意保养。

图 1-32 菜板

1. 新的实木菜墩使用前需用浓盐水浸泡数日，使菜墩保持湿润，不燥、不裂，结实耐用。

2. 在使用菜墩时不应专用一端，要四周旋转使用，使菜墩磨损均衡，避免常用一面出现凸凹不平。一旦出现不平，可用刨刀刨掉或用刀、斧砍平。

3. 菜墩用完后要刮洗干净，竖起，用洁布罩好，放通风处，以备再用。

4. 每次用过后，最好用 50～60 ℃的热水冲洗，洗完马上晾干。其他菜板也应在切菜后及时洗干净并把水擦干，放在通风处竖放或挂起，不要紧贴墙放或平放，否则另一侧晾晒不到，很容易滋生霉菌。

5. 使用木质和竹制的菜板时，每天切完菜后也最好采用以下方法给菜板消毒：洗烫法，用硬刷和清水刷洗菜板，再用沸水烫一下，放在阳光下晾晒，不给细菌以栖息之地；刮板浸盐法，每次使用菜板后（特别是剁肉馅后），刮去表面的食物残渣、余汁，用清水刷洗，然后放入盐水（浓度为 15% 左右）中浸泡 2 小时，再取出晾干，这样不仅可以杀死细菌，还能防止菜板干裂。

6. 不要使用清洁剂清洗菜板，因为清洁剂会渗入菜板内，长期使用清洁剂清洗会导致菜板霉烂。

学习单元2 初加工蔬菜

知=识=要=求

一、蔬菜的分类和初加工方法

一般蔬菜在烹制前均要经过选、削、择、洗等工序，但并不是所有的蔬菜都要经过这四道工序。有的是四道工序均要经过，有的可能只需选、择、洗等工序，有的只需削、洗工序，但清洗工序是必不可少的。此外，不同的蔬菜在选、削、择、洗的方法上也会有许多不同之处。

1. 蔬菜初加工的基本原则

新鲜蔬菜的品种繁多，性状各异，可食的部分各不相同，有的食用叶柄，有的食用根茎，有的食用种子，有的食用花蕾。初加工时必须遵循以下原则。

（1）合理取舍

在对新鲜蔬菜进行初加工时，须将枯叶、老叶、老帮、老根等不能食用的部分清除干净，以确保菜肴的质量不受影响。同时，对可食部分要尽量保存。

（2）符合卫生要求

去掉蔬菜的枯叶、老叶、老帮、老根等不能食用的部分后，对于夹杂在蔬菜内的杂草、泥沙等污物及附着在蔬菜上的虫卵更要清除干净，洗涤要符合饮食卫生的要求。

（3）减少营养成分的损失

新鲜蔬菜含有丰富的维生素和无机盐，在加工时要尽量减少营养成分的损失，应先浸泡后清洗，洗后再切。若先切后洗，在原料改刀的刀口处会流失较多的营养成分，也增加了原料被污染的机会。

2. 蔬菜初加工的方法

新鲜蔬菜的品种多，可食用部分也不尽相同，初加工方法有多种。

（1）叶类蔬菜初加工

叶类蔬菜是指以肥嫩的菜叶及叶柄作为烹调原料的蔬菜。常见的叶类蔬菜有大白菜、菠菜、油菜、卷心菜、生菜、韭菜、荠菜等（见图1-33）。叶类蔬菜要先选、择，然后清洗，清洗新鲜的叶类蔬菜时多采用冷水，对受农药、化肥污染的蔬菜可先用淡盐水或高锰酸钾溶液浸泡后再清洗。具体清洗方法如下。

1）冷水清洗。适用于大多数无污染蔬菜。将经过选、择的蔬菜先放到清水中浸泡一会儿，洗去蔬菜上的泥土，再用清水反复洗净。

2）盐水浸泡清洗。先将经加工整理的叶类蔬菜放入2%的食盐溶液中浸泡约5分钟，再用清水反复洗净。盐水主要用于清洗叶片或叶柄上带有虫卵的蔬菜。夏、秋季节上市的蔬菜，吸附在叶片或叶柄上的虫卵较多，用冷水洗一般难以洗掉。放入适当浓度的盐水中浸泡后，可使虫卵的吸盘收缩而脱落。

3）专用蔬果洗洁精清洗。先准备一盆清水，滴入适量专用蔬果洗洁精，再将经过加工整理的新鲜蔬菜放入盆中浸洗，然后再用清水洗涤干净。这种方法主要用于洗涤供凉拌生食的蔬菜，因为供凉拌生食的蔬菜为保持其风味特色不能加热处理，但原料中往往又会带有残余农药及使人体致病的细菌，用这种方法洗涤蔬菜既能保持菜肴的风味特色，又能消除卫生隐患。另外，应选用符合质量要求的蔬果洗洁精。

图1-33 叶类蔬菜

（2）茎类蔬菜初加工

茎类蔬菜是指以肥大的茎为烹调原料的蔬菜。常见的茎类蔬菜有冬笋、茭白、莴苣、藕、葱、姜、蒜等（见图1-34）。初加工方法如下。

图1-34 茎类蔬菜

1）带皮的原料。藕、莴苣、土豆、毛芋头等带皮的原料应先用刀削去或刮去外皮，再用清水洗净。大多数茎类蔬菜含有数量不等的鞣酸，去皮时与铁器接触容易氧化变色，所以，在去皮后要立即将其放入凉水中浸泡或立即使用，以防呈现锈斑色。

2）带壳的原料。冬笋、茭白等带壳的原料应先将壳去掉，削去老根和硬皮。鲜冬笋可用水煮透，去掉其体内所含的鞣酸后食用；否则食用时会感到有浓浓的涩味。可从冬笋加热前后颜色上的变化来鉴别其是否煮透，加热前呈白色，熟透后呈浅黄色。

3）姜、蒜、葱。姜刮去外皮，用清水洗净。蒜剥去外皮洗净，为了便于去皮，可先将蒜头放入水中浸泡一会儿，使蒜皮松软而易剥除。大葱剥去外皮，切去老根，洗净即可。

（3）根类蔬菜初加工

根类蔬菜是指以蔬菜肥大的根部为烹调原料的蔬菜（见图1-35）。常见的根类蔬菜有白萝卜、胡萝卜等。初加工方法如下。

白萝卜和胡萝卜削去头部和尾部，去皮，用清水洗净即可。

（4）瓜类蔬菜初加工

瓜类蔬菜是指以植物的瓠果为烹调原料的蔬菜（见图1-36）。常用的瓜类蔬菜有黄瓜、丝瓜、冬瓜、苦瓜、西葫芦、南瓜等。初加工方法如下。

图1-35 根类蔬菜

图1-36 瓜类蔬菜

1）西葫芦、冬瓜。削去外皮，从中间切开，挖去种瓤后洗净即可。

2）黄瓜。嫩黄瓜用清水洗净即可。老黄瓜可将外皮和种瓤去掉，再用清水洗净即可。

3）丝瓜。刮去外皮，洗净即可。

4）苦瓜。用清水洗净即可。

（5）茄果类蔬菜初加工

茄果类蔬菜是指以植物的浆果为烹调原料的蔬菜（见图1-37）。常见的茄果类蔬菜有茄子、番茄（西红柿）、辣椒等。初加工方法如下。

图 1-37　茄果类蔬菜

1）茄子。去蒂，有些要削去皮，洗净即可。

2）番茄（西红柿）。先用清水洗净，再用开水略烫，用冷水浸凉，剥去外皮即可。

3）辣椒。去蒂、籽瓤后洗净即可。

（6）豆类蔬菜初加工

豆类蔬菜是指以豆科植物的荚果或籽粒为烹调原料的蔬菜（见图 1-38）。常见的豆类蔬菜有蚕豆、豌豆、毛豆、刀豆、荷兰豆、扁豆等。初加工方法如下。

1）荚果全部食用的刀豆、扁豆、荷兰豆等。掐去蒂和顶尖，同时择去两边的筋，洗净即可。

2）食籽粒的蚕豆、豌豆、毛豆等。剥去外壳后取出籽粒，将籽粒放入开水锅中煮透，捞出用凉水浸泡即可。

（7）花类蔬菜初加工

花类蔬菜是指以植物的花为烹调原料的蔬菜（见图 1-39）。常见的花类蔬菜有黄花菜、花椰菜、西蓝花、韭菜花等。这些原料最大的特点是质嫩且易于被人体吸收，是理想的烹调原料。初加工方法如下。

图 1-38　豆类蔬菜　　　　　　　　图 1-39　花类蔬菜

1）黄花菜。去蒂和花心洗净，经汽蒸或焯水后，再用凉水浸透或晒干备用。

2）花椰菜。去茎、叶洗净，放入开水锅内焯水，然后放入凉水中浸凉即可。

3）韭菜花。用冷水洗净，一般经腌制后才可使用。

二、蔬菜新鲜度的鉴别

蔬菜的新鲜度可以从其含水量、形态和色泽等方面来检验。

1. 含水量

新鲜蔬菜有正常的含水量，表面润泽、光亮，刀断面有渗水现象；若外形干瘪，失去水分和光泽，说明蔬菜新鲜度降低。

2. 形态

形态饱满、光滑、无伤痕、有光泽的为新鲜蔬菜；若形态干缩变小，表面粗糙发蔫，则为不新鲜的蔬菜。

3. 色泽

每种蔬菜都有自己固有的色泽，一般叶类蔬菜多呈翠绿色，根菜类的萝卜有红、白、青等色。蔬菜的原有色泽变化越小，说明蔬菜越新鲜；否则，蔬菜新鲜度低。

三、蔬菜原料的保鲜及储存

1. 注意控制温度、湿度及卫生状况

新鲜蔬菜品质极易发生劣变，因此，在其储存、保管过程中要注意控制温度、湿度、环境卫生状况等因素。蔬菜在温度高、湿度大的情况下，自身呼吸速度加快，营养成分消耗大，品质降低快。一般蔬菜储存在0 ℃下则会发生冻伤。冻伤的蔬菜不但本身的味道会改变，而且外观形态、色泽等都会发生劣变。而土豆、洋葱、蒜、萝卜等在保存过程中则必须控制好温度，以免发芽。发芽的土豆有毒，是不能食用的。

2. 注意选好储存地点及方法

储存蔬菜的地方要阴凉、通风良好，并避免阳光直射，周围环境要清洁、卫生。在室温下临时保存蔬菜，不能将其大量堆积在一起，以免由于内部呼吸

产生的热量不能及时散发出来,导致蔬菜"热伤"。发现腐烂的蔬菜应立即处理,以免影响其他蔬菜。储存蔬菜时不要将其与水产、肉类堆放在一起,以免串味。

技=能=要=求

技能 1　香菇炒油菜

香菇炒油菜如图 1-40 所示。

图 1-40　香菇炒油菜

一、操作准备

1. 主料准备:油菜、香菇。
2. 辅料与调料准备:花生油、姜、蒜、盐等。
3. 工具准备:洗菜盆、菜板、菜刀、炒锅、锅铲等。

二、操作步骤

步骤 1　清洗是加工的一道重要工序,先把油菜掰开洗净,用清水浸泡 5~10 分钟,捞出控干,油菜棵大一些的要改一下刀,短小的可以直接使用,如图 1-41 所示。

步骤 2　鲜香菇去蒂、洗净、切片。干香菇要先泡好、洗净,挤干水分,切片备用,如图 1-42 所示。

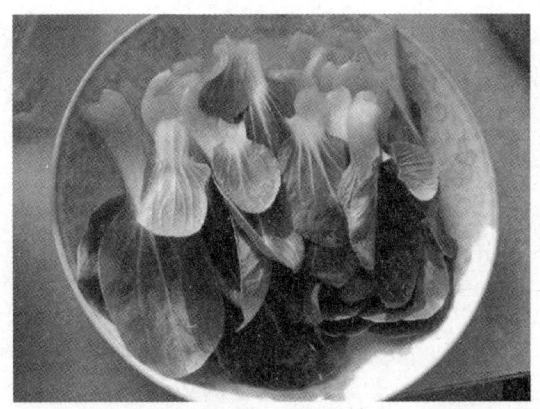

图1-41 步骤1

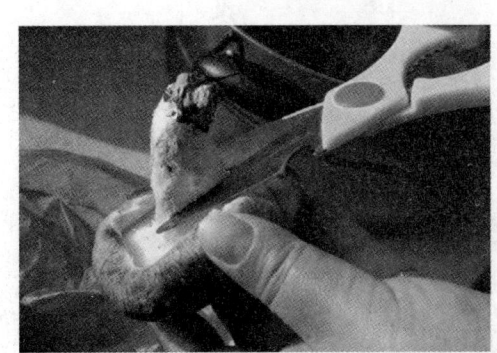

图1-42 步骤2

步骤3 炒锅上火,倒油,油热后下姜末炝锅,油菜、香菇同时入锅,急火快炒,放入盐和蒜末(适当的蒜末能增加油菜的香气)翻炒断生,即可出锅装盘,如图1-43所示。

三、注意事项

1. 油菜鲜嫩,炒的时间不要太长,不需要放鸡精、味精等调味品。

图 1-43　步骤 3

2. 油菜是家庭生活中常见叶菜,炒制方法简单,而香菇是最常见的搭配油菜的食材。

技能 2　番茄炒鸡蛋

番茄炒鸡蛋如图 1-44 所示。

图 1-44　番茄炒鸡蛋

一、操作准备

1. 主料准备：鸡蛋3个、番茄3~4个。
2. 辅料与调料准备：花生油20毫升、盐5克、白糖5克。
3. 工具准备：洗菜盆、菜板、菜刀、锅铲、炒锅、盘、碗、筷子等。

二、操作步骤

步骤1 番茄洗净后用沸水焯一下，去皮、去蒂，切块备用，如图1-45所示。

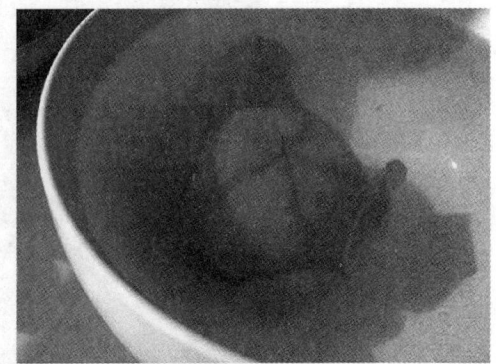

图1-45 步骤1

步骤2 将鸡蛋打入碗中，加盐，用筷子充分搅打均匀备用。

步骤3 炒锅置于中火上，放花生油烧热，倒入搅好的鸡蛋液，待鸡蛋膨胀后炒散，铲出待用，如图1-46所示。

步骤4 将锅内余油烧热，下番茄煸炒，放白糖，再倒入鸡蛋同炒，加适量盐调咸淡，炒匀即成。

图 1-46 步骤 3

三、注意事项

番茄炒鸡蛋不需要放酱油。

相关链接

采买与记账方法

1. 购物有计划

买菜多去大的菜市场、农贸市场或大型超市。但无论是到哪里采买物品，什么时间去买，买多少，这些都应在事前有所计划，然后再去购买。要想买到性价比较高的商品，就必须做到货比三家。

2. 善于议价

议价过程实质就是一个谈判的过程，每个人均应掌握一些谈判技巧。此过程可考验一个人的耐心，同时也可反映一个人的文化修养。在购买商品时要具备基本的耐心和修养，与商家议价时注意文明礼貌，方能购买到价廉物美的商品。

3. 注重质量

在购买物品时，无论物品的价格是高还是低，首先应保证所购买的商品质量是好的；否则，即便购买的商品非常便宜，却无质量保证，最终仍然会吃亏。例如，购买蔬菜时，首先要看蔬菜质地是否鲜嫩；其次要看蔬菜是否光亮；最后，还要看蔬菜水分是否充足，蔬菜表面是否有伤。购买时应遵从质先价后原则。

4. 尊重雇主

买什么、到哪里买、买多还是买少、买价高的还是价廉的等问题必须按照雇主的意思做。否则，即使做得再好，但由于没有按照雇主的意思做，同样会被雇主视为不合格。家政服务员在为雇主购买商品时，可以向雇主提出建议，但首先必须尊重雇主的意见和要求。

5. 账目清楚

家政服务员应准备一个记账本，每次采买工作完成后，要立即将采买列支情况记录下来。购买时间、购买物品、商品单价、商品数量甚至购买场所等均要详细记录，定期主动向雇主报账。家政服务员可以制定详细的采买记账表，以备雇主审核账目，见下表。

采买记账表

年　月　日

商品名称	单价（元）	数量（公斤）	合计金额	备注
鲜鸡翅	××	××	××	超市购买
番茄	××	××	××	早市购买
油菜	××	××	××	早市购买
……	……	……	……	……

合计金额（元）：×××元整（×××元）

学习单元3　初加工肉类

知＝识＝要＝求

一、肉类食材的特点

1. 牛肉

牛肉（见图1-47）是中国人消费的主要肉类食品之一，其消费量仅次于猪肉。牛肉蛋白质含量高，脂肪含量低，味道鲜美，受人喜爱。

新鲜牛肉有光泽，红色均匀稍暗，脂肪为洁白或淡黄色，外表微干或有风干膜，不黏手，弹性好，有鲜肉味。老牛肉色深红，质粗；嫩牛肉色浅红，质坚而细，富有弹性。

（1）牛肉精瘦不腻，醇香可口。最常见的用牛肉烹制的菜肴有红烧牛肉、扒牛肉、萝卜炖牛肉等。

（2）牛肉的纤维组织较粗，结缔组织又较多，应横切，将长纤维切断，不能顺着纤维组织切；否则不仅不易入味，还嚼不烂。有个说法叫"横切牛羊、斜切猪、顺切鸡"，牛肉筋比较多，所以必须横着纤维纹路切，才能把筋切断，烹调后才能比较嫩。

图1-47 牛肉

（3）一般家庭使用的菜刀不是很快，最好把牛肉放在冰箱里冻一下再切。

2. 羊肉

（1）羊肉（见图1-48）是我国各地方人民喜爱的肉食之一。羊是纯食草动物，所以羊肉要比牛肉的肉质细嫩，更容易消化，且高蛋白、低脂肪，其脂肪含量比猪肉和牛肉的脂肪含量都低，胆固醇含量低。羊肉是冬季防寒温补的美味之一，可起到进补和防寒的双重效果。

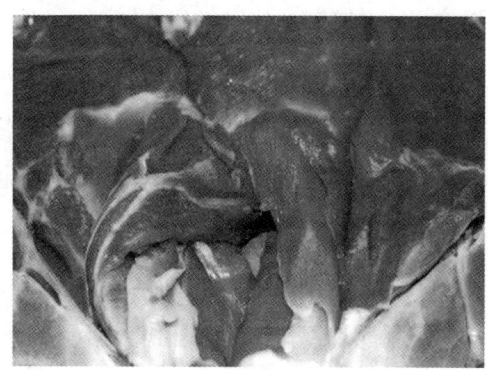

图1-48 羊肉

（2）识别绵羊肉和山羊肉。一看颜色，绵羊肉肌肉呈暗红色，肉纤维细而软，肌肉间夹有白色脂肪，脂肪较硬且脆；山羊肉肉色比绵羊肉淡，有皮下脂肪，只在腹部有较多的脂肪，其肉有膻味。二看肉上未去净的羊毛形状,绵羊毛卷曲,山羊毛硬直。三看肋骨,绵羊肋骨窄而短,山羊肋骨宽而长。

(3)用羊肉烹制的名菜很多,如它似蜜、烧羊肉、爆羊肉、涮羊肉等。以羊的各部位及内脏为原料,可以开全羊席。在家庭烹饪里,一般是到市场上按照做菜的需要购买不同部位的羊肉,购买时只需向售货员说清楚做什么菜用即可。

(4)羊肉虽好,但是有牙痛、口舌生疮、咳吐黄痰等上火症状者不宜食用,患肝病、高血压、急性肠炎或其他感染性疾病及发热期间不宜食用。

3. 猪肉

(1)猪肉的种类

猪肉(见图1-49)是猪身上可食部分的总称,可食部分有头、尾、蹄髈、蹄、后腿、里脊、通脊、五花方肉、上脑、血脖、夹心肉等。家庭烹饪中一般都是按需采买相应部位进行加工。

图1-49 猪肉

1)里脊。里脊呈长条形,约30厘米长、8厘米宽,位于通脊下方,后腿之前,是猪身上最细嫩的部分。猪里脊含蛋白质16%、脂肪32%,可烹调宫保肉丁、鱼香肉丝、软炸里脊等。

2)通脊。通脊位于猪脊之下,脊椎骨之上,呈长扁圆形,约60厘米长、6厘米宽,是猪肉中较细嫩的部分。通脊营养成分和猪里脊类似,可烹调炸猪排、肉卷等。

3)猪蹄。猪蹄皮、筋、骨较多,瘦肉较少,但含胶质多。猪蹄含蛋白质15%、脂肪26%,可烹调红烧猪蹄、产妇下奶用的猪蹄汤等。

4)蹄髈(又称肘子)。蹄髈分前肘和后肘,前肘位于前蹄之上,夹心肉下方;后肘位于后蹄之上,后臀之下,筋多、胶质多、瘦肉多。前肘含蛋白质13%、脂肪34%,后肘含蛋白质15.7%、脂肪33.4%,一般都用来做酱肘子。

(2)猪肉的特点

质量好的猪肉肉皮细而薄,肉富弹性,瘦肉鲜红,肥肉洁白,膘不太肥。

日常烹制不同菜肴时选材也有不同,如脊背上的里脊肉是猪全身上最嫩的瘦肉,适宜做急火快炒的菜,以保持其细嫩。其次是后腿和臀尖,也可代替里脊肉使用。而肋条肉和蹄爪只宜烧、烤、焖、煨。

4. 禽类肉

禽类原指鸟类,在家庭烹饪里,禽类是指鸡、鸭、鹅、鸽子、鹌鹑等常见的家禽,禽类肉如图1-50所示。禽类肉嫩、味美,鸡、鸭等禽肉是高蛋白质、低脂肪的营养食品,是人们餐桌上常见的肉食。拿鸡肉来说,母鸡肉肥、脂肪多,适合煨、烧、炖;公鸡肉较老,适合炖;当年的鸡肉适合炒、熘、炸。鸡胸脯肉适合开片切丝,背脊和腿肉适合切丁、切块,翅膀和鸡爪可红烧和清炖。还有许多用禽类肉烹制的菜肴,如清炖鸡、烤鸡翅、泡椒凤爪、烤鸭、香酥鸭等。

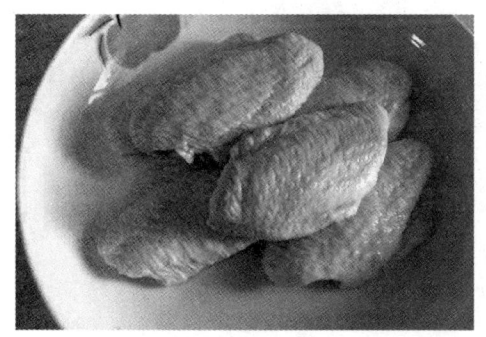 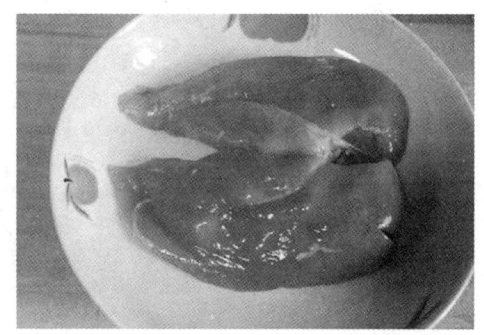

图1-50 禽类肉

二、肉类食材的初加工

食材初加工是烹制菜肴前必不可少的操作过程,包括宰杀、出肉、拆拣、洗涤、预热处理、切制成形及配料调和等。初加工不仅关系到保持原料的营养成分,保证清洁卫生以及合理用料、减少损耗等方面,而且是将原料烹制成美味菜肴的前提。

1. 宰杀、出肉

家庭中遇到的鲜活原料主要有鸡、鸭、水产类等食材,而家畜基本上是经过宰杀的肉类,家政服务员只需具备分辨新鲜食材的能力即可。

2. 拆拣、洗涤

家畜原料的清洗很重要,如肠、肚类的清洗,把肠、肚外翻清洗后,还要用少许盐、醋、酒反复揉搓,然后洗干净。鸡肠、鸭肠还需要用剪刀直接剪开并冲洗干净，再用盐、醋搓洗。这样才能去掉肠、肚难闻的气味。

此外还有预热处理，动物性原料为了除去腥膻气味必须放入水锅或油锅预处理，如肉类和内脏就需要用热水焯一下，焯去血腥味。还有切制成形、配料调和等。

技-能-要-求

技能 1　萝卜炖牛肉

萝卜炖牛肉如图 1-51 所示。

图 1-51　萝卜炖牛肉

一、操作准备

1. 主料准备：牛肉 300 克（最好用牛腩）。

2. 辅料与调料准备：萝卜 400 克、香菜（或香葱）20 克、盐 5 克、味精 2 克、料酒 15 克、葱 25 克、姜 15 克、香油 10 克、胡椒粉 3 克。

二、操作步骤

步骤 1　将葱择洗干净，切成 3 厘米长的段。姜刮除老皮，切成 0.15 厘米厚、1 厘米宽、1.5 厘米长的小片（见图 1-52）。香菜择洗干净，切成 2 厘米长的小段。

步骤 2　牛肉用清水洗净，切成 3 厘米见方的小块，如图 1-53 所示。

步骤 3　萝卜洗净，刮净毛须，切成 3 厘米宽、4 厘米长、2 厘米厚的块。

图 1-52　步骤 1

图 1-53　步骤 2

步骤 4　砂锅（或铁锅）中放入 1 500 克清水，放于火上，随即放入经预热处理的牛肉，用旺火烧开后转小火煨炖，如图 1-54 所示。

步骤 5　炖至约 1 小时肉即将熟烂时，放入盐、味精、胡椒粉、葱段、姜片、料酒继续煨炖半小时。

步骤 6　待牛肉完全软烂时，放入萝卜块，至萝卜块软烂时淋入香油，端离火口，撒入香菜即可，如图 1-55 所示。

图 1-54　步骤 4

图 1-55　步骤 6

三、注意事项

1. 煨炖牛肉时最好使用砂锅或铁锅。

2. 煨炖牛肉时不用去除汤面上的沫子，因为这些沫子在经过长时间的煨炖后会分解成有营养价值的氨基酸，这样既会增加汤的营养，也会增加汤汁的鲜味。

3. 牛肉口味不可过淡，口味过淡压不住膻味；但也不可过咸，过咸会影响健康。从健康的角度出发，盐的投放量以不超过 5 克为宜。

4. 如果想做得快一点，可以先使用高压锅把牛肉炖熟，再放入萝卜块炖至软烂即可。

技能 2　葱爆羊肉

葱爆羊肉如图 1-56 所示。

图 1-56　葱爆羊肉

一、操作准备

1. 主料准备：羊腿肉 200 克。

2. 辅料与调料准备：葱白 150 克、鸡蛋 1 个、植物油 15 克、生抽 10 克、盐 3 克、白糖 5 克、料酒 15 克、姜 10 克、醋适量。

二、操作步骤

步骤 1　将羊腿肉横丝切薄片，用鸡蛋上浆，如图 1-57 所示。

步骤 2　用料酒、生抽、白糖、盐等抓一下羊肉码味，如图 1-58 所示。

步骤 3　姜切丝，葱白切成片（不用葱叶），如图 1-59 所示。

图 1-57　步骤 1

图 1-58　步骤 2

图 1-59　步骤 3

步骤 4 热锅旺火,倒入比平常炒菜多些的油。

步骤 5 油八成热时放入姜丝炝锅,如图 1-60 所示。

步骤 6 将羊肉倒入锅中迅速翻炒,最好用筷子把肉片搅散,如图 1-61 所示。

图 1-60　步骤 5

图 1-61　步骤 6

步骤 7 见肉片变色,马上倒入葱白翻炒,如图 1-62 所示。

步骤 8 沿锅边淋入几滴醋炒匀。

步骤 9 随后即可起锅装盘,如图 1-63 所示。

三、注意事项

1. 羊肉切好后一定要用调料多腌制一会儿,让肉入味。
2. 醋要在出锅前沿锅边淋入,不要淋在羊肉上。

图 1-62　步骤 7

图 1-63　步骤 9

技能 3 焦熘肉片

一、操作准备

1. 主料准备：猪五花肉 250 克。
2. 辅料与调料准备：鸡蛋 2~3 个，精盐 5 克，味精 3 克，料酒 10 克，葱、姜、蒜各 5 克，植物油 500 克，湿淀粉 10 克，面粉适量，白糖 5 克，醋 5 克，酱油适量，香油适量。

二、操作步骤

步骤 1　将五花肉清洗干净，控干水分，切成 8 厘米长、4 厘米宽、1.5 厘米厚的条，两面用刀划成十字花，放入凉水中浸泡，使血水渗出。

步骤 2　葱、姜清洗干净并去皮，切成末；蒜切片。

步骤 3　将五花肉条从水中捞出，控干水分，放在大碗里，加入盐、味精、料酒、酱油、葱、姜，腌制 30 分钟左右，如图 1-64 和图 1-65 所示。

步骤 4　将蛋清磕入碗内，放入湿淀粉、适量面粉和适量清水调制成糊状，把入味的五花肉放入糊中抓匀，如图 1-66 所示。

图 1-64　步骤 3（1）

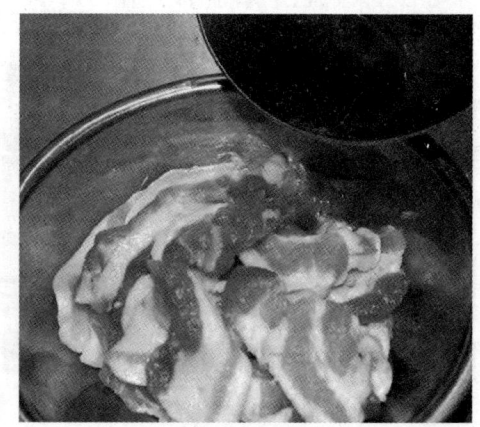

图 1-65　步骤 3（2）

步骤 5　锅放火上烧热，放入植物油烧至 120 ℃左右，然后将五花肉条均匀下锅，炸至漂起捞出，如图 1-67 所示。

图1-66 步骤4

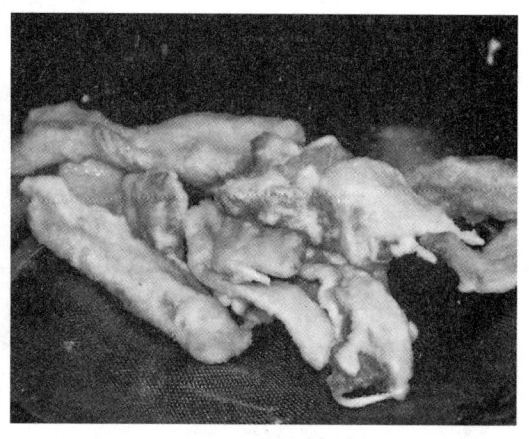
图1-67 步骤5

步骤6 进一步加热,将油温升至160 ℃左右,再把五花肉条放入热油中炸成金黄色、外皮酥脆,捞出沥净油,装盘,如图1-68所示。

步骤7 锅内加底油,用葱、姜、蒜炝锅,加入料酒、白糖、醋、酱油,煸炒一下,放入炸好的五花肉条,用湿淀粉勾芡,翻炒均匀,淋入香油,装盘上桌即可,如图1-69所示。

图1-68 步骤6

图1-69 步骤7

三、注意事项

初次下锅炸时油温不可过高,见肉漂起即可。

<h2 style="text-align:center">技能4 白斩鸡</h2>

白斩鸡如图1-70所示。

图1-70 白斩鸡

一、操作准备

1. 主料准备：三黄鸡1只。

2. 调料准备：葱50克，姜、料酒各30克，盐10克，花椒、生抽、醋、香油适量。

二、操作步骤

步骤1 将鸡收拾干净，用刀切成块（见图1-71），用沸水反复冲洗。葱切段，姜切片，花椒放入调料球，如图1-72所示。

图1-71 步骤1（1）

图1-72 步骤1（2）

步骤2 锅中倒入适量水（能够没过鸡块即可），加入葱段、姜片、花椒、料酒煮沸，把鸡块放入锅中，关火，盖严，焖约20分钟至熟盛盘，如图1-73所示。

图 1-73 步骤 2

步骤 3 准备一个小碗，倒入生抽、醋、姜末、葱花、香油调成蘸料，浇在鸡块上或蘸食即可。

三、注意事项

1. 鸡要选择嫩的，最好是三黄鸡。
2. 放汤锅中焖制时间要适当，以断生为宜，时间长鸡肉易老。

学习单元 4　初加工鱼、虾

知=识=要=求

一、鱼的种类

鱼的肉质细嫩，味道鲜美，营养丰富，且易于被人体消化吸收，是人们餐桌上必不可少的美食。鱼的种类很多，分海水鱼和淡水鱼。人们常吃的淡水鱼有 20 种左右。海水鱼又称咸水鱼，家庭常吃的海水鱼品种如下。

黄鱼也称黄花鱼，有大黄鱼和小黄鱼之分。其肉质细嫩鲜美，肉多刺少，清蒸、红烧皆宜。名菜有红烧黄鱼、雪菜黄鱼汤等。黄鱼如图 1-74 所示。

带鱼肉细刺少，头与内脏所占比例小，是经济类的大众品种，有鲜的和咸的两种，前者味道更好。常做的菜肴有干煎带鱼、红烧带鱼等。带鱼如图 1-75 所示。

图1-74 黄鱼

图1-75 带鱼

鳕鱼的肉为蒜瓣肉，刺很少，市场上有售去头去尾的冷冻品种，经济实惠，可红烧、干烧、家常熬等，特别适合老年人和孩子食用，如图1-76所示。

图1-76 鳕鱼

淡水鱼有鲤鱼、草鱼、鲫鱼、鲢鱼等。草鱼的体形最大，体重可达5千克，外形细长，体胖且肉质细嫩，与鲤鱼长得很像，但是同等大小的两种鱼，鲤鱼的鳞片大，嘴的两侧有胡须。鲫鱼一般为1千克左右。鲢鱼通身覆盖有细密的鳞片，鳞片较小、较密，嘴大。鲢鱼分为白鲢和黑鲢，黑鲢鱼又称花鲢。火锅鱼和麻辣鱼一般用鲤鱼、草鱼，做剁椒鱼头一般用鲢鱼，白鲢、花鲢均可。

从味道上来说，海水鱼的味道比淡水鱼鲜美。这是因为海水鱼的游动范围和游动时的力度比淡水鱼大，使它的肌肉弹性更好，味道更鲜美。淡水鱼吃起来有股土腥味，因为它们生长在腐殖质较多的水里。这样的环境适合放线菌繁殖生长，细菌通过鱼鳃侵入鱼的血液中，并分泌一种带有土腥味的褐色物质，这种土腥味在烹调过程中很难去掉。

海水鱼老少皆宜，清蒸、红烧均宜。淡水鱼中的鲫鱼由于生长周期长，肉质细嫩，营养价值高，适合老年人、儿童和孕产妇食用。鲤鱼、鲢鱼等淡水鱼清蒸时很难掩盖其土腥味，味道比海鱼差很多。

不管是海水鱼还是淡水鱼，最好熟吃，生食会因鱼体内的寄生虫感染引发剧烈腹痛和过敏。吃淡水鱼则要看其是不是从被污染的水里打捞上来的，被污染的鱼含有毒素，会对健康造成危害，加工时一定要特别注意。

二、鱼、虾类的初加工

1. 鱼类的初加工

大部分鱼都有鳞、鳃、鳍和内脏,鱼的初加工主要是刮鳞、挖鳃、剪鳍和剖腹取内脏。鱼的种类不同,初加工时用的方法也不同。

(1)刮鳞

刮鳞时一般要逆刮,不能顺刮,只有逆刮才能把鱼鳞刮掉、刮净。但鲥鱼、鲩鱼的鳞下含有丰富的脂肪,味道鲜美,不能刮掉。刮鳞如图1-77所示。

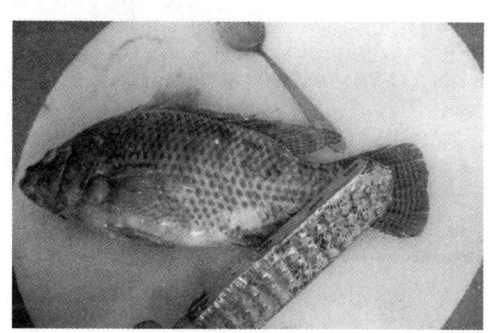

图1-77 刮鳞

(2)挖鳃

鱼鳃没有食用价值,需要挖掉,多数是直接用手挖,也可以用不锈钢勺挖或用剪刀剪掉,如图1-78所示。

(3)剪鳍

鱼鳍可用剪刀剪掉(见图1-79),有些鱼鳍锐利(如黄鱼、鲩鱼等),不去掉容易扎手,有些鱼鳍比较柔软(如鲫鱼),则可以不必剪掉。黄鱼还要撕剥掉头上的头盖皮,因为这种皮腥味大,不去掉会影响菜肴口味。

图1-78 挖鳃

图1-79 剪鳍

(4)剖腹取内脏

剖腹取内脏常用的方法有两种,一种是直接剖肚取,即在鱼的腹鳍与肛门之间,沿肚皮开一直刀,剖腹取出内脏,如图1-80所示。但有些鱼(如青鱼、草鱼等）冬季腹饱，习惯上从腹鳍处开刀，这样做是为了防止碰破苦胆。为了保持鱼体完整或者烧整条鱼，另一种方法则是在肛门处开一横刀，把肠子割断，再用两根筷子从鱼嘴插入鱼腹内，卷上两卷，卷出内脏。但在处理时要小心，要防止卷时弄破苦胆，导致鱼肉发苦。鱼腹内一层黑色膜皮应除去，因为它的腥味很重，不除去就会影响鱼的味道，如图1-81所示。

图1-80 剖腹取出内脏

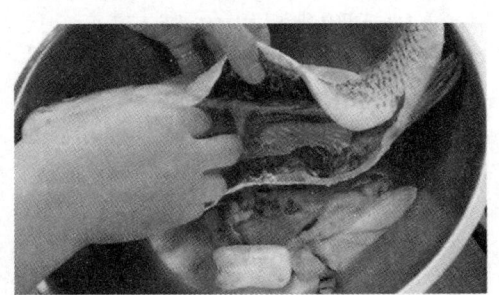

图1-81 除去鱼腹内黑色膜皮

2. 虾类的初加工

家庭中经常食用的虾类主要有对虾、青虾、基围虾和皮皮虾。根据其食用方法的不同，其加工方法也有所区别。

新鲜虾头尾完整，爪须齐全，有一定的弯曲度，虾身较挺，皮壳发亮，呈青绿色或青白色，肉质坚实、细嫩且富有弹性。不新鲜的虾头、尾易脱落，不能保持原有的弯曲度，皮壳发暗，虾体变红色或灰紫色，肉质松软。

一般炒制时要将虾头、尾剪掉，剥去硬壳，剔除虾线，清洗干净即可。

清水煮食或焖烧时要剪掉虾枪（见图1-82）、爪（见图1-83），剔除虾线（见图1-84），清洗干净即可。

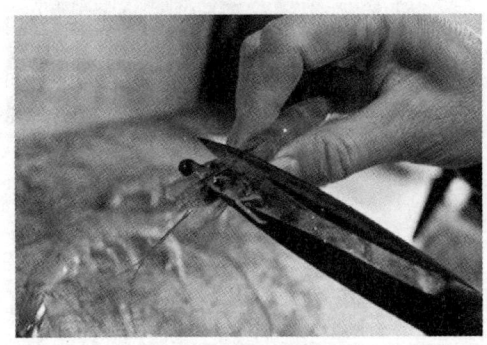

图1-82 剪掉虾枪

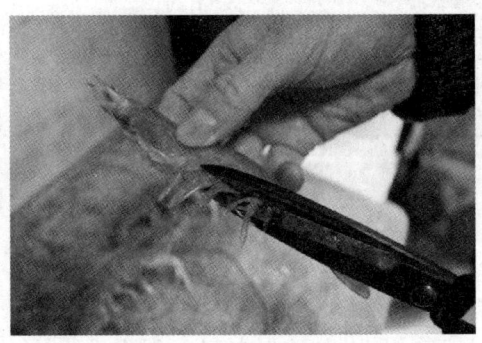

图1-83 剪掉爪

职业模块 1　制作家庭餐

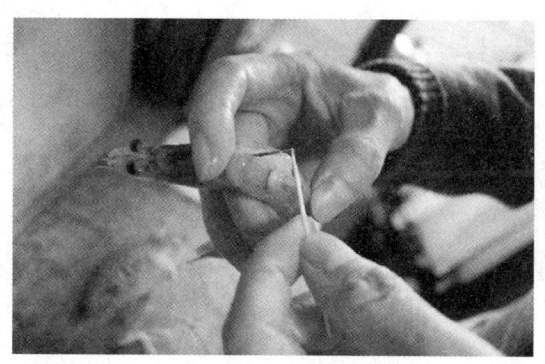

图 1-84　剔除虾线

技=能=要=求

技能 1　干烧平鱼

一、操作准备

1. 主料准备：平鱼 2 条（约 400 克）。

2. 辅料与调料准备：油适量，豆瓣酱 20 克，料酒 15 克，酱油 8 克，白糖 10 克，盐 2 克，胡椒粉、醋各 3 克，葱、姜、蒜各 10 克。

二、操作步骤

步骤 1　平鱼去内脏、剪鳍后洗净，控干水分，放入热油中煎一下取出，如图 1-85 所示。

步骤 2　葱切段，姜、蒜切片，如图 1-86 所示。

步骤 3　将炒锅中的油烧热，加入豆瓣酱、姜片、蒜片炒出香味，烹入料酒、酱油，加适量开水，把平鱼、白糖、盐、胡椒粉放入锅中，烧开后转小火慢烧。

步骤 4　待鱼烧熟，将鱼取出放在盘中，大火收浓汤汁，放入葱段，淋入醋，浇在平鱼上即可，如图 1-87 所示。

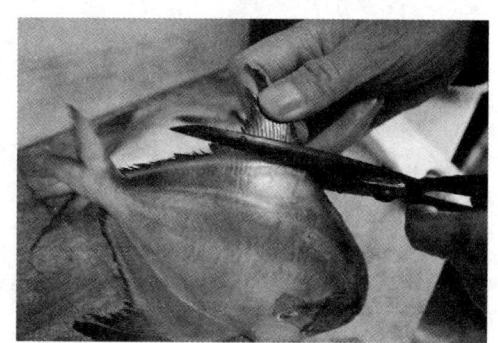

图 1-85　步骤 1

图 1-86　步骤 2

图 1-87　步骤 4

三、注意事项

1. 煎鱼之前先在鱼身上薄薄地抹上一层盐，小鱼腌制 5 分钟，大鱼腌制 10 分钟左右，这样鱼皮中的水分就会减少一些，鱼皮会稍稍变硬，这样再煎就不会粘锅，使鱼皮破损了。

2. 煎鱼前先用姜把锅擦一遍，也能防止鱼皮粘锅。

技能 2　大蒜烧鲢鱼

一、操作准备

1. 主料准备：鲢鱼 500 克。

2. 辅料与调料准备：蒜瓣 50 克、植物油 500 克（实耗 75 克）、泡辣椒 3 根、白糖 5 克、醋 2 克、盐 15 克、姜末 10 克、葱花 10 克、酱油 10 克、料酒 2 克、味精 2 克、高汤 200 克、水淀粉 5 克。

二、操作步骤

步骤 1　将鲢鱼洗净切成 4 块，抹上盐码味。泡辣椒去籽蒂。

步骤 2　炒锅置旺火上，下油烧至七成热，放入蒜瓣稍炸黄捞出，再放入鱼块稍炸，捞出。

步骤 3　锅内留油 50 克，放入蒜瓣、泡辣椒、姜炒出香味，加入鱼块、高汤、白糖、酱油、料酒，改用小火烧至蒜熟时，将鱼铲入盘内。

步骤 4　锅中放醋、味精、葱花，用水淀粉勾芡，淋上红油，浇在鱼身上即成。

三、注意事项

鲢鱼烧熟应马上出锅,以免鱼肉碎在锅里。

技能 3　盐水虾

盐水虾如图 1-88 所示。

图 1-88　盐水虾

一、操作准备

1. 主料准备：青虾 250 克。
2. 调料准备：葱 5 克、姜 10 克、蒜 20 克、花椒 2 克、盐 6 克、酱油 10 克、醋 5 克、香油 3 克、料酒 10 克。

二、操作步骤

步骤 1　将虾枪、爪剪去,剪开虾背,挑出虾线、沙袋,清洗干净,如图 1-89 所示。

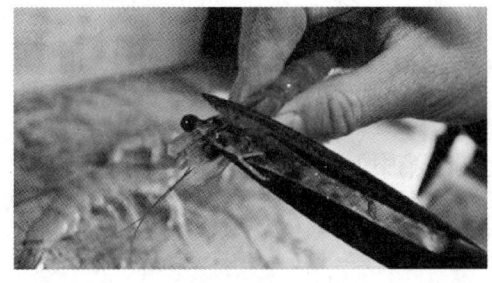 

图 1-89　步骤 1

步骤2 葱择洗干净后切片，5克姜去皮清洗干净切片，另5克姜与蒜去皮清洗干净后切成末。

步骤3 锅内放水及葱片、姜片、盐、花椒、料酒煮沸，倒入虾，用大火烧开，煮熟后捞出。

步骤4 将姜、蒜末放在小盘内，加入酱油、醋、香油搅拌均匀，制成调味汁。

步骤5 将煮熟的虾装盘，放在盘子里与调味汁一同上桌食用。

三、注意事项

煮制时间不能过长，一般待水烧开后再煮制10分钟即可。

学习单元5　保鲜、冷冻、解冻食物

知=识=要=求

一、保鲜

1. 蔬菜、水果保鲜

虽然多数新鲜水果在0～4 ℃的环境下都可以保存1～2天时间，但并不是所有的水果都适合存放在此类环境中。例如，香蕉就应该在12 ℃以上储藏；柑橘在2～7 ℃储藏；葡萄、柿子等水果在低温条件下不仅香味会减退，表皮也会变质；草莓、杨梅、桑葚等水果最好即买即食，放入冰箱既影响口味又容易霉变。

热带、亚热带水果对低温适应性差。如香蕉、荔枝、火龙果等，如果放在冰箱里冷藏，反而会冻伤水果，令其表皮凹陷，出现黑褐色的斑点，不仅损失营养，还容易变质。

蔬菜水分流失得比较快，最好当天购买当天食用。土豆、胡萝卜、南瓜、冬瓜、洋葱在室温下保存即可。番茄低温冷藏时，局部或整体会呈水浸状软烂，表面出现褐色圆斑，鲜味减淡。长时间放在冰箱中的黄瓜和青椒会变黑、变软、变味，还会长毛或发黏。

2. 加工食品保鲜

馒头、花卷、面包等淀粉类食物放在冰箱里会加快变干、变硬的速度，如须储藏可用保鲜袋包好放入冷冻室。饼干、糖果、蜂蜜、咸菜、黄酱、果脯、干制食品等无须放入冰箱。

此外，巧克力放在冰箱保存表面容易出现白霜，发霉变质，失去原味。夏天室温过高时，可先用保鲜袋将其密封，再置于冰箱冷藏室储存。

3. 鱼、肉保鲜

鱼、肉虽然可用冰箱冷藏或冷冻保存，但时间也不宜过长。如发现肉质已经冻得发黄，就说明脂肪已经氧化了，一定要丢弃。

总之，买回的食品一定要先认真查看包装上的储藏要求再进行保存，以达到应有的保鲜效果。

二、冷冻

1. 主食类

饺子、包子、馄饨等半成品可码放到平盘上，放进冷冻室里，冻硬后装进食品袋中。吃的时候直接煮或煎，与新包的一样。

2. 肉、禽类

买回的肉、禽类要按需要分割，包装后冷冻，吃时化冻。买的整鸡、鸡腿、肉馅等用食品袋包好放进冰柜，吃时再取出。初步煸炒好的肉丝、肉片、过水的肉块等，可先冻起来，吃时事先化冻，与蔬菜同炒，或者红烧、清炖。也可将鲜肉腌制后再冷冻，对于较干的腌制品，如火腿、腊肉、香肠等，解冻后口感变化不大；对于水分大的腌制品，如西式火腿、咸肉等，化冻后肉有些柴，原因是水分流失。

3. 蔬菜

蔬菜一般不冷冻保存，如果买回来的蔬菜一次吃不完，可以装袋冷藏。如要冷冻蔬菜，可以把菜洗净，切好，装袋冷冻保存，如豆角、冬瓜、西葫芦、胡萝卜、芥菜、番茄、韭菜、茴香、毛豆、洋葱、白色和绿色的菜花等。

但番茄冷冻后水分变多，可以做汤，炒菜时最好加点番茄酱罐头。豆角冷冻后口感不好。冬瓜、菜花冷冻后口感差别不大。洋葱如切成小丁，炒饭时放入口感差别不大。芥菜如做成腌菜，冷冻后差别不大。茴香冷冻后会出许多水，挤掉水后包饺子时馅较干，味道尚可。韭菜冷冻后会出水，味道不减。

4. 调料类

葱、姜、青蒜、香菜都可以冷冻。葱冷冻后味道减弱。青蒜、姜和香菜的冷冻效果不错，洗净后将其切成需要的形状，冷冻保存，吃时拿出来，味道不减，也不会烂掉。

5. 熟食

蒸熟的馒头、包子、花卷，烙的饼，煮熟的饺子，烤好的面包等都可以冷冻保存。要注意，所有新做的面食一定要放凉、放干些再冷冻，不然会出很多水汽，影响口感。卤好的肉类、禽类，如猪蹄、酱肉、鸡翅、鸡腿、猪耳朵等，可包装好后冷冻保存，吃时化冻。

三、解冻

1. 自然解冻

食品解冻的温度、速度应以能使食品内部结冰的水完全被食品吸收，不破坏营养为佳。一般以自然解冻为好。从冷冻室拿出的冷冻食品可先放到冷藏室里化冻。冷冻食材不能没解冻就下锅，那样既不好吃，又会使食品中的蛋白质和维生素流失。

2. 快速解冻

冰箱内的肉或其他食物如果要立即烹调或食用，也可以在微波炉内解冻，为保证食物安全卫生，最好不要放在室温下或水里浸泡解冻。若食物长时间暴露在室温环境下，细菌就会快速生长，从而给人体健康带来隐患。

若用水等液体解冻肉，首先会溶解外层肉上的冰，肉里面的冰融化较慢，就会膨胀，把肉里的细胞冲破，导致肉里的营养物质流失，因此用冷水或温水浸泡解冻不可取。

3. 忌反复解冻

冷冻的食物一旦解冻后应立即烹调，不要反复冷冻和解冻，因为解冻时食物很可能被细菌污染。如肉类在微波炉中解冻，实际上已将外层低温加热了，在此温度下，细菌会迅速繁殖。虽再冷冻也可抑制其生长，但不能杀死细菌。反复解冻和冷冻有助于细菌繁殖，并会使部分营养素遭到破坏。不得不再冷冻时，应将解冻后的肉烹调好，待其冷却后再放入冰箱冷冻。所以，在储存食物时应将其切成小块冷冻，每次只取出所需的量，这样便可避免将食物反复解冻。

培训课程 2

烹制膳食

学习单元 1　制作单一主料凉菜

知 识 要 求

一、凉菜基本知识

1. 凉菜的食材使用比较广泛，如黄瓜、番茄、藕、大白菜、熟肉等，选料必须严格，操作时应严格执行食品卫生相关法律、法规关于凉菜制作的要求。

2. 单一主料凉菜的味道主要是靠调味品控制的，如咸、甜、辣、酸等。

二、基本操作程序

1. 准备清洗用容器、洗涤液、消毒液及洁净的刀、菜墩、盛器，各种调味品。

2. 择、洗原材料。

3. 熟肉的原材料要熟制，生食的原材料要消毒。

4. 生食的植物性原材料要在洗净、消毒后用清水冲去消毒液，改刀成适宜的形状。

5. 动物性原材料要熟制后改刀成需要的丁、丝、片、块备用。

6. 将加工好的拌制菜肴原料放入盛器，放入调味品，调拌均匀。

三、制作凉菜注意事项

1. 制作凉菜要严格进行刀具、菜墩、盛器的消毒，要生熟分开。

2. 凉菜调味尽量一次完成，调味要准确，调料不可投放过少或过多。

3. 凉菜食用多少拌多少，最好不进行二次复热加工。

技＝能＝要＝求

技能 1　糖拌番茄

糖拌番茄如图 1-90 所示。

图 1-90　糖拌番茄

一、操作准备

1. 主料准备：自然熟透的番茄 500 克。
2. 调料准备：白砂糖 100 克。

二、操作步骤

步骤 1　将番茄洗净，在顶部用刀划一个十字，放入容器内，注入开水，盖上盖焖 5 分钟，方便去皮，如图 1-91 所示。

步骤 2　撕去番茄皮，将番茄切片或块，如图 1-92 所示。

图 1-91　步骤 1

图 1-92　步骤 2

步骤 3 将切好的番茄按自己喜好码盘，如图 1-93 所示。

步骤 4 撒上白砂糖，腌制 10 分钟即可食用。

三、注意事项

凉拌食品应现做现吃，不要放置过夜。

图 1-93　步骤 3

技能 2　凉拌拉皮

凉拌拉皮如图 1-94 所示。

图 1-94　凉拌拉皮

一、操作准备

1. 主料准备：绿豆拉皮 300 克。

2. 辅料与调料准备：黄瓜丝适量、芝麻酱 10 克、醋 10 克、蒜 5 瓣、盐 3 克。

二、操作步骤

步骤 1　将绿豆拉皮切成 1 厘米宽的条，放入汤盘中。

步骤 2　将黄瓜丝码在拉皮上。

步骤 3　芝麻酱放入盐，加水调开。

步骤4 蒜切成末撒在拉皮上。

步骤5 倒进醋拌匀即可食用。

三、注意事项

凉拌食品应现做现吃,不要放置过夜。

技能3　拍黄瓜

拍黄瓜如图1-95所示。

图1-95　拍黄瓜

一、操作准备

1. 主料准备:黄瓜250克。

2. 辅料与调料准备:油10克、姜5克、蒜10克、红辣椒3个、花椒5克、香葱5克、盐3克、白糖10克、陈醋10克、豉油10克、香油10克。

二、操作步骤

步骤1　将黄瓜洗净,去头尾,用刀将黄瓜拍裂,切成小段,如图1-96所示。

步骤2　在黄瓜段中加少许盐腌制10分钟,将腌制出来的黄瓜汁倒掉,如图1-97所示。

步骤3　将蒜压碎(见图1-98),姜切碎,红辣椒切段,香葱切成葱花。

步骤4　将白糖、陈醋、豉油、香油、姜末、蒜末放在碗中(见图1-99),混合均匀后,倒在黄瓜段上。

图 1-96　步骤 1

图 1-97　步骤 2

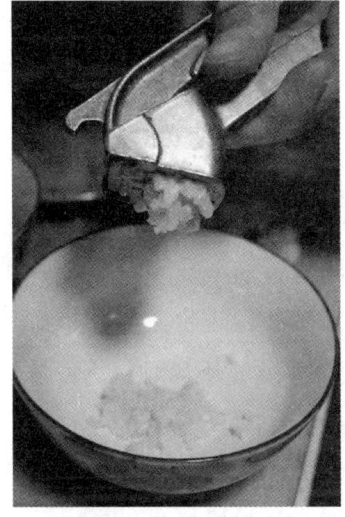

图 1-98　步骤 3

图 1-99　步骤 4

步骤 5　炒锅放油加热,将红辣椒段、花椒、葱花用热油炒香,淋在黄瓜上即可,如图 1-100 所示。

图 1-100　步骤 5

三、注意事项

1. 黄瓜用刀拍裂，裂开的黄瓜比直接切断的黄瓜更容易入味，口感更好。
2. 黄瓜段用盐先腌制，再将多余的黄瓜汁倒出，可使黄瓜口味更加清脆。
3. 先用混合调料为黄瓜入味，再用热油激香，这样做出来的拍黄瓜口感更好。

学习单元2　调味品的种类和调味技术

知=识=要=求

一、调味品的种类

1. 盐

盐是烹调中必不可少的调料，被推为百味之王。盐溶液有高度的渗透力，能提高原料的鲜味，同时还能刺激味觉，增加唾液，促进胃肠消化液的分泌，增进食欲。但是盐吃得过多对身体有害，每人每天食盐量不应超过5克。

2. 酱油

酱油是仅次于盐的重要调味品，酱油的成分比盐复杂，除含有18%～20%的盐分外，还有多种氨基酸、糖类、有机酸、色素及香料成分。除了咸味，酱油还有鲜味、香味等。它能增加和改善菜肴的口味和色泽。

3. 白砂糖

白砂糖又称砂糖，色泽洁白、发亮，颗大如沙粒，颗粒较为均匀、整齐，糖质坚硬，松散干燥，滋味醇正，杂质和水分等含量极少。

4. 绵白糖

绵白糖是食糖的一种，色泽雪白，颗粒细小，质地绵软，潮润，入水即化，不带杂质，没有异味，烹调中常用于凉拌菜或制作甜馅。

5. 冰糖

冰糖是砂糖的结晶制品，有白色、微黄、微红、深红等色，因结晶如冰块而得名。冰糖以透明者质量为好。民间认为冰糖对人体有补益的作用，用得较多。冰糖浓缩后比一般砂糖更黏稠且有光泽，可为菜肴增色。

6. 食醋

食醋分为米醋、熏醋、白醋三种，是呈酸味的主要调料。食醋除含有 3%～5% 的醋酸外，还有氨基酸等其他有机酸，以及糖类、醇类、酯类等。

醋除具有去腥、提香、解腻、增鲜的作用外，烹调时加醋，还能减少维生素的损失，促使原料中钙质的分解，使其易于被人体吸收。

7. 味精

味精的主要化学成分为谷氨酸钠，是由大豆或小麦及其他含蛋白质较多的物质制造出来的，也有用淀粉发酵法制成的。味精有的是结晶状，有的是粉末状。其成分除有谷氨酸钠外，还有少量的食盐。味精的主要作用是提鲜。

8. 料酒

料酒是烹调时当作料用的黄酒，酒精浓度低，香味浓，含酯量高，富含氨基酸，在烹调时用来去腥、提鲜、增香。做动物性原料菜肴时使用黄酒效果更明显。

9. 胡椒粉

胡椒粉有白胡椒粉和黑胡椒粉两种，黑胡椒粉是用未成熟的胡椒果实加工而成的，白胡椒粉是胡椒成熟后采摘加工而成的。

胡椒粉在烹调中的主要作用是解腥，也用于提供香辣味，做醋椒味、酸辣味菜肴时使用。

10. 鱼露

鱼露是将小杂鱼发酵后提炼的调味液，营养价值较高，咸中带有鱼类特有的鲜香味，深受南方人欢迎。

11. 蚝油

蚝油是用牡蛎的汁发酵酿制而成的，咸中带有特殊的鲜香味，常用作炒菜、凉拌菜的调味料。

12. 豆豉

豆豉是用大豆制成的调味品，烹调用豆豉能使菜肴增加一种特有的香味，减少某些不良味觉。

13. 番茄酱

番茄酱是用新鲜番茄加工而成的，加糖为番茄沙司，味甜酸，可做菜，也可用作蘸汁。

14. 辣椒酱

辣椒酱以鲜红辣椒为主料,加盐、花椒、白酒等腌制发酵而成。辣椒酱外观呈红棕色或棕褐色,味香辣而鲜咸,是烹制辣味菜的主要调味料。

15. 虾子

虾子是海产白虾、红虾及淡水虾的卵炒制后的熟干品。虾子含有大量蛋白质和无机盐,营养价值高,味道极鲜。

16. 蟹子

蟹子是用海蟹和河蟹卵加工干制而成的,味道也比较鲜,但味道不如虾子。

17. 花椒

花椒是花椒树的果实,是良好的调味品。生花椒味麻,炒熟后香味四溢。烹调中既有单取其麻味的,也可炒熟后加盐调成椒盐,用作炸制菜肴的蘸料。

18. 大料

大料又称八角、大茴香,是我国的特产,强烈的芳香气味来自挥发性茴香醛,有散寒、健胃的作用,如图 1-101 所示。

图 1-101 大料

19. 小茴香

小茴香是草本植物茴香的籽,呈灰黄色,形如稻粒,夏、秋季采收。其作用是增香、解异味,烹制牛、羊肉时常加小茴香。

20. 桂皮

桂皮是玉桂树的皮,桂皮分为桶桂、厚桂、薄玉桂三种。桶桂为嫩桂树的皮,质细、清洁、味正,呈土黄色,质量最好。厚桂皮粗糙、味厚,皮色紫红,炖菜最好。薄玉桂外皮微细,味薄,香味少,外表发灰色,皮呈红黄色,质量较差。

21. 丁香

丁香的成分以丁香酚为主,是常用的香辛料。丁香味辛,性热,有消积食、温胃、降逆、去口臭的功效。

22. 草果

草果味辛,性温热,可去除口臭,消酒毒,调中补胃,健脾消食,解鱼肉毒，香味适中。使用时要将草果撕开。

23. 砂仁

砂仁可消食解酒，补肺益肾，和胃醒脾，增进食欲，一般用量为每千克汤汁加 2.5～7.5 克砂仁。

24. 孜然

孜然又称安息茴香、阿拉伯小茴香，是一种香料植物的籽实，有黄绿色和暗褐色两种，粉末呈棕黄色。孜然以色泽纯正、籽粒成熟饱满、大小均匀、无霉烂、味浓香者为上品。孜然味辛苦，性温，有祛寒、理气、开胃、止痛的功效，主健胃。孜然为烹制牛肉和羊肉的调味品。

25. 五香粉

五香粉多以小茴香、桂皮、丁香、大料、花椒等香料加工而成，呈粉末状，色老黄，香味浓郁，用于烹调。它比任何单一香料使用都方便，多用于卤菜。

常用调味品如图 1-102 所示。

图 1-102　常用调味品

二、单一味的调制

单一味是指只用一种呈味物质调制出的滋味。这种口味独立存在。通常所说的单一味有咸、酸、甜、辣、香、鲜、苦七种味。

一般原料自身也具有一定的味道,但这种味往往是添加了调味品后才呈现出来的。由于菜肴的主要味道是由添加的调味品来决定的,所以掌握调味方法是制作家庭餐的一项关键技术。

技=能=要=求

技能 1 制作辣椒油

一、操作准备

1. 主料准备：干红辣椒 20 个。

2. 辅料与调料准备：花生油 50 克、盐 5 克、糖 3 克、八角 2 个、桂皮 2 小块、花椒 10 粒。

二、操作步骤

步骤 1 将干红辣椒洗净晾干，去蒂、去籽，切成小段放入瓷碗中，用盐、糖拌好备用，如图 1-103 所示。

步骤 2 八角、桂皮、花椒洗净、晾干备用，如图 1-103 所示。

图 1-103 步骤 1 和步骤 2

步骤 3 炒锅上火，倒入油，放进八角、桂皮、花椒，中小火慢慢将油加热至锅内有油烟升起、香料变色、香味溢出时关火，把香料用漏勺捞出，如图 1-104 所示。

步骤 4 将油锅静置半分钟后，把热油浇在辣椒上即可，如图 1-105 所示。

三、注意事项

原料洗后一定要晾干再用，防止热油溅出烫伤人。

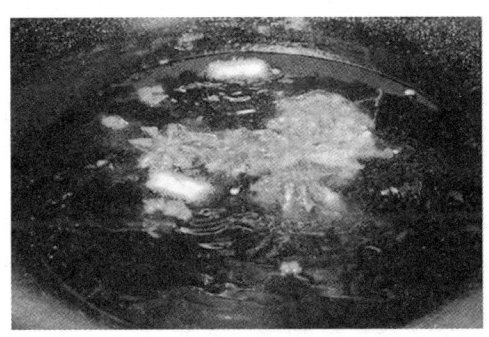

图 1-104　步骤 3

图 1-105　步骤 4

技能 2　制作蒜泥汁

一、操作准备

1. 主料准备：蒜 1 头。

2. 辅料与调料准备：盐 1 克、生抽 10 克、醋 25 克、糖 3 克、味精 3 克、清水 10 克、香油 3 克。

二、操作步骤

步骤 1　蒜去皮，用蒜夹子或者蒜臼捣成泥茸状，如图 1-106 所示。

步骤 2　加入清水、盐、味精调拌至溶解，加入生抽、香油、醋、糖调匀即成，如图 1-107 所示。

图 1-106　步骤 1

图 1-107　步骤 2

三、注意事项

1. 蒜中所含的硫化合物具有很强的抗菌消炎作用，特别是夏季吃凉拌菜时放上一点，既能提味又能杀菌。

2. 蒜皮不太好剥，剥蒜前用水泡一下就容易得多。

学习单元 3　厨房炊具、电器的使用方法

技=能=要=求

技能 1　高压锅的清洁与使用

高压锅如图 1-108 所示。

图 1-108　高压锅

一、操作准备

1. 环境准备：厨房卫生、整洁，上、下水，电，照明齐全。
2. 用具准备：高压锅、说明书和干净抹布。

二、操作步骤

步骤 1　仔细阅读高压锅的使用说明书，按照说明书的要求、程序等操作。

步骤2 仔细查看阀座中心和安全塞是否畅通。若发现堵塞,应及时疏通或者更换。

步骤3 掌握好压阀时间,应等蒸汽从排气孔稳定排出时才可以压阀,当蒸汽冲出限压阀时,可以改小火降温。

步骤4 掌握好取阀时间,一定要等锅内气压消失方可取下压力阀并打开锅盖,以免汤汁喷出伤人。若要急用,可将高压锅放在水龙头下用凉水冲凉,待温度下降后方可取下压力阀,打开锅盖。

步骤5 在煮大块排骨或者整鸡、整鸭时,应在上面压放一个干净的铁网,以免食物漂起时堵住排气孔。

步骤6 要掌握好食物煮熟时间,及时关火。

步骤7 高压锅每次用完后要将气孔、压力阀、橡皮圈及安全阀座下的小孔清洗干净,防止堵塞。

三、注意事项

1. 高压锅在灶上工作期间,严禁人离开太远。
2. 严禁发生高压锅干烧现象。
3. 电压力锅按操作说明规范操作即可。取压力阀与普通压力锅操作相同,即待汽排完再取阀、开盖。

技能2 电饭煲的使用

电饭煲如图1-109所示。

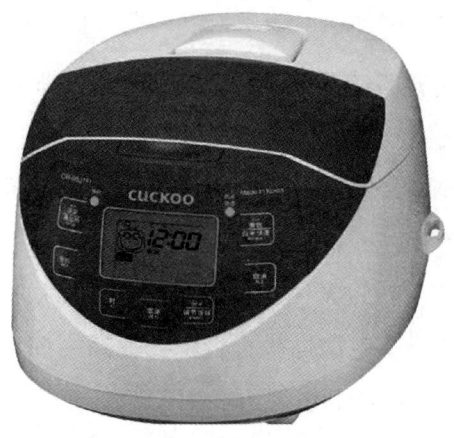

图1-109 电饭煲

一、操作准备

1. 环境准备：厨房卫生、整洁，上、下水，电，照明齐全。
2. 用具准备：电饭煲、说明书、不锈钢盆和量杯。

二、操作步骤

电饭煲也叫电饭锅，是利用电能煮饭的锅，具有经济、环保、卫生、使用方便、安全可靠的特点，是普及率很高的电热炊具。

步骤1 将淘洗干净的米和适量的水放入内胆，左右晃动几下，使米平摊在底部，擦干内胆外面的水渍后放入锅里。

步骤2 用手轻轻地将内胆转动几下，使内胆底部与发热板贴合，与电热盘接触良好。

步骤3 按下手柄，盖上锅盖，听到"叭"声为止。

步骤4 将电源插头插入插座，并接通电源。按下煮饭按键，指示灯亮，电饭锅开始煮饭。

步骤5 饭熟时，指示灯熄灭。再过10分钟左右，电热盘的余热将饭焖透。无须保温时，拔下电源线，切断电源。

三、注意事项

1. 电饭煲电源要使用单独插座，不要与其他大功率电器同时使用一条线路。使用时插头要插紧，电饭煲不能在潮湿的地方使用，要有可靠的接地线，以免发生漏电时伤人。

2. 使用前要清除电热盘表面及内胆底盘异物。内胆底部与边缘不得与硬物碰撞，以免变形，造成接触不良而损坏电热盘。

3. 电饭煲不宜用来煮酸、碱食物，以免腐蚀或损坏。用电饭煲煮粥、炖汤、煮汤时，应有人看管。不能让菜肴在锅内存放过夜。

4. 电饭煲不可空烧。按键开关自动复位后，切忌强行再按下。电饭煲使用完毕，应关闭开关，并拔下电源插头；否则，保温用控温器仍在工作，频繁动作，容易使控温器损坏，损坏电热盘。

5. 内胆是电饭煲的专用件，只有内胆与电热盘吻合使用，才能达到最佳传热效果,切忌与不同牌号的内胆换用,内胆不能直接放在火焰或其他热源上加热。

技能3 微波炉的使用

微波炉如图1-110所示。

图1-110 微波炉

一、操作准备

1. 环境准备:厨房卫生、整洁,上、下水,电,照明齐全。
2. 用具准备:微波炉、取物夹、防烫手套和说明书。

二、操作步骤

步骤1 准备好盛放食物的陶瓷或耐热玻璃器皿,打开炉门后放入,如图1-111所示。

步骤2 根据所加工食物的量设定加热时间,如图1-112所示。

图1-111 步骤1

图1-112 步骤2

步骤3 微波炉工作时不要往里面看,以免光波伤眼。

步骤4 设定的加热时间宜少不宜多,如一次加热不足,可再次加热。

步骤5 加热工作完成后微波炉会自动停止。

步骤6 戴上防烫手套后取出容器。

三、注意事项

1. 切勿损坏门内安全锁,否则会引起微波外泄。

2. 生鸡蛋及密封盒类的东西(如密封玻璃瓶等)容易引起爆裂,故不能放入微波炉内加热。

3. 当微波炉操作不正常或设备受损及发生碰撞时应停止使用。

4. 老人或小孩使用微波炉时必须注意安全。

5. 为避免微波炉起火,不可过分烹煮食物。不可放入微波炉内的材料有纸、铁、铝、搪瓷或其他易燃物品。将食物放入微波炉内时要拆掉金属包装袋。万一炉内物品着火,要关紧炉门,按下停止键,然后拔掉电源插头或关掉屋内电源总开关,切勿拆开微波炉。

学习单元4　燃气与用电安全

知＝识＝要＝求

一、燃气的安全使用

1. 使用燃气灶具前要检查有无漏气。打开总开关后,要检查灶具、管线、阀门处有无泄漏。可以用闻有无异味或者听是否有漏气声来判断,也可以将肥皂水均匀地涂抹到燃气连接管上,查看有无气泡产生。

2. 正确点火。点燃电子点火式燃气灶具时,按下并逆时针旋转点火器按钮至中位,松开按钮,燃气灶点火成功。点燃手工点火式燃气灶具时,左手握燃气灶具开关,右手持点火器具,将点燃的点火器具贴近灶具的火眼,然后左手按下并逆时针旋转燃气开关放气(要以火迎气,不要先放气后点火)。灶具点燃后再放置炊具。厨房要注意通风,但风力也不可过大,以免风将火焰吹灭,造成气体泄漏。

3. 燃气使用过程中，人不要长时间离开燃气应用区域，避免风大吹灭火焰，或熬粥、煮面条时发生汤汁从锅内溢出浇灭火焰，造成气体泄漏。避免火焰将锅内物品烧干，从而引发火灾。

4. 不要在灶台上堆放、悬挂物品，特别是易燃物品。火焰的温度很高，物品放得太近，易将物品引燃，造成火灾。

5. 液化气罐应当直立放置在远离火源、热源的地方，要避免高温和暴晒，不能平放或倒放，应避免大力撞击。液化气罐内余气不多时，不要为了节省，而用热水或其他方法加热液化气罐。这种做法十分危险，必须严格禁止。

6. 如果发现厨房内有液化气味，此时切忌点火，也不要开灯或按动电源开关，以免产生电火花。应先关闭总阀门，然后，轻轻打开门窗通风，使易燃气体尽快散去。待查明原因后再行使用，以免发生危险。

7. 要经常检查塑料管线有无裂纹，是否发软、发黏等情况，如果发现这类情况，说明管线已经老化，应及时更换新的管线。换气罐后重新安装减压阀时，应检查减压阀上的橡胶垫圈是否存在。

8. 如果灶具发生火灾，应首先关闭总开关，切断气源，然后再行灭火。如果是液化气罐口着火，可用一块较大的湿毛巾盖在着火处，然后用手将阀门关闭。如果火势较大，可用衣服或被褥对气罐进行捂盖，将空气与气罐隔绝，达到灭火的目的。待没有火焰时立即将气罐阀门关上。注意采用此种方法灭火后，一定要彻底检查衣物、被褥中有无燃点，避免发生死灰复燃。

二、安全用电常识

1. 中国家庭用电多为220伏的交流电。家用电器中除了少量电器以电池作为电源外，绝大多数使用交流电。电流通过导体传导电流，金属能导电，是导体，其中铜和铝的导电性能较好，被广泛地制成导线。有些材料几乎不导电，故被称为绝缘体，如塑料、橡胶、干燥木材、纸张等，绝缘体可以用来隔断电流的传输。但绝缘体一旦受潮或老化后，就会失去绝缘作用，同样会发生触电事故。

2. 电器在使用过程中会产生一定的热量，这在正常情况下不会影响电器和导线工作。但如果使用不当或电器出故障时，产生的热量会超过允许的值，导致线路中的熔丝熔断。电路保护装置自动断开（俗称"跳闸"）时，应请专业人员进行检查与维修。不要擅自加粗熔丝的直径，或用其他金属丝来代替熔丝，这会使熔断器失去应有的保险作用。

3. 同时使用的电器过多，用电量太大会引起过载，如夏季家中同时启动多个空调，容易造成电线老化，发生线路火灾。

4. 电器应接上接地线，以免漏电伤人。为了防止电线或电器用具因漏电而造成事故，家庭中应安装合格的漏电保护器。一旦发生触电事故或电器用具起火时，应立即先切断电源，然后再进行抢救。

技=能=要=求

技能 1　使用燃气灶具

一、操作准备

1. 检查燃气灶具气管连接处是否漏气。如漏气，应请专业人员维修好后再行使用。

2. 确认灶具附属物品已放置到位。对于带有定位结构的火盖，在放置时，凹口必须与销子配合，才算安装到位；对于不带有定位结构的火盖，在放置时，将火盖放在燃烧器配合槽中，检查没有翘曲说明已安放到位。

二、操作步骤

步骤 1　打开气源开关并完全按下点火旋钮，逆时针旋转至 90°点火（熄火保护灶需持续按 5~10 秒松手才可正常燃烧）。点火后，火焰站不住，说明按旋钮的时间不够，按上述的正确方法再操作一次即可。

步骤 2　必要时调节灶具出风口大小。如出现黄火、红火、熏锅等情况，可将风门进风量加大；火焰飘离或火苗过高，可将风门进风量减小。

步骤 3　观察火苗大小，由于管道气中会不同程度地存在一些杂质，使用一段时间后，火盖的火孔便会结炭、堵塞，导致回火。这时需要熄火，在常温状态下清洗火盖。

步骤 4　放置炊具并保持炊具置于支撑架中间位置，即炊具要平稳放置于火苗正上方。

三、注意事项

1. 使用燃气具前,应认真检查灶具、气管有无漏气。有漏气要先维修。

2. 使用燃气灶时,应人走火灭。

3. 燃气泄漏遇明火或电器打火极易发生闪爆,要防止沸汤、沸水溢出扑灭灶火或被风吹灭灶火。

4. 连接灶具的胶管应自然下垂,燃气胶管长度不得超过 2 米。应定期检查、更换老化的胶管。燃气灶具下不得铺垫报纸、木板、塑料等易燃物。

5. 燃气灶具使用后,要注意随手关闭灶前阀门及立管阀。

6. 睡觉前应检查厨房灶具开关、燃气灶前阀是否关好。长时间离开时,应将燃气表前阀、灶前阀同时关闭,防止意外事故。

燃气灶具如图 1-113 所示。

图 1-113 燃气灶具

技能 2 安全用电

一、操作准备

1. 环境准备:具有交流电插座,且干燥、通风良好的房间。
2. 工具准备:各种家用电器及其使用说明书、清洁工具等。

二、操作步骤

步骤 1 小家电的安全使用

(1)电熨斗等发热电器不得直接搁在木板上,以免引起火灾。

(2)使用电热毯时,如果没有必要整夜通电保暖,建议达到温度要求后断电使用,以确保安全。

步骤 2 维护家用电器

(1)日常清洁家用电器时应保持其干燥和清洁,不要用汽油、酒精、肥皂水、去污粉等带腐蚀性或导电的液体擦抹家用电器表面。

（2）家用电器损坏后要告诉客户，请专业人员检查或送修理店修理。严禁非专业人员在带电情况下打开家用电器外壳。

三、注意事项

家政服务员不是电器检修人员，严禁参与维修电器、检查电路的工作。

学习单元5 制作主食

知=识=要=求

在家庭日常膳食中，面食和米饭是一日三餐中的主角，其中面食的品种和制作方法多样。面食从熟制方法上可以分为蒸、煮、煎、烤、炸、焖等几大类，制作技术一般分为和面、发面、熟制三步。

一、和面

和面（见图1-114）是制作面食的第一道工序，如做饺子、馒头、包子、饼、面条等都需要和面。和面质量的好坏往往决定着制作的成功与否，所以一定要讲究和面的技巧和方法。做不同的食物，要和不同的面团。

图1-114 和面

1. 热水面团

热水面团也叫沸水面团或热水烫面，和面时水温一般为60~100 ℃。在热水的作用下，面粉中的蛋白质凝固并分解水分，面筋质被破坏，淀粉大量吸收水分而膨胀变成糊状，并分解出单糖和双糖，因此形成了热水面团性糯、劲小，成品呈半透明状，色泽较差，但口感细腻、富有甜味，加热容易成熟的特点。热水面团适宜制作烫面蒸饺、烧卖、锅贴、油糕等，如图1-115所示。

图 1-115　热水面团制品

2. 温水面团

面粉与 50 ℃左右的适量温水调制的面团称为温水面团。由于水温高于冷水，水分子扩散加快，从而使面筋质的形成受到一定限制，而淀粉的吸水性却有所增加，这种面团的筋性、韧性、弹性低于冷水面团，制成品种色泽次于冷水面团。

温水面团的特点是柔中有劲，富有可塑性，容易成形；熟制后也不易走样，口感适中，色泽较白，特别适用于制作各种花色蒸饼，如白菜饼、金鱼饼、四喜饼等。

3. 冷水面团

冷水面团就是用 30 ℃以下温度的水调制的面团，俗称冷水面。由于用冷水和面时面粉中的蛋白质不会发生热变性，从而形成较多和较强的面筋。淀粉在低温下不会发生膨胀糊化，因此形成的面团结实，韧性强，拉力大，又称"死面"。

冷水面团的特点是成品色泽较白，吃起来爽口有筋性，不易破碎，一般适用于水煮和烙的品种，如水饺、面条、烙饼等。

和面是做面食时技术性最强、最难掌握的步骤，要注意面的干湿、水的温度。和面时要多揉，多摔，多醒，按照传统的做法，面要盘摔三次，醒三次，经历三软三硬才可以使用。

二、发面

取普通面粉 500 克，用温水 250 克（面粉∶水 = 2∶1）、干酵母 10 克、白糖 5 克。准备一个不锈钢盆，洗净后擦干，把面粉倒在盆里。用小盆把酵母、白糖放在温水中溶化。水温不要太高,否则会杀死酵母菌,酵母就没有活性了。把酵母、白糖倒入面粉里,马上用筷子搅拌成小面团状,再用手揉成不沾手的面团。如果面团略湿,可再加点面粉。最后揉好的面团应该满足"三光"的要求,即面光(面团表面光滑)、手光(手上不沾面)、盆光(盆里不沾面)。和好之后,在盆上盖一块湿布,放在温暖的地方发酵。夏天放在室内即可,冬天可以放在暖气上,发酵时间约为1小时。发酵结束后,面团闻上去有淡淡的酸味儿。把发酵好的面团取出,放在撒了薄面的菜板上,再加些面粉重新揉成不沾手的面团,醒发10分钟,称二次醒发。

三、熟制

面发好后就可以制作馒头、包子、花卷等发面食品了。但是制作完成后还需要醒发20分钟,为三次醒发。在这期间准备蒸锅,把蒸锅里的水烧开,再把醒发好的包子、花卷等放到蒸锅里,蒸的时间一般是15分钟。如果是烙饼,应提前准备饼铛。

技 能 要 求

技能 1 牛肉包子

一、操作准备

1. 主料准备:牛肉馅500克、萝卜150克。

2. 辅料与调料准备:油10克、盐5克、花椒面2克、料酒10克、葱5克、姜5克、小苏打2克、酱油2勺。

二、操作步骤

步骤1 牛肉绞碎,葱、姜切碎放入搅拌器皿中,加酱油、料酒、盐、花椒面,朝一个方向搅匀,分几次加入一碗水,搅上劲。加入一大勺熟油,拌匀,如图1–116所示。

图1–116 步骤1

步骤2 萝卜切片,入开水锅中焯5分钟,切碎,挤去多余的水分,放在肉中搅匀(或者把萝卜切块,用擦床擦成丝,入开水锅中焯一下),如图1-117所示。

步骤3 发好的面加小苏打揉匀,静置醒发15分钟左右,如图1-118所示。

图1-117 步骤2

图1-118 步骤3

步骤4 面揉成长条,切成鸡蛋大小的剂子,擀成皮,不要太薄,如图1-119所示。

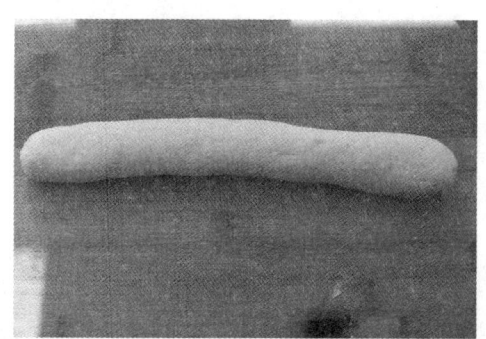

图1-119 步骤4

步骤5 填上馅料，包成包子，如图1-120所示。

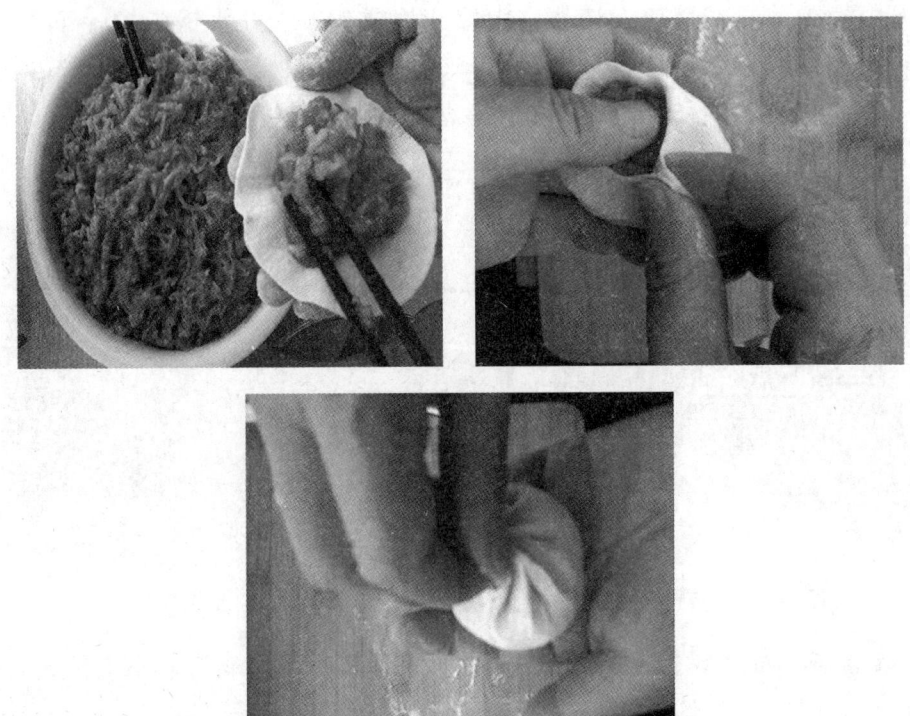

图1-120 步骤5

步骤6 包好的包子应先放在28℃左右的环境中醒发10分钟左右。

步骤7 锅中加水，然后上屉，盖上锅盖，水烧开，放入包子，大火蒸15分钟即可出锅食用，如图1-121所示。

图1-121 步骤7

步骤8 成熟的包子面皮松软，色泽洁白，褶匀美观，轻压后立即复原。

三、注意事项

1. 面团发酵要透,面皮薄厚、剂子大小、馅料填充要均匀。
2. 要保证面坯成形后软硬适当,确保包子不会瘫软。
3. 蒸制火力要大,蒸制过程中不能打开锅盖。
4. 蒸制好后打开锅盖时要注意安全,避免被蒸汽烫伤。

技能 2　包饺子

一、操作准备

1. 主料准备:饺子粉 500 克、五花肉肉馅 500 克(肥瘦肉的比例为 3∶7)。
2. 辅料与调料准备:植物油 20 克、酱油 70 克、盐 5 克、姜 20 克、葱 10 克。

二、操作步骤

步骤 1　把饺子粉倒入面盆中,加入 250 克冷水,将面粉与水搅匀,再搓揉成面团,面团要光滑、细润,面质无孔洞,软硬适度;然后用湿布盖好醒 30 分钟左右,如图 1-122 所示。

步骤 2　和好面后再调馅。加水打馅前要先放酱油、盐,不然调料不能渗透入味,而且不易搅拌均匀。放入盐和酱油后,可加水打馅,如图 1-123 所示。

图 1-122　步骤 1

步骤 3　将姜和葱切成细末。如果和好的馅马上就包,也可以在姜和葱中放一小勺水搅成葱姜泥,加入肉馅中;若不是马上包,最好包的时候再放葱花,不然肉馅的味道葱味重,如图 1-124 所示。

步骤 4　将醒好的面取出,放在菜板上整理到适当粗细时揪开,如图 1-125 所示。

图 1-123　步骤 2

图 1-124　步骤 3

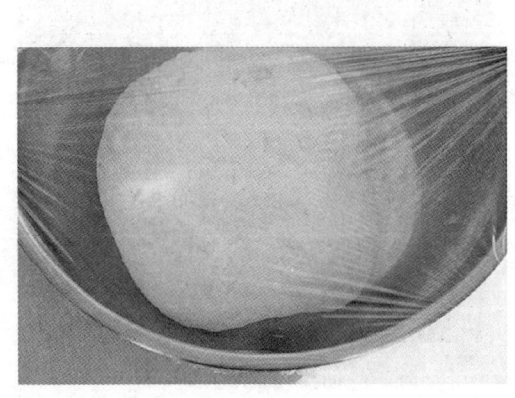

图 1-125　步骤 4

若一次用不了这么多面,可以先留下一段,剩下的放回面盆用湿布盖上,以免表皮风干。

步骤5　将搓成条的面用刀切或者用手揪成乒乓球大小的剂子,将剂子横切面立起来压成圆饼形(两个切面要蘸干面粉)。拿出一个剂子,左手捏住一个角,右手拿擀面杖向前压。重复这个动作:拿开擀面杖,转一下剂子,向前压一下;

再拿开，再转一下，再向前压，直到剂子四周都被压扁，变成一个圆形的面皮，如图 1-126 所示。

步骤 6 取一张饺子皮，包入适量馅料，如图 1-127 所示。在中间位置把饺子皮捏拢大约 1 厘米的长度，开始打第 1 个褶，如图 1-128 所示。

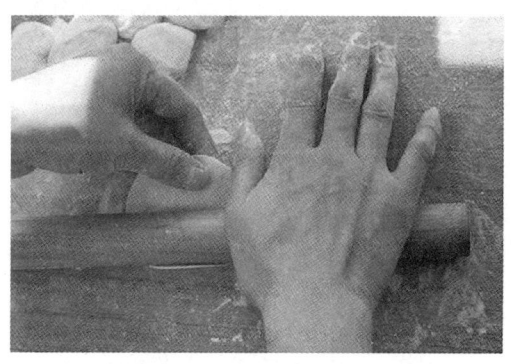

图 1-126 步骤 5

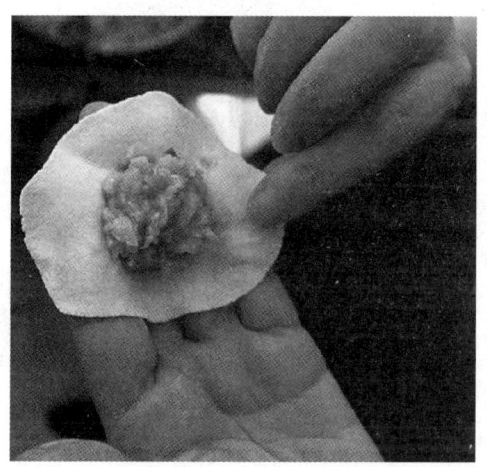

图 1-127 步骤 6（1）

图 1-128 步骤 6（2）

步骤 7 打好 1 个褶后，继续把饺子皮捏拢，在间隔大约 1 厘米的地方打上第 2 个褶（打褶就是把上层的那块饺子皮往后重叠一部分，然后压在下面的饺子皮上），如图 1-129 所示。把上下的饺子皮捏拢，第 2 个褶就打好了。

步骤 8 继续把饺子皮捏拢，在间隔大约 1 厘米的地方打上第 3 个褶，如图 1-130 所示。一直包到头，饺子就包好了，将其蘸一下干面粉码放到箅子或盖帘上，如图 1-131 所示。

步骤 9 开火坐锅，水开后下饺子。饺子下锅后，勺背朝前，沿顺时针方向将饺子在水中推动，以免粘锅，如图 1-132 所示。

步骤 10 煮的过程中点 2 次凉水，再煮开，直到饺子全部浮起来就是煮熟了。这时就可以用漏勺将饺子捞出装盘上桌。

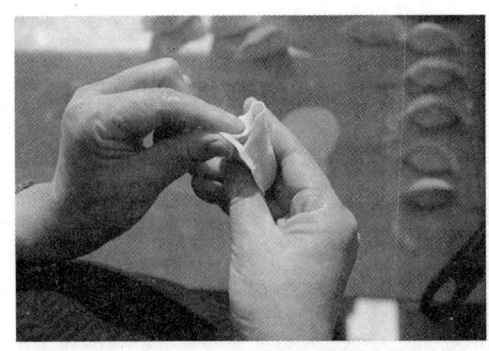

图1-129　步骤7

图1-130　步骤8（1）

图1-131　步骤8（2）

图1-132　步骤9

三、注意事项

1. 可以把搅拌好的肉馅冷藏备用。

2. 肉馅中可加入配菜，水分不多的菜切好后可以稍微拌入一点色拉油，这样拌过的菜再拌入肉馅中不容易出水。最好的肉菜比例是4：6，这样会使饺子更香。

3. 打肉馅用水量要看肉的吸水情况而定。瘦肉更容易吸收水分。

4. 盐和酱油不要一次加太多，以防肉馅过咸，颜色过重。饺子馅调好后可先包两个，煮熟后尝一下味道。淡了可以再加盐。

5. 可提前将10克花椒冲洗干净用100克热水泡上，大约泡2小时，用花椒水打肉馅最好。

技能 3 烙饼

一、操作准备

1. 主料准备：面粉 500 克。
2. 辅料与调料准备：植物油 20 克、盐 3 克、水 300 克。

二、操作步骤

步骤 1 把面粉置于面盆中，倒入 250 克水，将面粉与水搅匀，再加入 50 克水搅拌，搓揉成软面团，面团要光滑、细润，面质无孔洞，软硬适度。然后用湿布盖好醒 30 分钟左右，如图 1-133 所示。

图 1-133 步骤 1

步骤 2 将面团揉成粗细均匀的条，揪成 5 个剂子。

步骤 3 将剂子按成片，再擀成长方形薄片，刷上油，撒上盐，然后一前一后叠成条状，再用两手拿起拉长，盘成圆的形状，再擀成直径约 30 厘米的圆饼，如图 1-134 所示。

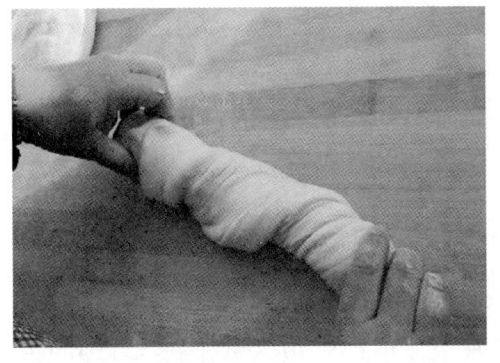 

图 1-134 步骤 3

步骤 4 把饼铛烧热，刷底油，将饼生坯上铛，边烙边转，边少量刷油，当饼的一面呈现金黄色时就要及时翻面再烙，将饼的两面均烙成金黄色即可，如图 1-135 所示。

图 1-135　步骤 4

三、注意事项

1. 和面水不可过多，水过多会使面发软。

2. 揉成面团后用湿布盖好，必须醒 30 分钟左右，醒透的面烙出的饼才能松软、酥香。

3. 烙饼最好选用厚的饼铛，厚饼铛烙出的饼铛花均匀。

4. 烙饼时要及时观察火力，火力太大饼容易焦煳且粘锅；火力太小烙的时间要延长，会使饼烙干。

5. 使用电饼铛容易控制温度，使用时按说明书指示操作即可。

技能 4　蒸米饭

一、操作准备

电饭煲、大米、量具、水等。

二、操作步骤

步骤 1　取出电饭煲内胆，洗净后擦干，根据吃饭人数（每人 150 克左右），用量具量好米并淘洗干净，如图 1-136 所示。

步骤 2　将洗好的米倒入内胆并放入两倍量的水，然后将内胆放入锅中，接通电饭煲电源，调节好时间，按下开关键，煮饭指示灯亮了即可，如图 1-137 所示。

图 1-136 步骤 1

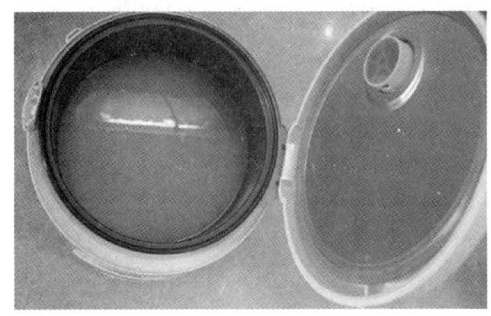 

图 1-137 步骤 2

步骤 3 煮饭指示灯灭后,保温指示灯亮,继续利用锅内的余温焖 10 分钟左右即可食用,如图 1-138 所示。

图 1-138 步骤 3

三、注意事项

1. 米不要淘洗多次,以免大米中的营养物质流失。反复淘洗 2~3 次即可。

2. 蒸饭前放入的水量要恰当,水过少会使米饭夹生,水过多会使米饭黏软。

学习单元 6　制作菜肴

> 知=识=要=求

一、蒸制菜肴

蒸是指以蒸锅作为工具，以蒸汽传热，使菜肴成熟的一种烹调方法。用蒸的方法制作的菜肴，既保持了原料的原汁原味，又能突出原料本身的鲜味。

二、炒制菜肴

炒是指烧热炒锅，用葱、姜炝锅，投入原料，急火快炒，迅速成菜的一种烹调方法。因其成熟快，原料需形体小，以丁、丝、片、条、末等为主。由于炒制原料的性质和具体操作手法不同，炒可分为生炒、熟炒、滑炒、软炒4种。成菜特点：汁、芡均较少且紧包原料，菜品鲜嫩、滑爽、清脆、鲜香。

三、煮制菜肴

煮是指用较大量的水或汤将烹饪原料放在其中煮熟的方法。煮有生煮和熟煮两种方法：生煮是把生的原材料直接放在水或汤中煮熟的方法，熟煮是把已加工成熟的原料放在水或汤中煮制的方法。

四、炸制菜肴

炸是指以较多的油旺火加热，将原料放入热油里使其成熟的方法。炸制食品因形式不同，成菜效果也各具特色。炸制方式有清炸、干炸、软炸和酥炸。清炸是原料不经码味、挂糊、上浆等工序，直接投入油锅炸制的方法。干炸是原料码味后经拍粉或挂糊后再入油锅炸制的方法。软炸是将形小、质嫩的原料码味后挂薄糊入油锅炸制的方法。酥炸是把入味制熟的原料挂糊再用油炸制的方法。

技=能=要=求

技能 1　清蒸草鱼

清蒸草鱼如图 1-139 所示。

图 1-139　清蒸草鱼

一、操作准备

1. 主料准备：750 克左右活草鱼 1 条。

2. 辅料与调料准备：葱 15 克、姜 8 克、香菜 10 克、盐 5 克、味精适量、香油 5 克、料酒 15 克、蒸鱼豉油 15 克。

3. 工具准备：蒸锅及盛菜肴的鱼盘、闹钟等。

二、操作步骤

步骤 1　将初加工的鱼洗净，擦干水分，如图 1-140 所示。

步骤 2　将葱洗净后切成 3~5 厘米的段，并从中间一分为二切成丝；姜清洗干净切成丝；香菜择洗干净，沥干水分，切成 2 厘米左右的段，如图 1-141 所示。

步骤 3　用盐把鱼里外擦遍，并在鱼体上撒一些料酒和味精，鱼腹内放入葱、姜，腌制 10 分钟入味。如果蒸锅小或鱼大，可以将鱼切成两段，如图 1-142 所示。

步骤 4　将鱼放入鱼盘内，放到蒸笼里，蒸笼上火用旺火蒸约 10 分钟即熟，如图 1-143 所示。

步骤 5　鱼蒸熟端出蒸笼后趁热淋上蒸鱼豉油和香油，放上香菜即可食用。

图 1-140 步骤 1

图 1-141 步骤 2

图 1-142 步骤 3

图 1-143 步骤 4

三、注意事项

1. 准确掌握时间和火力，火力小鱼肉易腥，口感差；火力大或超时鱼肉脱水严重，肉质老。
2. 鱼鳞必须刮净并将鱼冲洗干净，否则会使菜品质量大打折扣。
3. 在鱼的宰杀开膛过程中不要碰破鱼胆，否则会产生苦味，影响食用效果。
4. 鱼蒸熟端出蒸笼时要垫布，以防烫伤。

技能 2　肉丝炒蒜薹

肉丝炒蒜薹如图 1-144 所示。

一、操作准备

图 1-144　肉丝炒蒜薹

1. 主料准备：里脊肉 150 克、蒜薹 300 克。
2. 辅料与调料准备：植物油 50 克、生抽 20 克、盐 5 克、味精 2 克、姜末 5 克、料酒 20 克、淀粉 20 克。
3. 工具准备：刀具、菜墩、洗菜盆、炒菜锅、手勺等。

二、操作步骤

步骤 1　把里脊肉切成 5 厘米左右的长细丝，加生抽、料酒、淀粉抓一下备用，如图 1-145 所示。

步骤 2　蒜薹洗净切成寸段，如图 1-146 所示。

图1-145 步骤1

图1-146 步骤2

步骤3　锅中倒油，油热后放入肉丝划散，断生，盛出。

步骤4　用锅内余油将姜末炒香，再放入蒜薹翻炒。

步骤5　将肉丝放入，放盐、味精翻炒几下，出锅盛盘。

三、注意事项

肉丝炒蒜薹是急火快炒的菜，不要炒太长时间。

技能3　水煮肉片

水煮肉片如图1-147所示。

图1-147　水煮肉片

一、操作准备

1. 主料准备：里脊肉250克、油菜100克。

2. 辅料与调料准备：葱、姜、蒜各10克，酱油10克，干辣椒5个，豆瓣20克，盐5克，蛋清1个，植物油50克，料酒20克，淀粉20克，高汤或清水1 000毫升，大料1朵，花椒10克。

3. 工具准备：刀具、菜墩、洗菜盆、炒菜锅、手勺、笊篱、大汤碗等。

二、操作步骤

步骤 1　将里脊肉切成薄片（冻过没完全化透的肉最好切），将切好的肉片放到容器中，加盐 2 克、料酒 5 克、酱油 5 克、蛋清 1 个、淀粉 10 克，用手抓匀，腌制 10 分钟，如图 1-148 所示。

步骤 2　葱切葱花，姜、蒜切成末，干辣椒剪成段，去掉辣椒籽（能吃辣的可以保留），豆瓣用刀剁细。腌肉的时间可以将油菜洗净备好（大棵的油菜可以切成段），如图 1-149 所示。

图 1-148　步骤 1

图 1-149　步骤 2

步骤 3　锅内加水，并少放一点盐，烧开，放一勺植物油，放入油菜焯烫一下，捞出后放入大汤碗中（放油的目的是保持油菜的翠绿）。

步骤 4　锅中放少量油，放剁细的豆瓣，小火炒出红油。放葱、姜、蒜

（留出一些葱花、蒜末），炒出香味。往锅中放高汤或水，大火烧开，如图1-150所示。

步骤5 将腌好的肉片用手抖散下入锅中，用筷子划散，待再次开锅，肉片完全变色即可（见图1-151）。将煮好的肉片连带汤汁全部倒在焯好的油菜上，将剩下的葱花和蒜末撒在肉片的表面。

步骤6 将剩下的植物油全部倒入一个干净无水的锅中，放大料小火炒出香味后捞出不用。放入花椒（提前洒少许水润湿，这样香味出得透，还不会煳），小火慢慢熬，稍变色出香味后将花椒捞出不用，这样吃的时候就不会吃到花椒粒。放入干辣椒段小火炸出香味关火。趁热将油浇在葱花、蒜末上即可。

图1-150 步骤4

图1-151 步骤5

三、注意事项

1. 干辣椒段和花椒一定要炸得棕红、脆香，炸香的辣椒撒在肉片上，吃起来焦香满口，十分有味。
2. 豆瓣一定要炒香、炒出红油来。
3. 最后浇的热油一定要烧得很热，浇上去才能把葱花、蒜末的香味炝出来。
4. 配菜可以是油菜，也可以用大白菜、圆白菜、生菜、黄豆芽等。

相关链接

1. 菜肴原料搭配

家庭配菜主要依据菜肴原料多少和种类进行，一般可分为配单一原料，配主、辅料，配不分主次的多种原料三大类。

（1）配单一原料的菜

配单一原料的菜是指一道菜只由一种原料构成。一般来说，绝大多数菜肴的用料都可以用单一原料。由于原料只有一种，方法就比较简单，但必须要注意以下两点：

1）必须突出原料的优点，避免原料的缺点。

2）具有某些特殊浓厚滋味的原料不宜单独制成菜肴，如辣椒、洋葱、大蒜等，由于它们的辛辣味太重，除作配料外，不宜单独制成菜肴。

（2）配主、辅料兼有的菜

配主、辅料兼有的菜是指原料除主料以外，还配有一定数量的辅料，辅料主要是起烘托、突出主料，以及和主料互相补充的作用；但辅料不宜太多，否则会喧宾夺主。例如，翡翠虾仁必须以虾仁为主，放少许青豆起点缀作用；而虾仁豆腐则以虾仁为辅、豆腐为主。

（3）配不分主次的多种原料

配不分主次的多种原料是指配由两种或两种以上属于平等地位的原料构成的菜，各种原料不分主、辅，数量相等。这类菜肴的名称往往带有"双""三""四"等，如炒双冬、炒三丝、烩四宝等。

2. 配菜的关键

配菜的关键是各种原料的搭配，特别是主、辅料的搭配。其原则如下。

（1）量的配合

一盘菜的量要按一定的比例配制。主、辅料搭配要突出主料；主料由几种原料构成的，各种原料用量要基本相等；单一原料的，要按单位定额配菜，一般小盘纯料为150~200克，大盘纯料为300~400克。

（2）色的配合

主、辅料在颜色上的配合应突出主料。

（3）味的配合

味的配合包括原料加热前后、调味前后的变化，应突出主料的香味，并以辅料的香味弥补主料的不足。如主料的香味过浓或过于油腻，应配以香味清淡的辅料，进行适当调和冲淡，使主料味道适中。

（4）形的配合

辅料必须服从主料，即片配片、丝配丝、丁配丁。不论何种形状，辅料一般都略小于主料。

（5）质的配合

主、辅料在质地上的配合应脆配脆、嫩配嫩。

（6）营养成分的配合

各种菜肴都有不同的营养成分，配菜时要注意原料营养成分的相互补充，特别是动物性原料，应适当配些果蔬原料，以弥补其所含维生素的不足。

学习单元 7 制作汤食

知=识=要=求

一、汤食的概念

汤食也叫汤菜，是家庭中常见的菜肴种类，荤素食材均可以做汤。家政服务员为满足雇主的需要，应学会煲汤，做好汤食。

煲汤既是一门学问，也是一种技能。好汤需要好材料，好材料需要善加利用。例如，山药营养丰富，自古以来就被视为物美价廉的补虚佳品，将其与排骨一起炖，就是一道十分美味的汤菜。番茄牛腩也是一道美味的汤菜，以新鲜的黄牛牛腩为主料，加番茄一起做成。

为了煲出营养好喝的汤，煲肉汤时，先洗净肉，接着用开水焯烫，然后用水冲去浮沫。因为做肉汤的材料（如鸡肉、鸭肉、猪肉等）都不同程度地含有一股腥臊味，主要是血污所致，烫煮一下洗净后可除去大部分异味，原料也清爽了许多。再用净锅加清水放入原料熬制，熬出的汤汁澄清、美味。

煲汤的注意事项如下。

1. 煲汤的原料一定要与冷水一起下锅。

2. 煲汤过程中不可以再加水。

3. 煲汤时不宜过早撇除浮油。

4. 可以加少量盐，但不能放多。

5. 煲汤时不要放太多调料，如花椒、大料等，适当放点葱、姜、料酒可去腥提鲜。

二、加工工具

制作汤食常用砂锅、瓦煲、炖盅、电炖盅、不锈钢汤锅等，如图 1-152 所示。

图 1-152 汤食制作工具

1. 砂锅、瓦煲

在使用前应该先用砂锅煮一下米汤（少许米加水煮出的汤），米汤可以渗透到砂锅的微小缝隙并将其填实，这样处理后，砂锅不易炸裂。砂锅最好每隔一个月左右就煮一次米汤进行保养。

砂锅长时间不用的时候，可以用报纸包好，有条件的可在里面放上两块炭，这样砂锅既不易受潮，也不会在下次煲汤的时候有异味。另外需要注意的是，很热的砂锅最好让它自然冷却，如需端走放置，最好垫上木质餐垫。

瓦煲的烧制温度比较高，所以瓦煲的耐热、耐冷程度都比砂锅强一些。对瓦煲的保养与使用和砂锅基本类似，只是在使用的时候，瓦煲的功能更加专一，基本只适合煲汤，而砂锅除了做汤之外，还可以炖菜、炖肉。

2. 炖盅、电炖盅

用炖盅做的汤叫作炖汤,是广东汤品中的一个类别,主要是采用炖盅用隔水加热的方式将汤做好。这种方法做出的汤原汁原味,外面进入盅里的只有热度,盅里面则是原汤、原食、原味。用炖盅做汤的时间比用瓦煲等做汤的时间要更长一些,一般用瓦煲做汤需 3 小时,而用炖盅则需 4 小时以上。

有人觉得炖汤时间太长,索性就把炖盅放在高压锅里。但是这样做出来的汤就失去了炖汤的味道和意义,因为只有加热时间足够,汤的味道才能更加醇正。

现在有了电炖盅,做炖汤就要比过去方便一些,但基本原理都是相同的。电炖盅是这些工具里面最现代化的一个,在使用上没有那么多禁忌,同时也能根据食材不同来设定时间,使用比较方便。

3. 不锈钢汤锅

首次使用不锈钢汤锅前,先用白醋加温后将锅具清洗一次,然后再用热水冲洗,内外擦干后才可以使用。不锈钢汤锅炖出来的汤远没有以上几种锅具炖出的汤口感好。注意不要用不锈钢汤锅长期盛放酸性或碱性的食品,不要长时间干烧锅体,持续干烧会导致锅具损坏。

技 能 要 求

技能 1 山药排骨汤

山药排骨汤如图 1-153 所示。

图 1-153 山药排骨汤

一、操作准备

1. 主料准备：排骨 500 克、山药 100 克。

2. 辅料与调料准备：料酒 10 克、盐 3 克、姜 5 克、葱 10 克、胡椒粉 2 克、味精 1 克、清水 2 800 毫升。

3. 工具准备：刮皮刀、菜刀、汤锅、不锈钢盆、大汤碗等。

二、操作步骤

步骤 1 将山药去皮，切成滚刀块。

步骤 2 排骨洗净，剁成段，凉水下锅，烧开后把排骨的血沫撇掉。

步骤 3 姜切片，葱切段。

步骤 4 将山药、排骨、料酒、姜、葱同放入炖锅内，加入清水 2 800 毫升。用大火烧开，再用小火炖煮 40 分钟，加入盐、味精、胡椒粉即成。

三、注意事项

1. 山药去皮后很快就会变色，因此预先准备好的山药一定要浸在水里，或者是切好后马上下锅。削皮的时候戴上手套，否则皮肤碰到山药皮会非常痒。

2. 炖肉的时候放一点儿醋，肉会烂得更快。

技能 2　番茄炖牛腩

番茄炖牛腩如图 1-154 所示。

图 1-154　番茄炖牛腩

一、操作准备

1. 主料准备：牛腩 300 克。

2. 辅料与调料准备：番茄小的 4 个或大的 2 个、香菜少许、番茄酱 30 克、盐 5 克、葱 5 克、姜 5 克、料酒 20 克、白糖 20 克、鸡精 5 克。

二、操作步骤

步骤 1 番茄去皮切成块，再准备几勺番茄酱，如图 1-155 所示。

步骤 2 将牛腩洗净切成小块（见图 1-156）。冷水入锅，然后在锅中放入葱段、姜片、少许料酒，上火炖，开锅后炖 30 分钟。

步骤 3 炖好后将牛肉捞出，将汤水倒出备用。

图 1-155　步骤 1

步骤 4 然后用葱爆锅，放入番茄块、番茄酱、少许白糖一起翻炒，如图 1-157 所示。

图 1-156　步骤 2

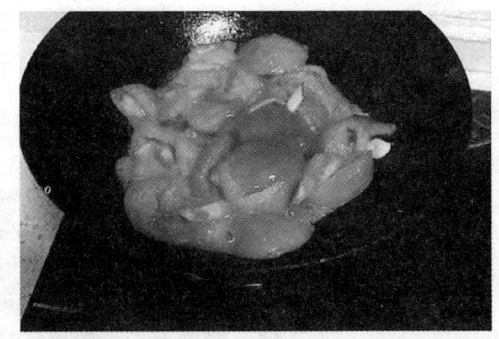

图 1-157　步骤 4

步骤 5 酱汁炒好后放入牛肉翻炒，然后倒入牛肉汤，继续炖煮，如图 1-158 所示。

步骤 6 炖至牛肉软烂，放入盐、鸡精、香菜，调味后即可出锅，如图 1-159 所示。

图 1-158 步骤 5

图 1-159 步骤 6

三、注意事项

1. 炖牛腩时先不要放盐，先放盐肉不易烂。
2. 炖汤过程中不要加凉水，如果需要加水，也要加热水。

技能 3 　枸杞冬瓜汤

一、操作准备

1. 主料准备：冬瓜 250 克。
2. 辅料与调料准备：枸杞 15 克、鸡汤或排骨汤 1 500 毫升、姜 10 克、盐 5 克、淀粉 20 克、香油 10 克。

二、操作步骤

步骤 1　枸杞泡水 30 分钟，洗净备用。

步骤 2　冬瓜去皮及瓤后冲洗干净。

步骤 3　将冬瓜切成薄片用开水汆烫后捞出，如图 1-160 所示。

图 1-160 步骤 3

步骤 4　锅中倒入 1 500 毫升鸡汤或排骨汤，放入冬瓜片、枸杞，开锅后转用小火煮 10 分钟，用淀粉勾芡，淋入香油后即可食用。

三、注意事项

枸杞一般不宜和过多温热的补品（如桂圆、红参、大枣等）共同食用。

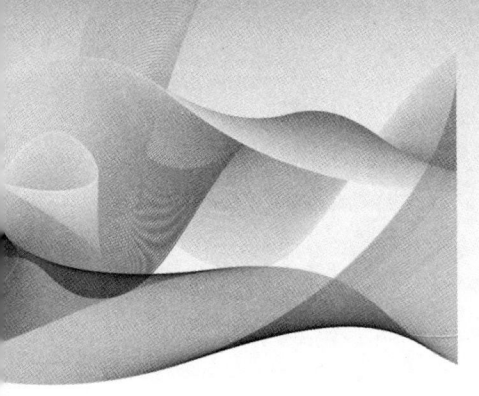

职业模块 ❷ 洗涤收纳衣物

内容结构图

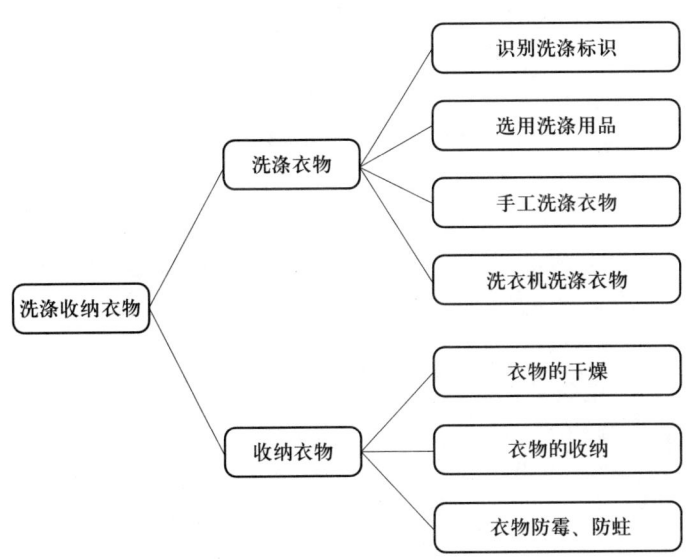

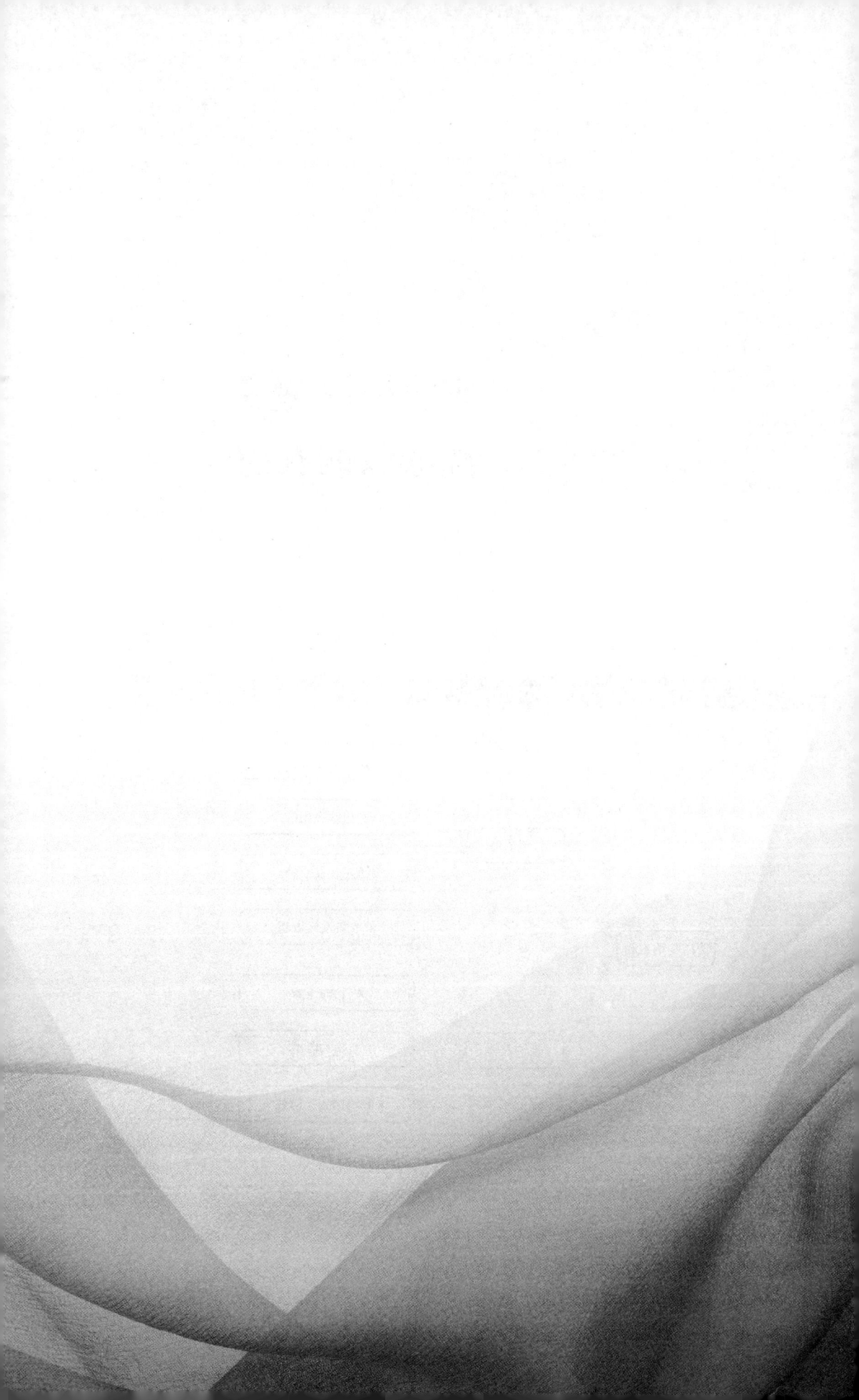

培训课程 1

洗涤衣物

学习单元 1　识别洗涤标识

知=识=要=求

一、服装标识的作用

服装成衣按规定一般都会挂有多种标识，如在衣领、袖口部位会注有商标，便于消费者确认品牌；在领窝、侧缝处会注有规格、尺寸，方便消费者按尺码选择合适的服装；在明显的地方挂有吊牌，集合了有关服装的所有信息；服装内侧缝有一个白色的小标识，它就是衣服的洗涤和保养标识（见图2-1），上面标明了生产商提供的有关服装洗涤和保养的重要信息，让消费者能够从原料的成分和含量、洗涤和保养方法两方面进行参考，在穿着的过程

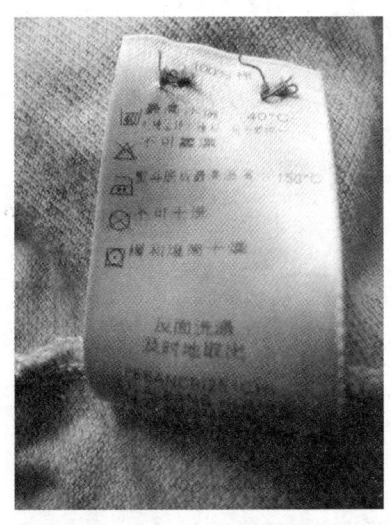 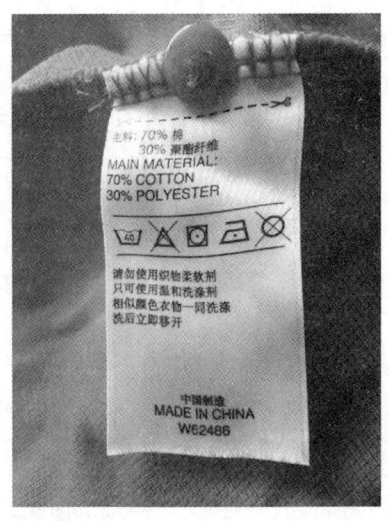

图 2-1　衣服的洗涤和保养标识

中进行正确保养。家政服务员可以通过从这个标识上获取的信息鉴别出服装的质地，从而了解服装的特性，采取正确的方法做好衣服的洗涤和保养工作。

二、通用的洗涤和保养标识

衣物洗涤和保养标识在一般人看来是比较专业的图案，这些标识主要是告诉人们服装的洗涤和保养方法，具有很强的权威性。生活中常见的洗涤标识主要有以下五大类。

1. 水洗标识

水洗标识是以一个槽形图案为基础进行演变的，如图2-2所示。

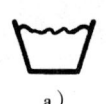　　　　
　　a)　　　　　　b)　　　　　　c)　　　　　　d)　　　　　　e)

图2-2　水洗标识

a) 可以机械常规洗涤　b) 轻柔手洗　c) 只能手洗　d) 最高水温30℃水洗　e) 不能水洗

2. 干洗标识

干洗标识是以圆圈为主的一系列标识，如图2-3所示。如果圆圈上带"×"，就表示一定不能干洗。毛、丝的服装水洗容易失去光泽，而镂空带花的丝绸水洗会严重收缩变形，所以它们都带有干洗的标识。

　　a)　　　　　　　　b)　　　　　　　　c)

图2-3　干洗标识

a) 可以干洗　b) 不能干洗　c) 转笼翻转干燥

3. 漂洗标识

三角形的图案表示可以用漂白剂处理；如果带"×"，表示不能漂白，如图2-4所示。

　　a)　　　　　　　　b)

图2-4　漂洗标识

a) 可以氯漂　b) 不可以氯漂

4. 干燥标识

衣服图案表示可以挂起来晒太阳；如果有个"—"，就表明要平放干燥；如果衣服图案上多了一点儿斜纹，则表示脱水后应在阴凉的地方晒干，如图2-5所示。

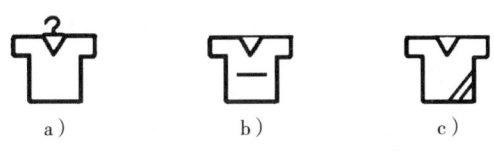

图 2-5　干燥标识

a）悬挂晾干　b）平放晾干　c）阴干

5. 熨烫标识

如果熨斗图案下面有波纹，就表示在熨烫的时候需要垫布；而下面如果多了一些竖条，则表示需要用蒸汽熨斗熨烫。此外，熨斗的温度提示是通过标在其上的小点来显示的。一个点表示熨斗的最高温度不能超过 110 ℃，两个点表示熨斗的最高温度不能超过 150 ℃，三个点表示熨斗的最高温度不能超过 200 ℃，如图2-6所示。

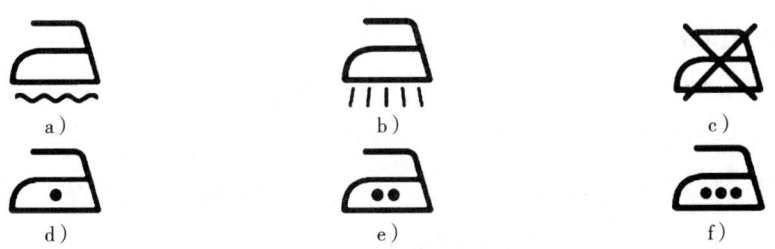

图 2-6　熨烫标识

a）垫布熨烫　b）蒸汽熨烫　c）不可熨烫　d）熨烫温度不能超过 110 ℃
e）熨烫温度不能超过 150 ℃　f）熨烫温度不能超过 200 ℃

学习单元2　选用洗涤用品

知=识=要=求

一、纺织品的性能

日常生活中洗涤服装时，首先要了解及识别纺织纤维的种类和其特性，据此才能选择合适的洗涤方法，取得最佳的洗涤效果。纺织纤维的分类如下。

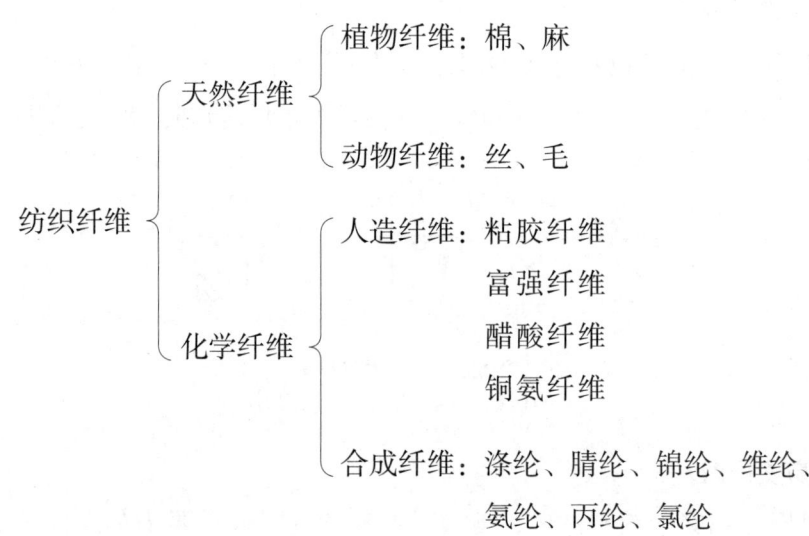

服装的面料可以分为天然纤维和化学纤维两大类。在天然纤维中又有动物纤维和植物纤维之分，如羊毛、驼毛、兔毛、蚕丝等属于动物纤维，棉、麻等属于植物纤维；化学纤维又分为人造纤维和合成纤维，如人造棉、人造毛、人造丝都属于人造纤维，合成纤维有涤纶、腈纶、锦纶等。

1. 毛纺织品

毛纺织品的原料是毛纤维，包括羊毛、兔毛、驼毛等，其中以羊毛的使用量最大。毛纤维是由动物的毛发加工而成的，其主要成分是蛋白质。

羊毛纤维天然弯曲，弹性好，具有良好的可塑性和优良的缩绒性，吸湿性好，抗酸性能强。羊毛织成的呢绒弹性好，挺括、抗皱、不易变形，不易沾污、耐磨、耐穿，保暖性强，舒适美观。羊绒织物是用取自山羊身上的绒毛精制而成的高档服装面料，色泽柔和，手感舒适，用它做成的服装轻柔、保暖、柔中见挺、气派、高贵。羊绒被誉为纤维之王，面料高档，价格昂贵，又被称为"软黄金"。羊毛抗碱能力弱，遇碱会遭到破坏，因此不宜用碱性洗涤剂洗涤。羊毛很怕太阳晒，阳光中的紫外线会损伤羊毛纤维，使羊毛织物失去光泽和泛黄，洗涤后的羊毛织物切忌在阳光下暴晒。

2. 丝织品

丝织品是以蚕丝为原料织制而成的。蚕丝和羊毛一样，都属于蛋白质纤维，蚕丝的特点是色泽鲜艳，吸水性强，织成的丝绸轻逸滑润，柔软舒适，亮泽美观。蚕丝的保暖性很好，用它做成的丝绵服装、丝绵被很受人们欢迎。丝织品漂亮的外观、极佳的使用性能深受人们的欢迎,蚕丝也被誉为"纤维皇后"。

蚕丝与羊毛相似,耐酸不耐碱,不宜用碱性洗涤剂洗涤。与羊毛相比,蚕丝更怕阳光晒,日光中的紫外线会使蚕丝纤维脆化,洗涤后的蚕丝织物宜在通风处阴干。部分丝绸的湿牢度和日晒牢度比较差,在水中或在日光下会褪色。

3. 棉织品

棉织品是以棉花为原料织制而成的,具有良好的吸湿性、保暖性,对染料的亲和能力很好,棉织品穿着透气、舒适。棉纤维耐碱不耐酸,适宜用碱性洗涤剂和普通洗衣粉洗涤。若长期与日光接触,纤维素会逐渐氧化,强力降低,发脆、变硬,因此不宜在阳光下暴晒。

4. 麻织品

麻织品是由麻纤维织成的。麻织品的特点是韧性好,耐磨性高于棉织品,吸湿性良好,不容易受水浸而发霉腐烂,绝缘性良好,对热的传导快,穿着凉爽。麻纤维对酸碱的反应与棉纤维相似,也是耐碱不耐酸,对染料的亲和力比棉低。

由于麻织品坚韧耐穿,爽滑透凉,是盛夏理想的服装用料。

5. 人造纤维

人造纤维由天然纤维中无法用机械方法直接纺纱、织布的物质(如木材、竹子、棉短绒、甘蔗渣、芦苇等)运用化学处理的方法制造而成。人造纤维织物主要包括粘胶纤维长丝和短丝织物,即人造棉、人造丝等,也包括富强纤维等织物,人造纤维织品的性能主要由粘胶纤维的特性决定。

(1)人造棉、人造丝织品有手感柔软、穿着透气舒适、染色鲜艳的特点。

(2)粘胶纤维织品具有很好的吸湿性能,在化纤中它是最佳的吸湿材料。

(3)粘胶纤维的湿强度很低。其织品在水中不宜久洗,缩水率也比较大。

(4)普通粘胶纤维具有悬垂性好,刚度、回弹性及抗皱性差的特点,服装保形性差,容易产生褶皱。

(5)粘胶纤维织品的耐日光性及耐其他化学物品性能均较好,但不如棉、麻等天然纤维织品。

6. 合成纤维

合成纤维具有强度高、弹性好、不易起皱变形及耐磨等优良性能。

(1)合成纤维的强度和耐磨性高于天然纤维,涤纶、锦纶、腈纶纤维的强度比棉花高 2～3 倍。耐磨性以锦纶为最好,要比棉花高 10 倍。

(2)合成纤维有比天然纤维更好的弹性和延伸性,合成纤维编织的织品具有穿着方便、不易起皱的优良性能,做成的衣物挺括不皱,外形美观。

(3)合成纤维表面光滑,污垢一般仅吸附在织物表面,短时间内很难渗透到纤维内部,这给洗涤带来了方便。合成纤维织品洗涤后也很容易晾干。

(4)合成纤维之间抱合力很差,在使用过程中经常受到摩擦的部位纤维容易露头,起毛结球。

(5)合成纤维的吸湿性较差,穿着时不吸汗,不透气,会感到比较闷,不舒服,也很容易产生静电。

(6)合成纤维的耐热性比较差,如氯纶在 70 ℃时就会收缩变形,丙纶在 100 ℃时也会收缩。相比之下,涤纶、腈纶、锦纶的耐热性要好一些。

二、纺织品的鉴别

随着科学技术的不断进步,市场上的衣料品种越来越多。正确鉴别衣料质地,直接关系到各类服装的洗涤效果。感官鉴别法既是鉴别各类纺织品的基本方法,也是家庭生活中经常使用的鉴别方法。感官鉴别法就是人们借助眼看、手摸等方法来鉴别纺织品。看就是查看其标识、标签,观其色泽、质地;摸就是用手触摸其质感、厚薄等。

1. 棉及棉混纺织物的鉴别

棉及棉混纺织物的主要品种有纯棉、涤棉、腈棉等。

(1)纯棉织物

纯棉织物外观具有天然棉纤维的柔和光泽,布身手感柔软,弹性较差,容易产生折痕,用手捏紧布料有一种厚实的感觉,放松后布面上会有明显的折痕。

(2)涤棉织物与腈棉织物

涤棉织物与腈棉织物光泽明亮,色泽雅致,手摸布面光洁平整,有滑、挺、爽的感觉,手捏布面有一定的弹性,放松后折痕较少且恢复较快。人们熟悉的涤纶卡其布就是涤棉织物。

2. 麻及麻混纺织物的鉴别

麻及麻混纺织物的主要品种有纯麻织物、涤麻织物、棉麻织物、粘麻织物、毛麻织物等。

（1）纯麻织物

纯麻织物天然纯正，色泽自然，光泽柔和，布面有不匀感，较棉织物挺括，手摸布面有粗糙、厚实的感觉。

（2）涤麻织物

涤麻织物纹理清晰，布面平整，光泽较亮，手感较柔软，手捏放松后不易产生折痕。

（3）棉麻织物和粘麻织物

棉麻织物和粘麻织物的风格与外观介于纯麻织物和涤麻织物之间。

（4）毛麻织物

毛麻织物的布面清晰、明亮、平整，手捏紧放松后不易产生折痕。

3. 毛及毛混纺织物的鉴别

毛及毛混纺织物的主用品种有纯毛织物、毛涤织物、毛粘织物、毛腈织物等。

（1）纯毛织物

纯毛织物布面平整，色泽均匀，光泽柔和，手感柔软，富有弹性且丰满，捏紧放松后布面没有折痕，即使有折痕也会在较短时间内自然恢复原状。

（2）毛涤织物

毛涤织物光泽柔和，色彩均匀，手感硬挺，富有弹性，捏紧放松后布面折痕很快就会消失。人们熟悉的毛涤凉爽呢就是毛涤织物。

（3）毛粘织物

毛粘织物光泽较暗，薄型织物看上去有棉的感觉，手感较柔软且不挺括，捏紧后放松有较明显的折痕，往往被做成厚呢制品。

（4）毛腈织物

毛腈织物布面平坦，光泽较鲜艳，毛型感较强，手感蓬松有弹性，往往被做成厚呢制品。

4. 丝织品的鉴别

丝织品多种多样，有天然的，还有化学的，主要有真丝织物、粘胶人造丝织物、涤纶丝织物等。

（1）真丝织物

真丝织物绸面光泽柔和，明亮悦目而不刺眼，色泽鲜艳、均匀，手感轻柔、平滑，富有弹性。以手托起时自然悬垂，手摸绸面时有丝丝凉意和轻微的拉手感，用手捏紧后放松，绸面稍有细小皱纹，干燥的真丝绸相互摩擦会发出丝鸣声。

（2）粘胶人造丝织物

粘胶人造丝织物绸面光泽明亮刺目，不如真丝织物那样有柔和感，手感滑爽。织物柔软而带有沉甸甸的感觉，不及真丝织物轻盈飘逸、挺括。手捏紧放松后折痕多而深，不易恢复。人们熟悉的美丽绸面料就是粘胶人造丝织物。

（3）涤纶丝织物

涤纶丝织物光泽柔和，色彩均匀，手感滑爽、平挺、弹性好，手捏紧后放松无明显折痕，恢复原状较快。目前，西装的衬里往往使用此种织物。

5. 化学纤维织物的鉴别

常见的化学纤维织物有粘胶、涤纶、锦纶、腈纶和氨纶。

（1）粘胶纤维织物

粘胶纤维织物应用较为广泛，其手触光滑，手捏紧后放松有较深的折痕，且不易恢复，市场上常见的人造棉就属这一类。

（2）涤纶纤维织物

涤纶纤维织物颜色较亮，手感滑爽，手捏紧后放松几乎不产生折痕。的确良面料就是由65%的涤纶制成的。

（3）锦纶纤维织物

锦纶纤维织物在各类织品中光泽较差，布面有涂了一层蜡的感觉，色泽较暗淡，不鲜艳，身骨较为柔软，手捏紧放松后有一定的折痕，能缓慢地恢复。常见的尼龙丝面料就是锦纶纤维织物。

（4）腈纶纤维织物

腈纶纤维织物颜色鲜艳，光泽柔和，手感蓬松、柔软、毛型感强，手捏紧后放松不易产生折痕，但一旦产生折痕则较难消失。常见腈纶纤维织物有腈纶毛衣、长毛绒玩具、仿兽皮面料上的绒毛等。

（5）氨纶纤维织物

氨纶纤维织物颜色鲜艳、丰富，光泽较好，手感光滑，有较大的伸缩性，能适应身体各部位弯曲的需要，不易产生折痕。人们熟悉的莱卡面料就是氨纶纤维织物。

三、常用洗涤剂

家庭常用洗涤剂的种类很多。有以清洗为主的用品，如肥皂、洗衣粉、液体洗涤剂等；以局部去污、增艳、增白等辅助清洗为主的用品，如衣领净、洁衣漂水、氧漂水等；以蓬松、柔软等调理为主的用品，如蓬松剂、柔顺剂等。

1. 肥皂

肥皂是以脂肪和碱经化学反应制取的，是最常见的传统洗涤用品。肥皂的种类、特性与用途见表2-1。

表2-1　　　　　　　　　　肥皂的种类、特性与用途

种类	特性	用途
普通洗衣皂	碱性大，用温水及软水洗涤效果更好	适用于棉、麻织物的洗涤，不适合洗涤丝、毛织物
透明皂	碱性小，含有甘油、椰油成分	适合洗涤合成纤维织物
增白皂	碱性小，含有增白及漂白剂的成分，有增白作用	适合洗涤白色及浅色织物
硫黄皂	中性，含有硫黄成分，有杀菌作用	可以用于内衣的洗涤
消毒药皂	中性，含有消毒成分，有杀菌作用	可以用于内衣的洗涤
香皂	中性，有的含有杀菌成分，气味芳香	主要用于皮肤的清洗，也用于服装上个别污渍的处理

2. 洗衣粉

洗衣粉有手洗和机洗两种。手洗洗衣粉中添加了护手成分，使用时不伤皮肤。机洗洗衣粉则趋向于无泡，可以防止泡沫从洗衣机中溢出，便于漂清。随着科技的不断发展，高效、节能、多功能、综合性、环保型的无磷洗衣粉正在逐步取代有磷洗衣粉，在选购及使用洗衣粉时，应主动选购无磷洗衣粉，以减少环境污染。洗衣粉的种类、特性与用途见表2-2。

表 2-2　　　　　　　　　洗衣粉的种类、特性与用途

种类	特性	用途
普通合成洗衣粉	碱性大	适合棉、麻织物的洗涤，不宜洗涤丝、毛织物
加酶洗衣粉	可去除血渍、尿渍、奶渍、汗渍等污渍	适合洗涤内衣等贴身衣服，以及床单、被套等床上用品，还可洗涤有血渍等特殊污渍的衣物
增白洗衣粉	有增白作用	适合洗涤白色织物和部分浅色面料服装，不宜洗涤深色服装
多功能高效合成洗衣粉	去污范围广泛，有护理织物的功能	适合多种污渍的清洗，可用于棉、麻、化纤等多种面料的洗涤，有的能洗涤丝、毛织物

多功能高效合成洗衣粉整合了多种去渍、护理成分，洗涤污渍的范围更广泛，还具有保护织物、改善手感等功能。这类洗衣粉大多添加了酶，主要是蛋白酶及各种生物酶，它们能分解血渍等蛋白质污渍，可用于特殊污渍的洗涤。酶是一种活性物质，温度过高会破坏它的活性，添加了酶的洗衣粉洗涤温度不能超过60 ℃。

3. 液体洗涤剂

液体洗涤剂有中性、弱酸性和弱碱性三种，性质柔和，不损伤织物，不含磷，是高浓缩、具强去污力的环保型高档洗涤用品。液体洗涤剂的种类、特性与用途见表 2-3。

表 2-3　　　　　　　　　液体洗涤剂的种类、特性与用途

种类	特性	用途
液体合成洗涤剂	呈弱碱性	洗涤棉、麻、化纤织物
羊毛衫洗涤剂	呈弱酸性	洗涤羊毛衫及纯毛织物
羊绒衫洗涤剂	呈弱酸性，有护理织物成分	专用于羊绒织品的洗涤
丝织品洗涤剂	呈中性	洗涤各类丝绸
牛仔服洗涤剂	含护色因子	洗涤牛仔服
羽绒服洗涤剂	含蓬松成分	洗涤羽绒服装
内衣洗涤剂	不含磷、铝、碱、荧光增白剂，含杀菌去渍成分	专用于内衣的洗涤
床上用品洗涤剂	有除螨、护理织物成分	洗涤床单、被套、枕套等

小贴士

使用液体洗涤剂清洗衣物时只要按比例将洗涤剂溶于清水中,放入待洗的衣物,稍加浸泡后翻动揉洗,特别脏的地方用软毛刷轻轻刷洗,脏污就能被去除。洗涤丝绸、毛料服装时水温不宜过高,不要用力搓洗,以免损伤丝、毛,使衣物变形。

中、酸性洗涤剂不适合洗涤棉、麻、化纤类面料的衣物,也不能与其他碱性洗涤剂混用,否则会影响洗涤效果。

4. 辅助洗涤用品

辅助洗涤用品品种很多,其种类、特性与用途见表2-4。

表2-4　　　　　　　　辅助洗涤用品的种类、特性与用途

种类	特性	用途
衣领净	能去除汗黄渍和顽固污垢	用于衣领、袖口等处顽固污垢的洗涤
洗洁精	含去油因子,高效去油	主要用于厨房用品的洗涤,也可用于洗涤服装上的油渍
氯漂水	属含氯漂白剂	漂洗各种白色织物,不能用于丝、毛织物
消毒液	以次氯酸钠为主要成分的液体消毒液	用于餐具、果品及其他生活用品的消毒,也能用于各种白色织物的漂白、消毒,不能用于丝、毛织物
氧漂水	以双氧水为主要成分的漂水,性质温和	可用于白色、浅色的丝绸、毛料织物和棉、麻织物及各种化纤织物的增白、增艳

小贴士

辅助洗涤用品品种很多,去脏污的品种有衣领净、衣领膏、喷洁净。一般先用衣领净、衣领膏或喷洁净喷或涂擦在干衣物的衣领、袖子及其他沾有污垢处,等待数分钟后洗涤。手洗可直接浸入洗衣粉溶液洗涤,机洗则直接放入洗衣机内洗涤。

注意:使用衣领净、衣领膏、喷洁净清洗浅米色或本白色衣服时,要先在衣服下摆处试一下,确认不变色方可使用。

去污、增白的辅助洗涤用品在去污的同时会使服装褪色,使用前一定要看使用说明,严格按照使用说明,控制使用浓度。为防止过度褪色,也

可在上衣门襟内侧、下摆贴边、腋窝等不显眼处试用一下，确认不褪色、不伤害衣料再使用。

白衬衫类白色衣物要单独洗，洗涤时可用带有漂白功能的洗涤剂，或添加洁衣漂水，丝、毛织物不宜使用洁衣漂水。

5. 调理用品

衣物使用时间较久之后，其蓬松度、柔软度都会下降，合成纤维使用中会有静电产生，羊毛衣物会失去天然弹性。经常使用洗涤调理用品可使羊毛衣物及毛巾恢复天然弹性，使棉麻织物及混纺纤维衣物减少褶皱，使合成纤维衣物减少静电，达到使衣物柔顺松软、清新芳香的效果。

洗涤调理用品有各种品牌的蓬松剂、柔顺剂，使用时只要按产品说明将适量调理用品溶入清水中，搅匀后把漂洗干净的衣物投入，略加翻动，使衣物均匀吸收调理用品，浸泡3~5分钟后，取出衣物，挤掉水分，不需再次漂洗，直接晾晒即可。

注意：切勿将未稀释的柔顺剂直接倒在衣物上。

学习单元3　手工洗涤衣物

知=识=要=求

一、水洗四要素

家庭衣物洗涤大多采用水洗的方法。水洗离不开水温、洗涤时间、洗涤剂和摩擦用力四个要素，正确、合理运用四要素能达到较好的洗涤效果。

1. 水温

洗涤衣物一般都离不开水。水是一种载体，能将洗涤剂带入纺织纤维内部，促使衣服上的污垢湿润、乳化、溶解，提高洗涤效果。

水洗衣物时，洗涤用水的温度对洗涤的效果影响重大，洗涤温度能够提高洗涤剂溶解度，增强去污能力。一般来说，洗涤白色织物时，洗涤温度越高，洗涤效果越好。但洗涤染色织物时，就要适当控制洗涤温度，避免温度偏高导致衣物褪色和皱缩。所以，洗涤衣物要根据不同的衣料选择适宜的水温，防止因水温过高或过低而影响洗涤效果。

2. 洗涤时间

由于服装面料的类别不同、质地和薄厚不同、色泽不同、污染程度不同，洗涤时要区别对待，洗涤时间的长短也要有所区别。水洗时要尽量防止因洗涤时间过长而使织物遭受损伤的现象出现。在洗涤用不同质地面料拼制的服装和一些用毛料、丝绸及混纺织物制成的高档服装时要格外小心，防止出现起泡或变形、脱色或串色现象，以免降低服装原有价值及外观效果。洗涤白色棉织物、床上用品时，为了提高洗后洁度，浸泡时间可稍长些，其他毛料、丝绸及有色服装洗涤时间均不宜过长。

3. 洗涤剂

日常生活中的洗涤主要是指衣物的去污，洗涤剂具有去污作用，是洗涤衣物的必备用品。洗涤剂能使污垢软化、松动，便于清洗。市场上洗涤剂的品种很多，不同的产品洗涤的功效也不同。在选择时要考虑洗涤剂的去污能力，同时也要考虑洗涤剂对衣物组织的损伤，以免影响衣物的使用寿命。

4. 摩擦用力

无论是机洗还是手洗，都要通过水和洗涤剂对衣服的摩擦去除衣服上的污垢。手工洗涤有拎、搓、擦、刷等方式。洗衣机洗涤有摔打、振动、衣服与衣服之间的挤压摩擦、衣服与洗涤剂（水）之间的摩擦、衣服与洗衣机桶壁之间的摩擦等。由于服装面料的性质及新旧程度不同，其耐拉强度各不相同，洗涤所用的摩擦力也就各有不同，正确选用摩擦方法可以最大限度地洗净衣物，保护织物。

二、分类洗涤

分类是洗衣前首先要做好的一项重要工作，是洗好衣服的前提。洗衣前如不注意对衣服进行正确的分类，会导致衣服洗得灰暗、不明亮，出现串色、搭色、手感僵硬等问题，甚至使衣服报废。

1. 根据面料选择洗涤方法

洗涤方法有水洗与干洗之分、手洗与机洗之分。呢绒类西服、大衣等外套品种多样，质地、厚薄、色泽差别大，含有金属丝纤维的面料遇水后褶皱较多，也烫不平服，只能采用干洗方法，且大部分适宜用机器干洗。丝绸类衣服质料娇嫩，色泽牢度差，宜选酸性洗涤液，温度不宜过高，也不能与其他衣料混洗，其他衣服洗涤后的洗涤液也不能再用，大多要用手洗。棉麻类衣服耐热、耐碱性强，一般可用机洗。化纤类衣服技术要求各不相同，要仔细阅读衣服上的洗涤标识，选择合适的洗涤方法。

2. 按衣服颜色分类（见图2-7）

衣服一般可分为白色、浅色、深色三类。白色衣服一般需要新配制的洗涤液，温度也可较高，洗涤后的溶液加新的洗涤液可以洗涤浅色衣服，最后洗涤深色衣服。绝不能将白色、浅色、深色衣服一起洗。

3. 区分褪色衣服（见图2-8）

对容易褪色的衣服要单独洗，以免颜色沾到其他衣服上。全棉、真丝的面料大多易褪色，初次洗涤时若不能确定其面料是否会褪色，可用一小块白布蘸上清水或洗涤剂溶液在服装的贴边等暗处稍用力擦洗，如果沾染上颜色，说明该面料容易褪色，应分开洗涤。

图2-7 按衣服颜色分类　　　　图2-8 区分褪色衣服

4. 按衣服脏污程度分类（见图2-9）

根据衣服脏污程度，先洗不太脏的衣服，后洗较脏的衣服，最后洗很脏的衣服。洗涤液浓度、温度要根据需要适时进行相应的调整，才能提高洗涤效果。特别脏的衣服不要与其他衣服一起洗，否则会使其他衣服特别是浅色衣服洗后色彩显得灰暗、不明亮。

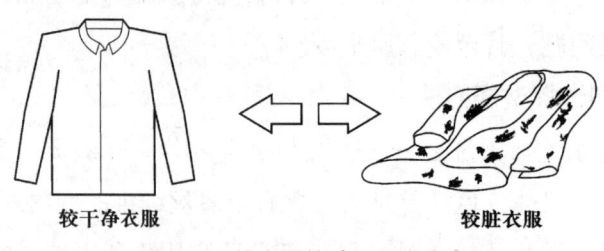

图2-9 按衣服的脏污程度分类

5. 区分内衣与外衣（见图2-10）

内衣贴身穿着，与皮肤直接接触，洗涤要求更高，漂洗次数更多。外衣直接与外界接触，沾污机会更多，不明细菌、病毒都可能沾染上。若两者混合洗涤，则容易污染内衣，穿着后会危害人体健康。并且，一般内衣的牢固程度较差，若与外衣混合洗涤，易缩短内衣的使用寿命。

6. 根据服装面料选择洗涤剂（见图2-11）

丝绸、毛料衣服不耐碱，要用酸性或中性洗涤液洗涤，其他面料的衣服也要根据面料性能选用相应的洗衣粉、洗衣皂或洗涤液洗涤。

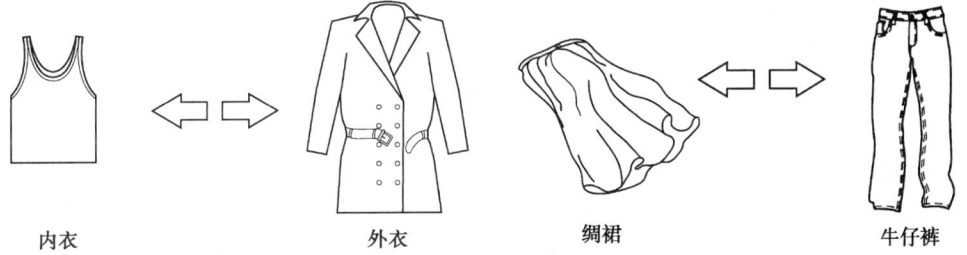

图2-10 区分内衣与外衣　　　　图2-11 根据服装面料选择洗涤剂

三、预处理

预处理（见图2-12）是在服装洗涤前对某些部位、某些污渍做单独处理，再进行常规洗涤的方法。一般针对领口、袖口等易沾污的重垢地方，用衣领净之类的辅助洗涤用品喷涂、静置，或用去渍皂搓洗干净。针对油渍等特殊污渍，可采用相应有效的方法先行去除，使服装洗得更干净。

图2-12 预处理

四、浸泡

浸泡是洗涤前的一个短暂过程，分清水浸泡和洗涤剂溶液浸泡两种，其目的都在于让水充分浸透衣物。水深入织物纤维后可将水溶性的污物溶解，从而减少洗涤剂的用量，增强洗净效果。污物的溶解有一个过程，要给出一段浸泡时间，但并不是浸泡时间越长越好。时间过长，溶解的污物可能会再度污染衣物，降低预洗效果,甚至怎么洗都洗不干净。

洗涤剂溶液浸泡效果好,但容易使深色、易褪色衣物的颜色掉色、变淡。

丝绸、毛料及不太脏、易褪色的衣物不能浸泡,要直接洗涤。深色衣物只能用清水浸泡,不能放入洗涤剂溶液中浸泡。

使用时间较长,脏污与织物结合比较牢固的衣物,如床单、工作服等在洗涤前可浸泡,但浸泡时间不要太长,15~20分钟即可。脏污过分严重的衣物可适当延长浸泡时间,使污垢软化、溶解,提高洗涤质量。

五、手工洗涤的方法

家庭中洗涤衣物分为手工洗涤和机器水洗两种。选择手工洗涤时一般有以下几种方法。

1. 拎(见图2-13)

拎是用手将浸在洗涤液中的衣服拎起、放下,使衣服与洗涤液发生摩擦,衣服上的污垢被溶解除去。拎的摩擦力非常小,洗涤牢固程度差、仅有浮尘、不太脏的服装时,在过水时大多采用拎的手法。

2. 揉(见图2-14)

揉是用双手轻轻地来回揉搓衣服,以加强洗涤液与衣服的摩擦,使衣服上的污垢易于除去,一般适用于不宜重搓的衣服。

图2-13 拎

3. 搓(见图2-15)

搓是用双手将带有洗涤液的衣服在搓板上搓擦,便于除去衣服上的污垢,适合洗涤较脏的衣服。

4. 刷(见图2-16)

刷是指利用板刷的刷丝全面接触衣服进行单向刷洗的方法。一般用于刷洗大面积沾有污垢的部分。衣服的局部去渍常用刷的方法,只是常采用小刷子。根据衣服的脏污程度,刷洗时摩擦力可自由掌握。

5. 擦(见图2-17)

擦是指用毛巾或干净白布蘸洗涤液或去渍药水,在衣服的局部污渍处进行擦洗的方法。

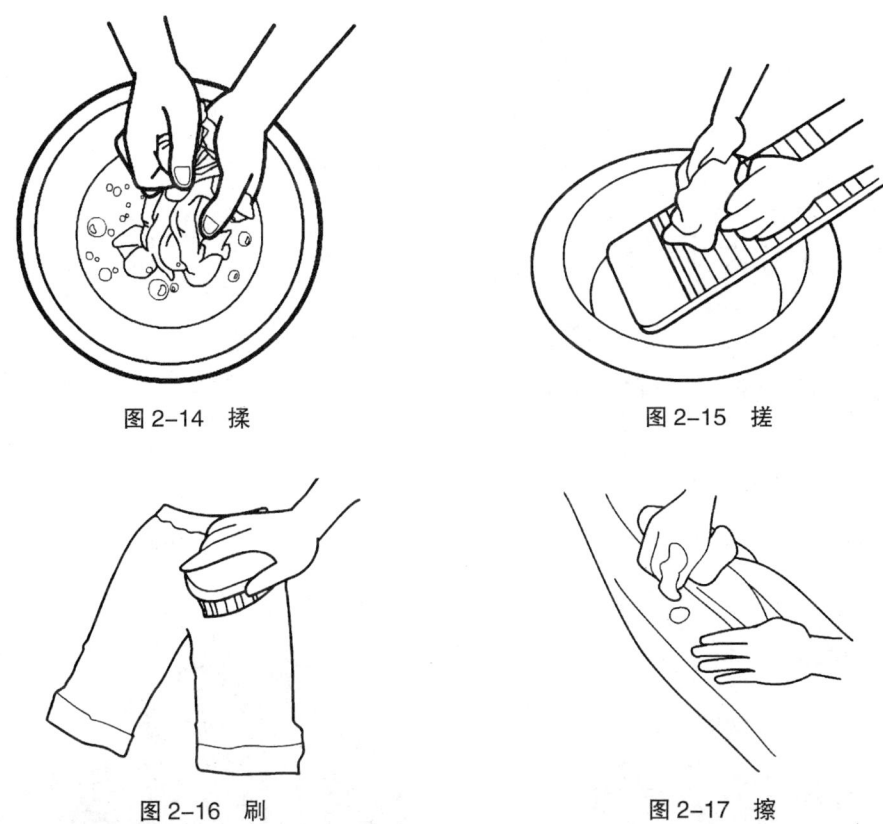

图 2-14 揉　　　　　　　　图 2-15 搓

图 2-16 刷　　　　　　　　图 2-17 擦

6. 漂洗

漂洗又称过水，是用水漂清衣服上洗涤液的过程，也是手工洗涤的最后一个环节。

（1）第一次过水时的水温不能太低（尤其是冬天气温较低时更要注意）。在水洗的过程中纤维已经膨胀，遇冷收缩，洗涤液不宜洗净，会造成衣服干后发硬，严重时会泛黄变质。

（2）过水次数不要太少，手工洗涤由于力度有限，应过水2~3次，直至将洗涤液完全过清。

（3）过水时，拧是常用的方法。不能使劲拧绞，尤其丝绸、软缎等衣服要避免与硬物摩擦，只能轻轻拧起沥水。

（4）绣花衣服和咖啡等深色丝绸衣服洗涤过程中会有落色现象，可在清水中加入适量醋酸，抑制颜色溶落，中和残留在衣服上的碱，增加丝绸的光泽。

（5）漂洗完毕，可根据需要使用衣物柔顺剂、蓬松剂等进行后期处理，使衣物清香、脱碱、蓬松、柔顺。

技 能 要 求

技能　手工洗涤衣服

一、操作准备

1. 用品准备：洗衣液、肥皂、柔顺剂等。
2. 工具准备：洗涤盆、刷子、搓板等。

二、操作步骤

步骤1　调配洗衣液（见图2-18）：按所洗衣服的多少和脏污程度取适量洗衣液放入清水中，搅匀，待用。

　　　　a）　　　　　　　　　　　　　b）

图2-18　调配洗衣液
a）倒入洗衣液　b）搅匀

步骤2　浸泡（见图2-19）：将预先浸湿的衣服放入待用的洗涤盆中，使其充分与洗涤溶液接触。

步骤3　洗涤（见图2-20）：把衣服在洗涤溶液里反复揉搓，特别脏的地方可打上肥皂轻搓。

步骤4　漂洗（见图2-21）：用拎的手法，用水冲洗衣服，然后挤压掉水分，重复3次左右，以洗掉洗涤溶液，待没有沫、水清即可。

图2-19　浸泡

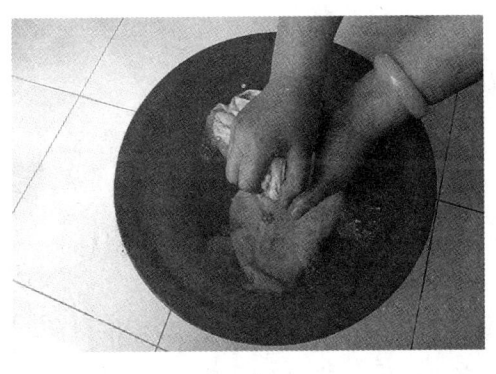 

图 2-20 洗涤
a）揉搓洗涤 b）轻搓洗涤

图 2-21 漂洗
a）过水 b）漂洗前后

三、注意事项

1. 衣物手洗前一定要看清洗涤标识所表达的内容，正确选择洗涤方式和洗涤剂。

2. 手洗时一定要做到分类洗涤，并对衣物进行仔细检查，掏清衣袋里的物品。

3. 对领口、袖口等易沾污的重垢地方，可用衣领净等辅助洗涤用品喷涂，或用去渍皂先行处理。

4. 为使衣物增加蓬松度、柔软度，减少静电，可在衣物漂清后使用柔顺剂，使衣物柔顺松软、清新芳香。

学习单元 4　洗衣机洗涤衣物

知=识=要=求

一、家用洗衣机的种类和特点

洗衣机大体上分两类,即波轮式和滚筒式。波轮式又分为双缸和全自动的单筒洗衣机。现在家庭常用的是滚筒式洗衣机和波轮式全自动单筒洗衣机。

1. 滚筒式洗衣机（见图 2-22）

特点：省水、费电、洗涤时间长,有的带加热洗涤和烘干功能,衣物在洗涤过程中不易缠绕。

2. 波轮式洗衣机（见图 2-23）

特点：费水、省电、洗涤时间短、洗净度较高。

图 2-22　滚筒式洗衣机

图 2-23　波轮式洗衣机

二、洗衣机操作按钮介绍

洗衣机操作面板如图 2-24 所示。

1. 电源按钮

插上电源插头后,打开水龙头,按下洗衣机电源开关,洗衣机即进入待机状态,可以进行下一步操作。再次按下电源开关即切断电源。

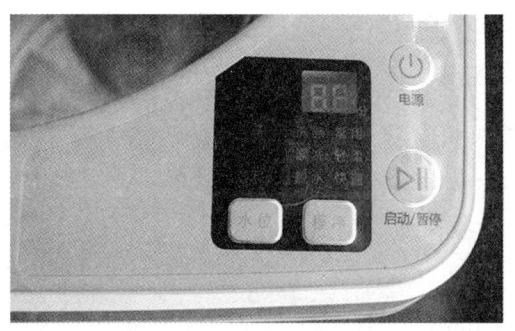

图 2-24　洗衣机操作面板

2. "启动 / 暂停"按钮

当按下"启动 / 暂停"按钮时,洗衣机就开始执行洗衣的第一个操作。在每个工作状态下,如果想要洗衣机暂停工作,可按下"启动 / 暂停"按钮,洗衣机会立刻暂停当时的操作。

3. "水位"按钮

"水位"按钮是洗衣时用水量的选择键,使用者可根据衣物的多少选择合适的水位挡洗衣。

4. "程序"按钮

"程序"按钮是洗衣全过程(浸泡—洗涤—漂洗—脱水)的程序操作键,使用者可根据洗涤衣物的脏污程度、面料等具体情况选择相对应的程序。

三、家用洗衣机的一般操作步骤

1. 滚筒式洗衣机

第一步,插上电源插头。

第二步,打开水龙头。

第三步,按下洗衣机电源开关。

第四步,按不同的衣物类型选择洗涤的水温。

第五步,选择洗涤程序。

第六步,按下"启动"按钮,开始洗涤。

2. 波轮式洗衣机

第一步,插上电源插头。

第二步，打开水龙头。

第三步，根据衣物量选择水位。

第四步，按下洗衣机电源开关。

第五步，选择洗衣程序和洗衣过程。

第六步，按下"启动"按钮，开始洗涤。

四、洗衣前的准备工作

1. 不同品牌、型号的洗衣机操作方法不同，使用前一定要认真阅读说明书（见图2-25），熟悉机器性能，特别是要搞清楚洗衣机一次所能清洗的额定质量。

2. 洗涤前，应取出衣服口袋中的物品，并查看扣子有否松动，对有金属扣子和金属拉链的衣物，应将扣子扣好，拉链拉好，并将衣服翻转过来，以防划伤洗衣筒。毛

图2-25 操作前阅读说明书

衣、毛线、尼龙绸等衣物洗涤时应先用有孔眼的尼龙网包裹起来，再进行洗涤。

3. 洗涤前做好衣物的分类。织物按内衣、外衣，颜色深、浅分类；根据衣物的面料及脏污程度进行分类，以防衣物沾上毛屑，从而提高洗涤效果。

4. 洗涤剂的使用。根据洗衣机说明书提示的使用量投放洗涤剂。如衣服脏污严重可以适当增加一些。

五、注意事项

1. 插拔电源插头时要用手捏住插头外面的绝缘部分，不能用手拉电线，以免损伤电线，如图2-26所示。

2. 操作面板应防止进水，取出已洗涤好的衣物时不要把水溅到操作面板上，以免水进入操作面板而使元件发生故障，如图2-27所示。

图 2-26　不能用手拉电线

图 2-27　不要把水溅到操作面板上

3. 洗衣机上的旋钮应轻轻拧动,切忌频繁地来回拧动。拧动各种控制旋钮时要注意旋转方向,若倒拧或拧到终点位置后还强行旋转,洗衣机将会损坏。

4. 筒内衣物要均匀摆放。往脱水筒中放置衣物时要尽可能放均匀,以免脱水筒偏摆、振动。波轮式洗衣机在进行脱水操作时,严禁再添加衣物。

5. 洗衣机要放置平稳,电源插座安装位置应确保用电安全,有异常应立即切断电源。在使用过程中,如发现洗衣机底部或进水管接头处漏水,或洗衣机发出不正常的响声和特殊气味时,应立即切断电源,停机进行修理。

技=能=要=求

技能　洗衣机洗涤衣服

一、操作准备

1. 检查洗衣机安装是否到位,排水是否畅通。
2. 准备洗涤用品、洗涤用具、调理用品。
3. 对所洗衣物进行分类,对污渍严重的进行预处理。

二、操作步骤

步骤 1　打开连接洗衣机的水龙头,插上电源插头,如图 2-28 所示。

图 2-28 插上电源插头

步骤 2 打开洗衣机门，将衣服放进洗衣机内，关闭洗衣机门，如图 2-29 所示。

a)   b)

图 2-29 放进衣物
a）衣服放进洗衣机内   b）关闭洗衣机门

步骤 3 按衣物面料、数量在分配盒内投放适量的洗涤剂、调理剂。洗涤剂用量可根据衣服的多少和干净程度来确定，如图 2-30 所示。

图 2-30 投放洗涤剂

步骤 4 打开电源开关,设定浸泡时间、洗涤时的水温和洗涤程序,如图 2-31 所示。

步骤 5 按下"启动"键,开始洗涤,如图 2-32 所示。

图 2-31　设定洗涤程序　　　　图 2-32　按下"启动"键

步骤 6 洗衣完成后,洗衣机会发出提示音,提示工作完成,洗衣程序结束。

步骤 7 洗衣结束后切断电源,关闭水龙头。打开洗衣机门,取出衣物。放尽排水管余水,用干抹布擦干洗衣机内外,待彻底晾干后关闭洗衣机门。

三、注意事项

1. 各型号的洗衣机在使用时会略有不同,应仔细阅读说明书后再进行操作。

2. 洗涤衣服前必须看清洗涤标识,进行正确的操作选择。

3. 有的洗衣机可以设置预约功能,先做好准备工作,然后进行设置,洗衣机会根据设置的时间开始工作。

培训课程 2

收纳衣物

学习单元 1　衣物的干燥

知=识=要=求

一、衣物干燥的方法

衣物干燥的方法有晾晒与烘干两种。

1. 晾晒

晾晒有日晒和阴晾之分。

（1）日晒

日晒是指在阳光下晾晒，如图 2-33 所示。日晒牢度较好的衣物可进行日晒。

（2）阴晾

阴晾是指在不见阳光的通风处晾干衣物，如图 2-34 所示。不能直接接触阳光的衣物，如丝绸、羊毛及日晒牢度较差的衣物均宜采用此法晾晒。

不管采用何种晾晒方式，衣物在晾晒之前都要抖松，衣服的领子和袖筒都要拉平，缝线处、褶皱明显处都要用手拉一拉，这样有利于干燥后的衣服保持平整。

2. 烘干

烘干是指通过烘干设备产生热风，经管道将其送进干衣滚筒里，将衣物吹干。目前，除了专用的衣物烘干机外，许多全自动洗衣机都带有烘干功能。烘干不受气候的影响，衣物洗好后可以直接干燥，是比较理想、比较现代的干燥方式。使用烘干机要注意以下几点。

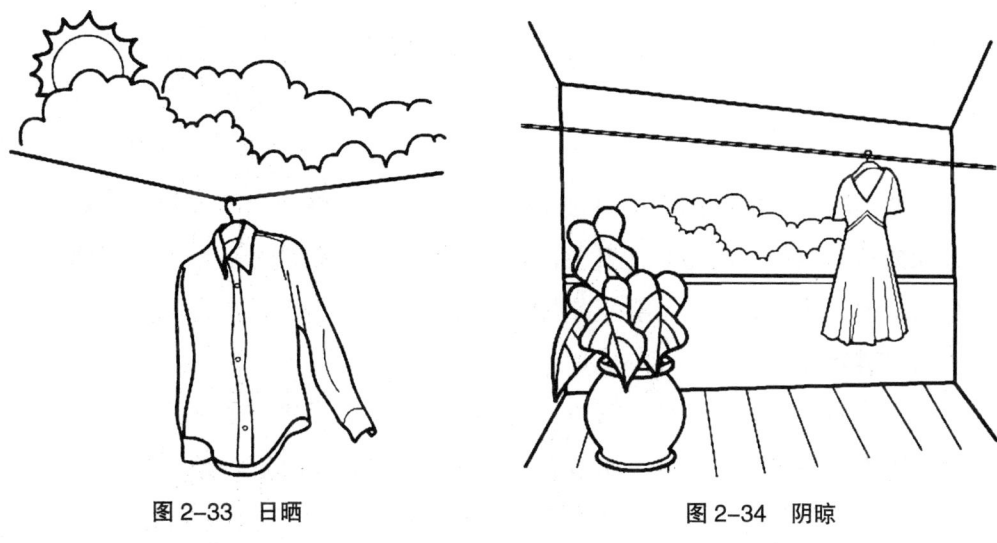

图 2-33　日晒　　　　　　　　　图 2-34　阴晾

（1）不要在烘干筒内放太多衣物，若衣物过挤，烘干后会有褶皱，不平服。

（2）要及时清理纤毛收集口的绒毛，保持筒内空气流通，提高烘干效率。

（3）烘干温度一般为 60 ℃，不要调得太高，以防把不耐高温的面料烘坏。

（4）衣服在烘干时要翻成反面，拉好拉链，保护正面，减小摩擦。

（5）带有毛皮、皮革、绒毛镶拼，或有玻璃珠、塑料片等特殊装饰物的服装，以及保养标识上注明不能用滚筒式烘干机烘干的服装不要用烘干机烘干。

（6）金属装饰物要用布包裹起来，以免滚动时刮伤服装面料。

二、衣物晾晒的基本要求

衣物洗好后，不同面料、不同颜色的衣物应采取不同的晾晒方法，尽可能保持衣物不变形、不掉色，以延长使用寿命。因此，只有了解织物的特性，才能做到正确晾晒。

1. 棉、麻织物

棉、麻织物一般可以在阳光下晾晒，深色衣服或色泽鲜艳的外衣宜晒反面，防止正面褪色、泛黄。内衣一般都为纯棉面料，贴身内衣不宜反晒，这是因为尘埃中有许多有害物质，如细菌、病毒、灰尘等。这些物质可飘落在所晒的内衣、内裤上，人贴身穿着时，容易引起皮疹、瘙痒，或导致妇女患各种妇科疾病。

2. 丝织物

丝绸类服装不能在阳光下直接暴晒，否则会引起织物褪色，强度下降。颜色较深或色彩较鲜艳的服装尤其要注意这一点。丝织物洗好后要放在阴凉通风处自然晾干，并且最好反面朝外，以免褪色。

3. 毛料织物

毛料衣服对阳光中的紫外线抵抗力很弱，因此，毛料衣服洗后不可在阳光下晒，更不宜在阳光下暴晒，如图2-35所示。换季收藏前的毛料衣服应选择通风处晾干，以免毛料失去光泽，降低纤维强度和弹性，变得手感粗糙。

羊毛衫、羊绒衫、棉线编织衫遇水后很容易变形，手洗后要把它们放在网袋内，待滴去水分后再用晾衣竿（竹竿）串好后晾干，如图2-36所示。特别容易变形的服装要平摊在平面上，待七八成干后再用晾衣竿串晾，以减少服装变形。

图2-35　毛料衣服不宜在阳光下暴晒

图2-36　晾衣竿（竹竿）的使用

4. 化学纤维织物

化学纤维织物对阳光的抵抗力胜过丝、毛，不如棉、麻，可以在阳光下晾晒，但忌在太阳下久晒，否则纤维会氧化发脆。化学纤维织物晾时要把皱纹轻轻展平，避免衣服干后走样。

三、晾晒工具

洗涤服装除了采用正确的洗涤方法外,晾晒时选择正确的晾晒工具也非常重要。常用的晾晒工具有晾衣竿、衣架和带夹子的衣架等,如图 2-37 所示。

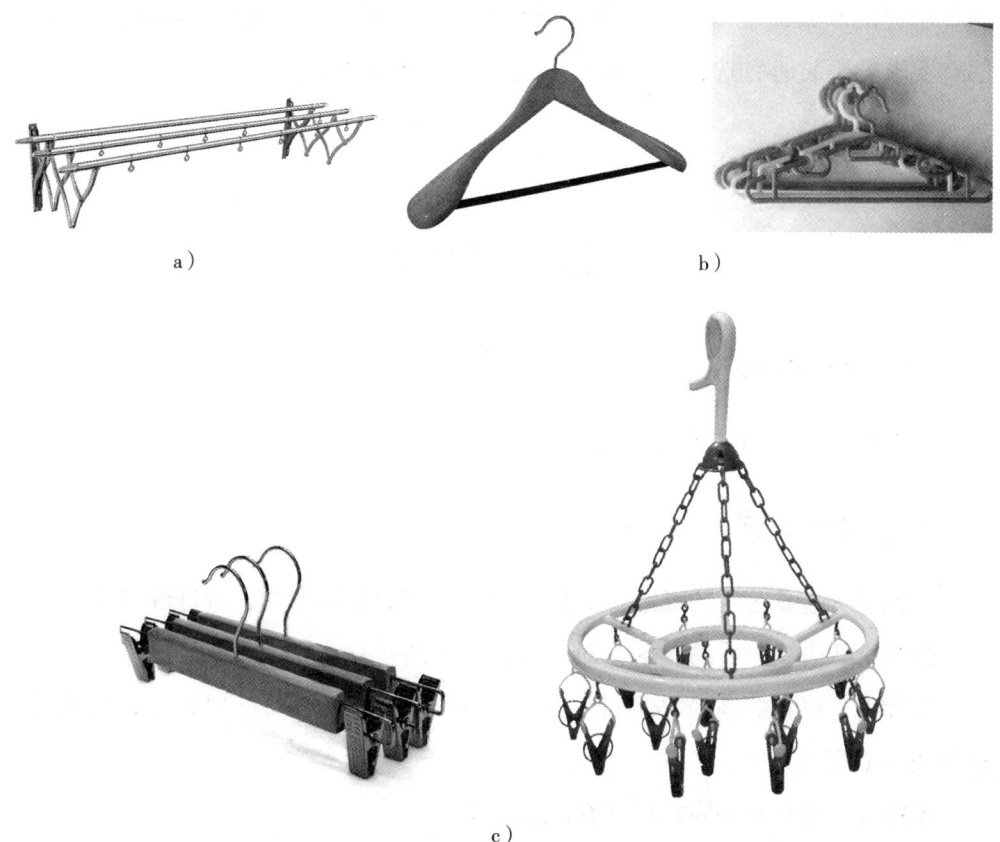

图 2-37 常用的晾晒工具
a)晾衣竿　b)衣架　c)带夹子的衣架

晾衣竿常用来晾晒大件物品(如床单、被套等)及各种中式衣服。带夹子的衣架常用于晾晒小物件、裙子、裤子等。

衣架在生活中使用最普遍,种类也很多。按衣架的材质分,最常见的有塑料衣架、木制衣架、布制衣架和钢铁制衣架,它们各有优、缺点。塑料衣架质量较轻,便于拿放、携带,但晾重衣物时可能变形或折断。木制衣架温馨、高雅,但遇水易开裂或变形。布制衣架给人时尚、温馨、可爱的感觉,使用布制衣架，西服、衬衣的肩部不易因重力而变形，但其使用范围较窄，脏后不易清洗。钢铁制衣架结实、经久耐用，能承受较重的衣物而不会发生变形，但其本身较重，不易携带，易腐蚀，产生的锈渍会污染衣服。

从使用角度来讲，晾袜子等小件物品时用带夹子的环形晾衣架比较方便；晾裤子时可用环形衣架或专用的带裤夹的衣架；晾短裙时可用环形衣架或专用的带裙夹的衣架；毛衣湿时很沉，用普通衣架晾晒肩部会变形，晾晒此类对肩部有要求的服装时宜选择宽肩衣架，这样衣服就不会变形。

技=能=要=求

技能　晾晒衬衫

一、操作准备

晾衣竿搁架、晾衣竿和衣架。

二、操作步骤

步骤1　选择适当的场地：根据衬衫面料选择晾晒方式，搁好晾衣竿。

步骤2　选择合适的衣架：对肩部有要求的衬衫选择宽肩衣架。

步骤3　将衬衫挂在衣架上，抖松衬衫，领子和袖筒都要拉平，缝线处、褶皱明显处都要用手拉一拉。

步骤4　将衣架连同衬衫挂在晾衣竿上。

步骤5　扣好衬衫第一粒纽扣，将衬衫固定好。

三、注意事项

1. 要根据衬衫的不同面料选择适当的晾晒场地。
2. 有扣子的衣服第一粒纽扣一定要扣好，防止衣服被风吹落。
3. 晾晒时将衣服拉平，整理好。

学习单元 2　衣物的收纳

知=识=要=求

一、收纳的基本要求

1. 保持清洁

（1）收纳的衣物要清洁

穿过的衣物会受到外界及人体分泌物的污染，如不及时清洁，污物长时间黏附在衣物上，就会慢慢渗透到织物纤维内部，最终难以清除。

（2）橱柜要清洁

收纳衣物的橱柜要保持清洁，没有异物及灰尘，并定期进行消毒、灭菌，以免污染衣物。

2. 保持干燥

（1）存放前要晾干

如果把没有干透的衣物进行收纳，不仅会影响衣物自身的品质，同时也会降低整个衣物收纳空间的干燥度，影响收纳效果。

（2）存放空间要干燥

收纳衣物的空间应通风干燥，要设法降低空气湿度，避开潮湿的地方，防止衣物发霉。

（3）适时通风和晾晒

衣物在收纳期间要适时地进行通风和晾晒，尤其在伏天和梅雨季节后更要注意通风与晾晒。

3. 防止虫蛀

天然纤维织物服装易招虫蛀，尤其是丝、毛纤维织物服装更甚。一般使用樟脑丸等防霉、防蛀药品，这些药品应用白纸或小布袋装好散放或悬挂在衣柜内，避免与衣物直接接触，以防损伤衣物。

4. 保护衣形

平整、挺括的衣物给人以很强的立体感、舒适感。因此，在收纳衣物时，对那些褶皱变形后不易恢复平整的衣物一定要保护好衣形，不能使其变形走样或出现褶皱。

5. 分类存放

对棉、毛、丝、麻、化纤等不同质地的衣物要分类存放。对内衣、内裤、外衣、外裤、防寒服、工作服等用途不同的衣物要分类存放。对不同颜色的衣物要分类存放。

二、收纳存放的方法

收纳存放衣物时,不仅要保护好衣形,不能使其变形走样或者出现褶皱;同时还要最大限度地节约空间。按衣物的不同要求,收纳的方法分为折叠存放、悬挂存放和压缩存放。

1. 折叠存放(见图2-38)

折叠存放的衣物主要有各种内衣、毛衣、床单、被面、被套和工作服以及对褶皱要求不高的其他衣物。

2. 悬挂存放(见图2-39)

悬挂存放是利用衣橱,把衣服用衣架挂起来存放,主要针对不希望有折痕,或者难以通过熨烫等手段来消除折痕的服装,这类服装主要有衬衫、皮衣、精纺呢绒大衣、西服及其他各种高档服装。

图2-38 折叠存放

图2-39 悬挂存放

3. 压缩存放(见图2-40)

压缩存放是把需要存放的衣物放入抽气压缩袋,抽出空气,压缩体积,以便于存放。衣物经过抽气压缩后会产生许多密集的褶皱，消除压缩后，褶皱很难完全清除。压缩存放只适用于对褶皱没有要求的物品，一般用来存放棉被等体积大的物品。

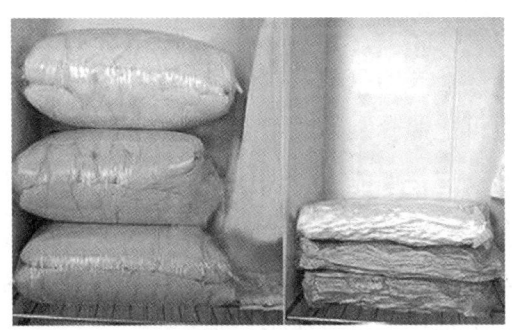

图 2-40　压缩存放

三、衣物整理要求

整理后的衣物要做到：一目了然，有条不紊，分类清楚，便于存取。

一般来说，衣物收纳整理的原则是内衣归内衣、上衣归上衣、衬衫归衬衫、裤归裤、裙归裙。接着再依衣服的形状加以分类，如 T 恤衫归于一叠、男衬衫归于一叠，长裙以挂着为宜，短裙可折叠，临穿时再烫。袜子及内衣、内裤则以各归于不同的小抽屉收纳为宜。整理后存放的衣物如图 2-41 所示。

1. 衣物按季节分门别类

整理好每季要用的内衣、外衣、裙、裤、配饰等，按照衣柜的主、次位置，将当季的衣物放在主要的位置，其他季节的衣物则放在次要的位置，这样可以方便存取。

2. 高效利用收纳空间

根据现有的家庭储存条件，依据衣物的款式和类型，合理分配收纳空间。如衣柜有长短之分，根据衣物款式在长柜里挂长款衣物。内含吊衣杆的大衣柜，上面可挂一些需要挂起的

图 2-41　整理后存放的衣物

衣物，下面多余的空间可放置折叠衣物，如T恤、毛衣等。五斗柜最易做到分类存放，可按家庭人员、季节存放衣物。抽屉可以放置领带、内衣等小物件。

3. 各种存放方法都要有序

对吊挂衣物，如女套装的收纳，宜内吊裙、外吊衣，同一套衣物挂在同一个衣架上。男西装也可比照套装的收纳方式挂在同一衣架上。同款的衣物为方便寻找，应尽量放在一起，如能有意识地用衣架来区分，则效果更好。不论吊挂何种衣物，最好依同一方向挂好，以确保整齐、不凌乱。此外，面料高档、有亮片、怕钩纱的衣物吊挂时不要挂得太密，以免衣物因挤压而变形，或面料受损起毛。对于折叠衣物，应尽可能将每件衣服折成同样大小，放在衣柜里看起来才不会参差不齐。同时，要将平整的一面朝外放，叠放上去的衣物看起来才会整齐，也能更有效地节省收纳空间。

四、衣物存放的注意事项

1. 棉织物

纯棉外衣洗涤后要熨烫定形，晾干后用衣架挂起或折叠存放。纯棉起绒服装在折叠存放时要防止受压，如立绒、灯芯绒等服装，长期受压会使绒毛倒伏。收藏这些服装时应将其放在上层，或用衣架挂起，避免因受压而使绒毛倒伏，影响美观和穿着效果。

2. 羊毛服装

羊毛服装有普通呢绒服装和羊绒服装两大类，呢绒服装包含粗纺呢绒和精纺呢绒。不同的羊毛服装组织结构和用途各有不同，其保养与收藏方法也各不相同。

（1）普通呢绒服装

普通呢绒服装在收藏时要去除灰尘、晾透、去潮后存放。最好干洗后再收纳，干洗不仅能保持服装的清洁度，同时也对服装进行了一次消毒。呢料服装有很强的吸湿性，在阴雨过后应经常通风晾晒，防止其霉变。晾晒时要避开强光或将衣服反面朝外晾晒，以免服装褪色。精纺呢绒服装是高档服装，保护衣形尤为重要，切不可乱堆乱放，造成褶皱，特别是长毛绒服装更怕叠压，应用衣架挂起，避免走样而影响美观。

（2）羊绒服装

羊绒服装组织结构松散，不要用力拉扯，以防止变形。收藏时应放在箱内的上层，防止受到重压，以免失去蓬松感和保暖的性能。对于一些拉毛的长毛羊绒衫，在穿之前可用软毛刷顺着毛的走向把毛拉起后再穿，使衣形恢复原有状态。白色羊绒衫最好用布或纸包好，不要用塑料袋包装，以免发霉而产生污迹。

3. 丝绸服装

丝绸服装质地轻薄，色泽鲜艳，保管和穿用时要加倍小心。丝绸服装在收藏前要彻底清洗干净，最好干洗，这样不仅能保护质地和防止变形，也起到灭菌、杀虫的作用。洗后的丝绸服装要熨烫定形，使其表面平整、挺括，增强抗皱性能。

收藏丝绸服装时，白色的丝绸衫最好用蓝色纸包起来，以防止泛黄；花色鲜艳的丝绸服装可用深色纸包起来，可以保持色彩，不褪色。

丝绸服装要与裘皮、毛料服装隔离收藏，同时还要分色存放，防止串色。

4. 合成纤维服装

在收藏合成纤维服装之前要将其清洗干净，熨烫平整；否则，会因收藏时间长而使服装上的褶皱老化，难以平服而影响穿用。合成纤维织物的亲水性较差，但可以湿润，在湿度较大、温度较高的状态下仍可能发生霉变。所以，对于合成纤维服装，在潮湿的季节过后要经常通风除潮。

化纤织物虽然不易被虫蛀，但在一定条件下，如箱柜中已有蛀虫存在时，也不排除有被虫蛀的可能，因此，在收藏化纤服装时也要放些防蛀剂以防虫蛀。

5. 皮革服装

皮革服装要经常擦洗，保持干净，还要常打油、补脂，以保持弹性，防止革质变硬，发生干裂。皮革服装遇水会发生板结，若受水淋后要及时用布擦干，避免皮质发硬。皮革服装不可在阳光下暴晒或用火烤，高温会使皮革收缩变形。

皮革服装在收藏存放前要用干布擦去浮尘，用湿布擦去污垢，在通风处充分干燥。高档的皮革服装要送干洗店清洗后再收藏。

皮革服装不能折叠存放，长期折叠会产生难以平服的褶皱，应当用大小合适的衣架挂起来单独存放。

皮革服装有一定的吸湿性，长期受潮容易发霉。因此，皮鞋服装在收纳时要注意保持干燥，在多雨潮湿的季节过后要通风晾晒，避免其发霉变质。在收藏的衣柜中要放入一些防蛀剂，使皮革服装免遭虫蛀。

6. 裘皮服装

裘皮服装是冬季防寒的高级服装，在冬季后要及时收纳，不可在外久挂而使其受污染。

裘皮服装收纳前要将毛皮朝外日晒2~3小时，这不仅能使毛皮干透，还能起到杀菌、消毒的作用。然后除尽灰尘，在通风处晾凉后叠好或挂起，在夹层内放入樟脑丸等防霉、防蛀剂，用布将其包好，放入橱柜中，布不仅能防尘隔离，也能起到一定的防潮作用。

裘皮服装收纳时要保持干燥，切勿受潮、受热。裘皮服装受潮后会出现反硝现象，使皮板变硬、发脆。此外，裘皮服装受潮后易受细菌侵蚀、脱毛或遭虫蛀。高温能使幼嫩的毛绒卷曲或灼坏。

在夏季要将羊、猫、狗、兔等粗皮制成的裘皮服装取出，在阳光下晒3~4小时，待晾透后除掉灰尘，放入樟脑丸，用布包好放回箱柜中。对于紫貂、豹皮、黄狼皮、灰鼠皮等细毛裘皮服装，因其毛皮细嫩，不宜直接暴晒，可在阴凉通风处晾晒，或在毛皮上盖一层布，晒1~2小时，晾凉后除去灰尘，放入樟脑丸，再用布包好放回橱柜内。染色的皮毛不宜暴晒，以免褪色。

裘皮服装在收纳时要注意保护好毛峰，对一些粗毛类服装可以折叠存放，但只能放在其他服装之上，以免挤压走样。高级名贵的裘皮服装要用衣架挂起，为防止污染和虫蛀，要与其他服装隔离，单独存放。

技=能=要=求

技能 1　折叠衬衫

步骤 1　衬衫前面朝上平放，如图 2-42 所示。

步骤 2　扣上第一个、中间和最下面的纽扣，如图 2-43 所示。

图 2-42 平放衬衫

图 2-43 扣纽扣

步骤 3 翻转衬衫,使其背面朝上,如图 2-44 所示。

步骤 4 将衬衫右边部分沿距领边约 2 厘米处至下摆的直线向衬衫中间折进,如图 2-45 所示。

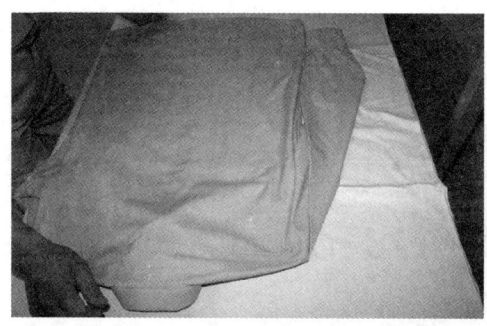

图 2-44 翻转衬衫

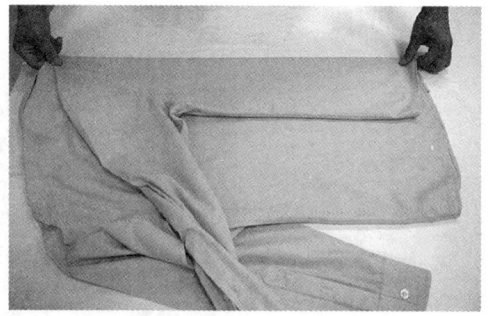

图 2-45 折进右边部分

步骤 5 将右袖以肩到袖口的袖中线与衬衫右边折叠线重叠放好。整袖往衣领方向略向上提,使袖在袖笼底处形成折叠,且摆放平服,如图 2-46 所示。

步骤 6 用同步骤 4 的方法将衬衫左边折好,如图 2-47 所示。

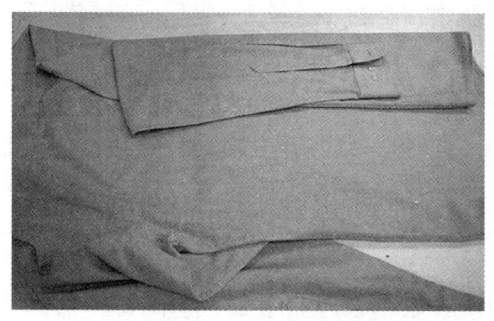

图 2-46 上提右袖

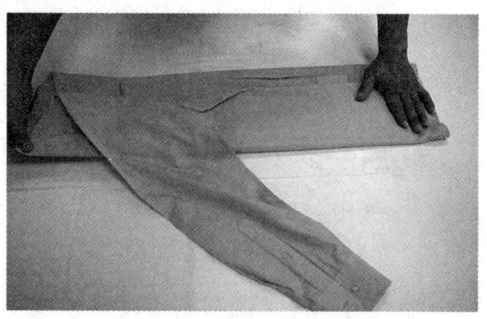

图 2-47 折进左边部分

步骤7 用同步骤5的方法将衬衫左袖折好,如图2-48所示。

步骤8 沿袖口下部将衬衫下摆上翻折叠,如图2-49所示。

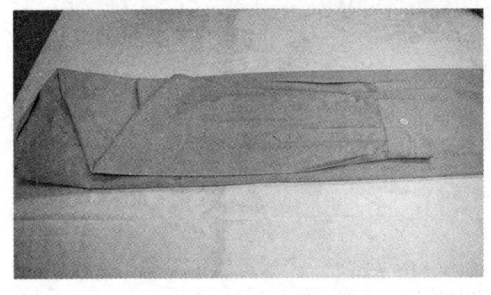

图2-48 上提左袖

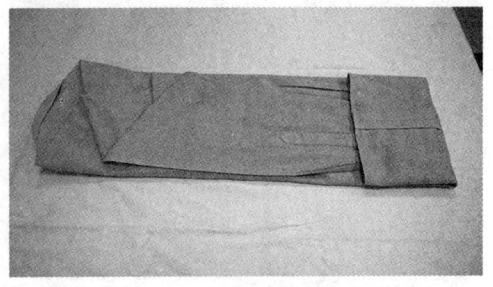

图2-49 上翻折下摆

步骤9 从下摆折叠线到肩部将衬衫对折,将衬衫折成长方形,如图2-50所示。

图2-50 折叠好的衬衫

技能2 折叠T恤衫

步骤1 扣好T恤衫的纽扣,如图2-51所示。

步骤2 翻转T恤衫,使其背面朝上,如图2-52所示。

步骤3 将T恤衫大身右半部沿着从领旁到下摆的直线向T恤衫的中间折进,如图2-53所示。

步骤4 将T恤衫右袖朝折叠线方向重叠放平服,如图2-54所示。

步骤5 用同步骤3的方法将T恤衫大身左半部折好,如图2-55所示。

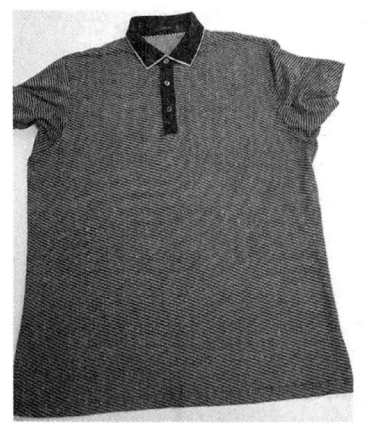

图 2-51　扣好纽扣

图 2-52　翻转 T 恤衫

图 2-53　折叠大身右半部

图 2-54　折叠右袖

步骤 6　用同步骤 4 的方法将左袖叠好，如图 2-56 所示。

图 2-55　折叠大身左半部

图 2-56　折叠左袖

步骤7 根据T恤衫的长短,可选择将T恤衫下摆先翻上一部分折叠,如图2-57所示。

步骤8 将T恤衫从下摆折叠线到肩部对折,然后折成长方形,如图2-58所示。

图2-57 翻折下摆

图2-58 折叠好的T恤衫

技能3 折叠毛衣

步骤1 将毛衣背面朝上平放于台面,如图2-59所示。

步骤2 将毛衣大身右半部沿着从领旁到下摆的直线向毛衣中间折进,如图2-60所示。

图2-59 平放毛衣

图2-60 折叠大身右半部

步骤 3 将毛衣右袖从肩到袖口的袖中线与毛衣右边折叠线重叠放平服，如图 2-61 所示。

步骤 4 用同步骤 2 的方法将毛衣大身左半部折好，如图 2-62 所示。

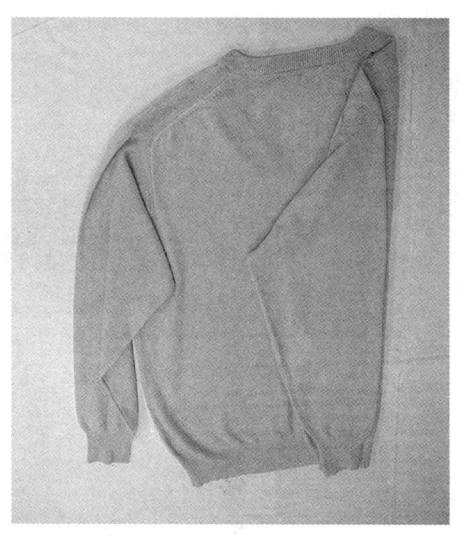
图 2-61 折叠右袖

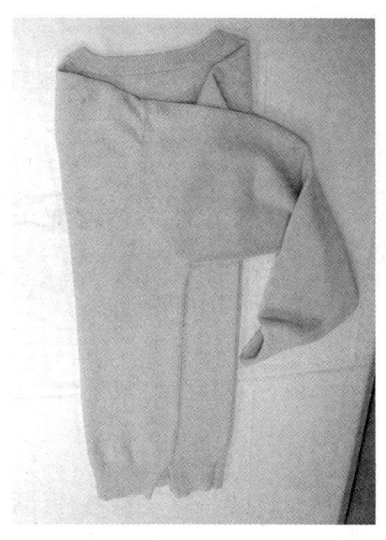
图 2-62 折叠大身左半部

步骤 5 用同步骤 3 的方法将毛衣左袖折好，如图 2-63 所示。

步骤 6 从肩到下摆将毛衣对折，如图 2-64 所示。

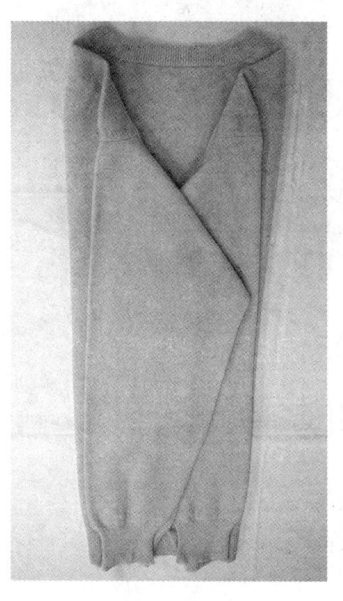
图 2-63 折叠左袖

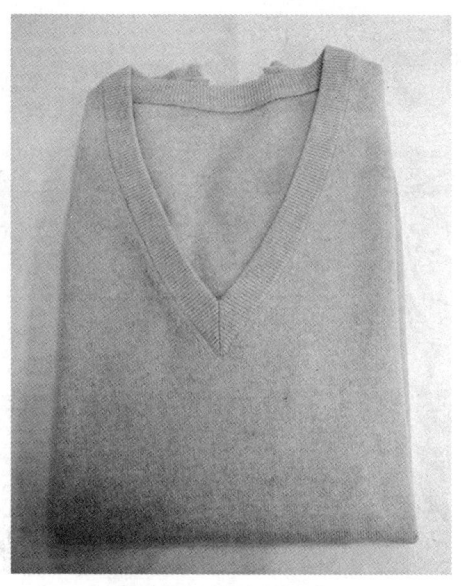
图 2-64 折叠好的毛衣

技能 4　折叠休闲裤

步骤 1　裤子正面平放，将裤袋整理平服，如图 2-65 所示。

步骤 2　将左、右裤腿沿裤子后缝对折，左、右裤腿相叠，如图 2-66 所示。

图 2-65　平整裤子

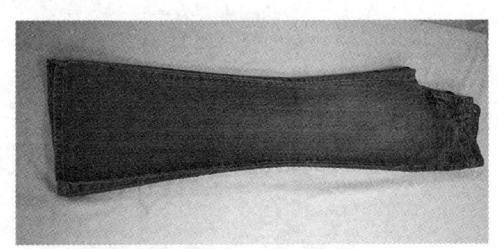
图 2-66　对折裤子

步骤 3　将裤子上下对折，如图 2-67 所示。

步骤 4　将裤子再次对折，如图 2-68 所示。

图 2-67　上下对折裤子

图 2-68　再次对折成长方形

学习单元 3　衣物防霉、防蛀

知=识=要=求

防止服装发霉、虫蛀是收纳衣物的重要环节。一般来说，毛织物服装、丝绸服装最容易被虫蛀，棉麻类服装次之，而化纤类服装基本上不会发生虫蛀现象。只有用科学的保养及收藏方法才能避免此类事情的发生,有效延长服装的使用寿命。

一、衣物防霉、防蛀方法

1. 认真清洗

霉菌和蛀虫虫卵是引起衣物霉蛀的"罪魁祸首",它们的生长及繁殖需要合适的温度和湿度,在潮湿的季节会迅速繁殖,对衣物产生损害。霉菌无处不在,而虫卵则主要寄生于织物纤维中。衣物中的污物是霉菌、虫卵赖以生存的重要条件,因此,防霉及防蛀的关键是将衣物洗涤干净。高档衣物清洗时还需仔细检查是否有污渍,如有污渍必须用去污剂或其他溶剂彻底清除,必要时需送到专业干洗店处理。

2. 彻底晾晒

潮湿天气可使衣物中水分增加,导致霉菌或虫卵大量繁殖及生长,从而使衣物发霉或虫蛀。因此,衣物必须彻底晾晒后才能入柜储存。晾晒要在梅雨天过后进行,而且必须选择晴好、干燥的天气。不同衣物应在适宜的时间晾晒,真丝、毛料、麻类等高档衣物可在夏季上午 10 点以前或下午 3 点以后晾晒,并在衣物上遮盖一层白布,避免阳光暴晒。浅色衣物或棉毛衫裤等可在上午 10 点与下午 3 点之间进行晾晒。晾晒后的衣物必须在通风处放置 1~2 小时,待衣物的温度下降后再放入箱柜存放。

3. 使用防霉、防蛀剂

樟脑丸等防霉、防蛀剂可杀死蛀虫虫卵,防止其繁殖,是家庭防霉、防蛀的好帮手,但需正确使用。

4. 注意事项

(1)水分是霉菌和虫卵生长的有利条件,因此在梅雨季节和潮湿季节应尽可能少开储物箱柜的门,以免吸湿性较强的棉、麻、丝、毛等织物霉变。

(2)储存裘皮服装时,应在其表面盖上干净的白布,隔 1~2 个月在通风处晾晒,透气保养。

(3)棉毛衫裤或其他可叠放的衣物不宜装在塑料袋中存放,应该使用透气的棉布包起来,以免衣物中的湿气集聚,引起霉变或遭到虫蛀。

(4)用蒸汽熨斗加热的方法不能完全杀死衣物中的虫卵或霉菌,因为这样做不能完全烫干衣物，更容易引起衣物霉变。

二、清除常见污渍

衣物难免沾染污垢和污渍，污垢可用洗涤剂去除，污渍却不能用洗涤剂完全去除，或根本不能去除。这时必须采用化学和物理相结合的方法进行技术处理。

1. 动植物油渍

动植物油渍是衣物上常见的污渍。这类污渍可用汽油擦拭或刷洗去除。在刷洗时要用毛巾或棉布将擦拭下来的污渍溶液及时吸附，使其脱离衣物表面，防止溶液挥发时将部分污垢留在衣物表面，使衣物出现痕迹。如果出现痕迹，可采用重复擦拭或扩大洗刷范围的方法去除。

2. 墨水渍

棉、麻、涤、化纤等白色织物沾上墨水渍后可先用冷水浸透，然后用肥皂搓洗或刷洗，去除浮色，再用1%~3%的漂水溶液进行氧化漂洗，去除后进行低温皂洗。对于深色羊毛、丝绸等织物，可选用优质洗涤剂和肥皂，先用软刷轻轻刷洗，去除浮色，然后用柠檬酸去除色底。

3. 圆珠笔油渍

圆珠笔油渍可用酒精擦洗，然后再用清水漂洗，也可用冷水浸湿，涂上牙膏后再用少量肥皂轻轻揉洗。

4. 血渍

衣物沾上血渍后应立即将其放入冷水中浸泡0.5小时，用洗衣皂或洗衣粉搓洗。若血渍沾染较牢固，可在含酶的洗衣粉溶液中适当延长浸泡时间后搓洗。千万不能使用热水洗血渍。

5. 酱油渍

衣物沾染酱油渍后可先用冷水搓洗，再用洗涤剂清洗。对于沾染酱油渍时间较长的衣物，要用洗涤剂加适量的氨水进行洗涤，丝、毛织物可用10%的柠檬酸溶液进行洗涤。

6. 茶水渍

衣物沾染茶水渍后，如是刚沾上的，可用70~80℃的热水搓洗去除。如果是旧渍，就要用浓盐水浸洗，还可以用氨水和甘油1∶10的混合液搓洗去除。

如果毛料衣物沾上茶水渍，可用10%的甘油揉搓，再用洗涤剂搓洗，最后用清水漂洗干净。

7. 口香糖渍

对于沾在衣物或其他物品上的口香糖污渍，可先用棉花或干布浸上白醋，再用其擦洗污渍处，即可擦洗干净。

8. 咖啡渍

不太浓的咖啡渍可用肥皂或洗衣粉，在热水中清洗干净。较浓的咖啡渍则需在鸡蛋黄内洒入少许甘油，混合后涂抹在污渍处，待稍干后再用肥皂及热水清洗，咖啡渍即可清除干净。

三、防霉、防蛀药物的使用

新一代的樟脑丸、防霉防蛀片剂和喷雾剂没有萘的成分，使用安全，效果好。但防蛀剂用量过多或者直接与织物接触时间过长，会加快织物老化，影响衣物的使用寿命，还会造成污斑，白色、浅色织物会泛黄，深色织物会褪色。因此，最好根据防霉、防蛀剂的类型决定使用量，使用时避免随意性。

一般情况下防霉、防蛀药物不能与衣物直接接触，要用干净、透气的白纸或白布包好，放在服装的口袋、夹层及箱柜的四角，或吊挂在衣橱的四角，让药物气体弥漫在橱柜内，达到驱杀霉菌、蛀虫的目的。

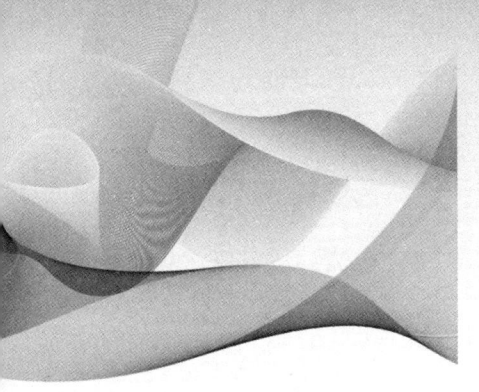

职业模块 ❸ 清洁家居

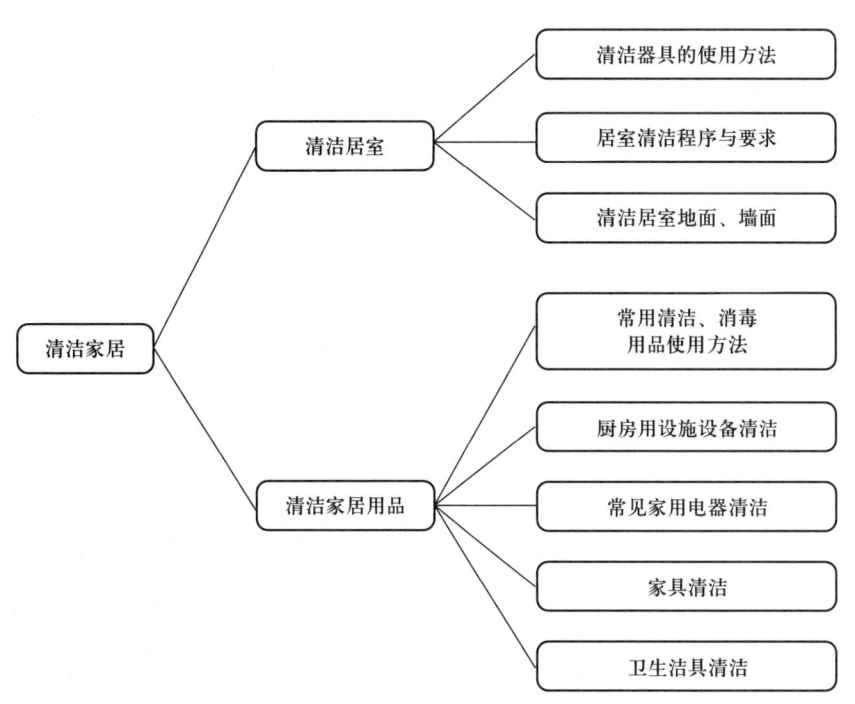

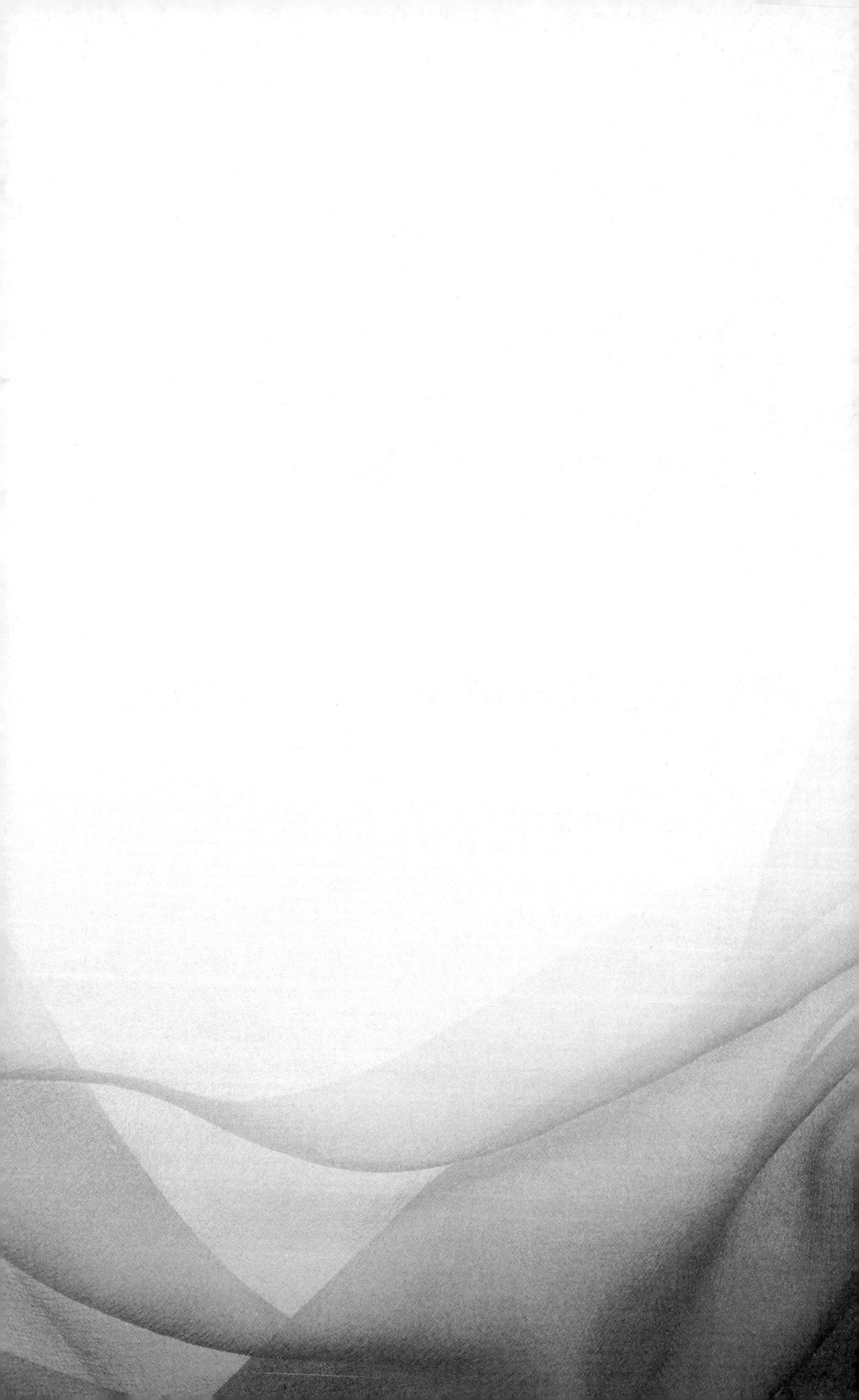

培训课程 1

清洁居室

学习单元1　清洁器具的使用方法

知=识=要=求

一般家庭必备的清洁工具包括抹布、百洁布、钢丝球、清洁刷、板刷、扫把、杯刷、簸箕、清洁布、马桶刷、拖布、水桶、鸡毛掸子、刮刀、吸水毛巾、喷壶、橡胶手套等多种，甚至旧报纸、梳子、旧牙刷、棉棒、牙签、蜡烛、旧丝袜等也可作为清洁工具使用。下面介绍部分工具的使用方法。

一、钢丝球

钢丝球的全称是金属钢丝清洁球，一般在家庭清洁中使用，是一种常用清洁工具。钢丝球用于强力清洁物体表面污垢，一般适用于锅底（有涂层的锅除外）、灶台、不锈钢用具等的清洁。

瓷砖、不粘锅、木地板、浴室陶瓷用具、塑料用品等忌用钢丝球清洁。

二、清洁刷

日常生活中的清洁刷主要有锅刷、奶瓶刷、玻璃杯刷、烧烤炉刷、不锈钢卫生刷、鞋刷等。其主要作用是去除家居用品表面的浮尘、油垢、顽渍等。使用清洁刷时的注意事项如下。

1. 刷子清洗后，应用纸巾轻轻地按压，让水分排出，不要扭绞刷毛，否则易导致脱毛。

2. 刷子洗后应吊挂起来，让刷毛朝下晾干。

3. 不要逆毛清洗。

4. 要自然风干，否则有可能伤到刷毛。

三、扫把

扫把可由塑料、竹条、草等多种材料制成，形式多样，主要用于清扫室内外地面。图 3-1 所示为塑料制成的扫把。扫把的具体使用方法如下。

图 3-1　扫把

1. 扫把不离地面。

2. 挥动扫把时，应稍用臂力向下压，这样既可以把灰尘、垃圾扫净，又可以防止灰尘扬起。

3. 为了不踩踏垃圾，应不断向前方扫，从狭窄处往宽广处清扫，从边角向中央清扫，清扫室内时原则上由里向门口扫。

4. 清扫楼梯时，站在下一阶，将垃圾、灰尘从左右两端往中央集中，然后再往下扫，防止垃圾、灰尘从楼梯旁掉下。

5. 应顺风扫，勿逆风扫。

四、杯刷（见图 3-2）

杯刷是洗刷杯具的专用工具，既可以洗刷杯具的里面、外面，也可以把杯口伸进刷体的窄缝中，使杯口的内、外两面同时得到清洗。

五、清洁布（见图 3-3）

清洁布由粗细不等的合成纤维制作而成，能去除灰尘、霉菌、杂菌、油污、水印、烟灰等。清洁布具有吸水性好、不掉屑、耐洗涤的性能，不含任何药物成分，能够去除灰尘、汗渍、污渍，被广泛应用于家庭保洁中。

图 3-2　杯刷　　　　　　　　图 3-3　清洁布

清洁布应依据用途分开使用，不能一布多用。干布可擦拭窗户、木制及皮制家具、室内照明器具上的灰尘、水渍；湿布可擦拭水槽、水龙头、洗面盆周围的污渍，门把手等；蘸肥皂水的清洁布可擦拭厨房墙壁、橱柜等处的油污；手套清洁布和海绵清洁布可擦拭碗筷、浴池里的水渍、百叶窗的灰尘。

六、马桶刷

马桶刷是指用于清洁马桶的专用刷子。马桶刷与放置马桶刷的容器要放在一起。在使用时，在马桶中倒上洗洁精或者肥皂粉等，倒热水浸泡，用马桶刷旋转刷洗，并冲洗干净；还可倒上消毒剂冲洗，杀灭马桶内的细菌。

马桶刷使用完，应将刷子冲洗干净，把水沥干，喷洒消毒液，或定期用消毒液浸泡，再把马桶刷挂起来。每隔 3~5 个月要更换一把新马桶刷，马桶刷使用久了会脱毛，影响清洁马桶的效果，还会藏污纳垢。

七、抹布

抹布主要指厨房中的抹布，如图 3-4 所示。

厨房中的抹布必须按需求分开使用，做到"专布专用"。

厨房里至少要有3块抹布，擦台面和水池1块、擦刀具和铲子1块、擦盘子和碗筷1块。为防止混淆，最好选择不同式样和颜色的抹布。

具体使用抹布时，应遵从"从左到右（或从右到左）、先里后外、先上后下"的原则。抹布宜选用柔软、吸水力强、较厚的棉质毛巾，使用时将毛巾折3次叠成8层，正反16面正好比手掌稍大一点；折好的毛巾用脏一面后再用另一面，直到16面全部用脏后，洗净拧干后再用；可将作业所需的数条毛巾预先拧干后备用，以提高工作效率。

图3-4 抹布

八、拖布

拖布又称拖把、墩布。应选择吸水性好、柔软、纤维长、松散性好、去污力强、耐腐蚀、耐摩擦的拖把头拖地，一般使用棉纱条制成的拖布。拖布有干、湿之分。湿拖布用于在扫帚清扫之后的地板上再一次清洁，除去浮动的灰尘和污渍，而干拖布则用于将地板上湿拖布留下的水渍拖干，以利于下一步的清洁工作。拖布的具体使用方法如下。

1. 按照从左到右、从前到后的顺序用力擦地。

2. 不得遗漏四边死角和摆放物下的空间。

3. 清扫完毕，拖布应放入水桶中拎走，不得悬空拎走。

4. 及时清洗拖布头，晾干待用。

九、玻璃清洁器（见图3-5）

玻璃清洁器是用来擦玻璃的，由磁铁、橡胶刷等构成，简单、安全、

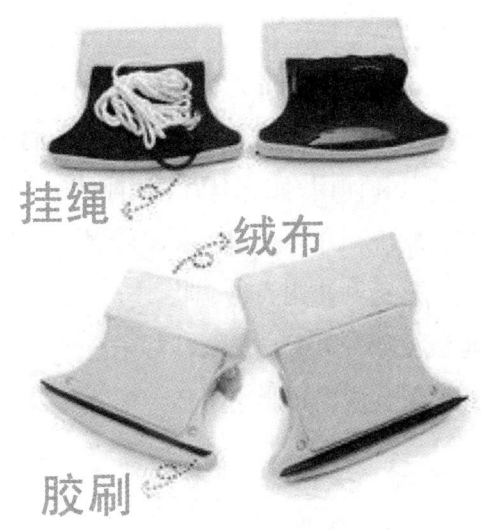

图3-5 玻璃清洁器

方便，主要用来擦玻璃。玻璃清洁器的使用方法如下。

1. 把玻璃清洁器打开，撕开清洁棉，检查挂绳是否牢固。

2. 贴上清洁棉，加入洗洁精（清洁剂），放入水中搓一下，把洗洁精搓均匀。

3. 把清洁器固定在玻璃的内外两侧，由于磁铁的作用，操作内侧的清洁器，可带动外侧的清洁器。从玻璃的一个顶角开始横向刮玻璃表面到另一边，向下再横向刮，直到最底部。

4. 清洗清洁器上的洗洁精，纵向使用清洁器，刮除残余液体。

十、吸尘器（见图 3-6）

吸尘器是用于地面、墙面和其他平整部位吸灰尘、污物的专用设备，是清洁工作中最常用的设备之一。

1. 吸尘器的使用方法

（1）将软管与外壳吸入口连接妥当，将软管与各段接管以及接管末端的吸嘴连接好。

（2）检查电源线有无破损，确保用电安全。

（3）根据清洁场合的不同，调节吸力控制装置，使吸力大小合适。

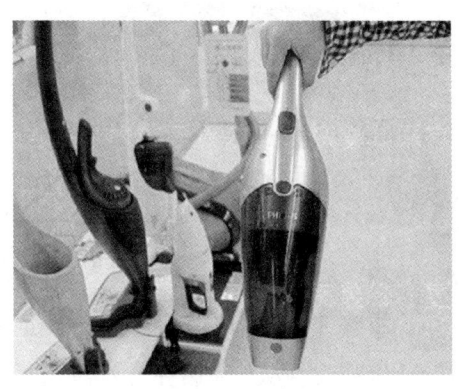

图 3-6　吸尘器

（4）吸尘时应确保清洁区域内无铁钉、碎玻璃等杂物，避免吸尘器吸入铁钉、碎玻璃等。

（5）由里向外依次吸尘，注意清洁死角。

（6）吸尘后应及时清理尘袋，避免用水洗。

（7）擦拭机器表面。

2. 使用吸尘器时的注意事项

（1）吸尘器使用完毕后，应放在干燥的地方保存。

（2）吸尘时避免拖拽吸尘器软管或用脚踢吸尘器。

技能要求

技能　使用玻璃清洁器擦拭窗户

一、操作准备

工具及材料准备：喷雾器、洗洁精、水盆、干抹布、玻璃清洁器等。

二、操作步骤

使用玻璃清洁器擦拭窗户，如图 3-7 所示。

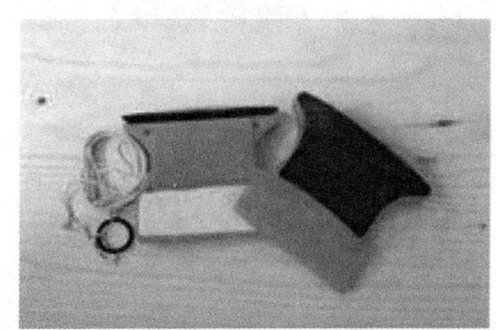 

图 3-7　使用玻璃清洁器擦拭窗户

步骤 1　先用喷雾器将清水均匀地喷在玻璃上，不要遗漏死角。

步骤 2　从上到下慢慢擦洗，不用洗涤剂也能擦干净。在使用专用的玻璃清洁器时，如果它的位置低于操作者的腰部，可把它的柄卸掉，直接拿着专用玻璃清洁器的根部擦，既能用上力，也便于适时使用洗涤剂。

步骤 3　用洁净的干布擦拭玻璃。

三、注意事项

1. 擦外边的玻璃时，玻璃清洁器的挂绳要戴在手上，以免玻璃清洁器掉落。

2. 如果玻璃很脏，或者天气很干热，可以拿一条毛巾多蘸点儿洗洁精，涂抹到内外玻璃上，外玻璃不用全涂抹，要注意安全，玻璃清洁器的清洁棉也蘸水和洗洁精，用手涂抹均匀。

3. 如果是新手刚开始用超强磁玻璃清洁器，尽量两个人操作，一个人拿一半,注意不要吸到一起,使用熟练了,一个人操作即可。

4. 擦拭难点。玻璃窗由于日晒雨淋而霉变,会出现水迹花纹。擦拭时,可将一汤匙盐酸调入一碗清水中,戴橡胶手套以海绵蘸取擦拭,待半小时后过水,花纹一般可消除。可用蘸醋的布擦玻璃窗上的鸟粪。可用柠檬切口擦抹有油渍的窗户。如果油渍较厚或较脏,可将清洁粉剂撒在湿布上,在玻璃面上擦拭,然后用湿布将粉末擦净,再用干布擦拭干净。

学习单元2　居室清洁程序与要求

知＝识＝要＝求

一、居室清洁程序

居室清洁主要是客厅、书房、卧室、厨房、卫生间的整体清洁,也包括对居室内的各种家具表面进行清洁,让不同材料、不同表面的家具经过清洁处理之后表现出其特有的光彩和美感。居室清洁的总体程序如下。

1. 开启窗帘和窗户

每天上午或下午打扫房间卫生时,必须先开启窗帘。若房间有异味,可开窗通风。

2. 清理烟灰缸

把烟灰缸里的烟头、烟灰倒入垃圾桶内。倒烟灰缸时,未熄灭的烟头必须及时处理,消除隐患。

3. 清理废纸篓

要妥善处理垃圾袋里的危险品,用新袋换旧袋。

4. 擦拭除尘

擦拭时应按顺时针或逆时针方向从房门做起,擦拭每一件家具与饰物,清洁地面,保证每一间居室的干净、整洁。

5. 擦玻璃

要求做到：洁净、无灰尘、无污点、无油渍、无指痕。

6. 整理床铺

铺床叠被,并对床上用品勤洗勤换。

7. 清洁家居用品

家中桌、椅、沙发、柜子等家具及生活用品应经常清洁。

8. 清扫、擦拭地面

清扫、擦拭地面是家居清洁必经的程序,应先扫后擦。

二、客厅清洁要求

客厅是一个家庭的门面和镜子,它是否明亮、整洁、秩序井然直接反映着一个家庭的风貌,因此客厅的清洁必须彻底和迅速。客厅的清洁主要是对沙发、茶几、窗户、房门、空调出风口、电视机、电话机、饮水用具、灯具、家具、饰物、地板的清洁。

1. 整理沙发

根据沙发质地清洁沙发表面灰尘,整理沙发靠垫。

2. 收拾茶几

收拾好茶几上的垃圾。倒掉烟灰缸里的烟头、烟灰及水杯里的茶叶并清洗,将洗好的烟灰缸、水杯放回原处。

3. 擦拭窗户

首先打开窗户,通风换气,每天至少开窗换气 2~3 次,每次 10 分钟左右。然后擦拭窗台、玻璃。窗台凹槽内应该洁净无污渍,玻璃应洁净明亮。

4. 擦拭房门

擦拭房门时应将门牌、门面、门框全部擦干净。

5. 擦拭空调出风口

空调出风口每周最少彻底擦拭 1~2 次,以保持清洁,防止使用时尘土飞扬。

6. 擦拭电视机

擦拭电视机时,要先关掉电源开关,然后用布擦去外部表面浮尘,再打开电源开关,检查电视有无图像,频道选用是否准确,颜色是否适宜。清洁电视机内部灰尘要请专业人士进行,以充分保证人身安全。为防止潮气腐蚀电视机,可以在电视机后面放置硅胶等干燥剂,并定期调换。

7. 擦拭电话机

擦拭电话机时,应先查看电话机有无拨号音,然后用净布擦去浮尘及污迹,用酒精棉球擦拭消毒，保持电话机的清洁。

8. 清洁饮水用具

清洁饮水机，对用过的茶杯、茶碟、茶壶、水槽进行清洁、消毒，扔掉一次性用具。拿放已消毒的水杯、漱口杯时要用手拿杯的底部。

9. 擦拭墙、吊灯

每半个月擦拭墙、吊灯一次。清洁台灯等灯具前应先关掉电源，用半干的抹布擦，以防生锈、触电。

10. 擦抹家具

擦抹家具时先上后下，从左往右或从右往左，按顺序抹，边抹边整理，将物品摆放整齐。未经雇主许可，不能扔掉雇主的任何东西，要注意尊重雇主的生活习惯。

11. 擦拭饰品

用鸡毛掸子拂去字画上面的灰尘，用湿抹布擦拭玻璃饰品、瓷器，玻璃饰品、瓷器应轻拿轻放。

12. 清洁地面

根据地板材质不同，选择合适的方法清洁客厅地面。要注意清洁角、底等卫生死角。

三、书房清洁要求

书房是学习、工作的地方，一要清静，二要光线明亮，三要雅致，四要通风，在清洁时应认真、细致。书房的清洁主要是对书房中摆放的计算机、书籍等的清洁，并清除书房中的异味。

1. 清洁计算机

计算机上的灰尘要用软布或软刷清扫，可蘸酒精抹拭，然后再用干净的布擦干，必要时可用吸尘器吸灰尘，有些插槽插口可用小刷子扫一下，计算机内外部严禁用水、湿抹布擦。另外，清洁时要将计算机关机，以免丢失信息。鼠标表面的灰尘用软布擦拭，或用专用清洁剂擦拭，严禁用水洗。

2. 整理书籍

书籍忌潮湿，为了防潮防霉，应用干布擦拭。存放书籍的房间要经常通风，降低湿度,搞好室内卫生,抑制害虫的滋生。

3. 清除异味

清除房间内的异味、霉味,可在写字台、书柜、书架里放一块香皂。

四、卧室清洁要求

卧室清洁与否,直接关系到居住者的健康,因此在清洁时必须做到认真、细致,按照开窗—整理床铺—清扫地面的基本程序清洁卧室,使房间空气清新,无异味。

1. 清洗枕巾、枕套

枕巾、枕套不能用肥皂洗,必须用碱性合成洗衣剂洗。先用盐水搓洗,再用清水冲净,可清除异味,而且能延长枕巾、枕套的使用寿命。清洗枕套时,洗涤剂应加在温水或热水中,将枕套浸泡2~3小时,可将油污洗除。

2. 清洗床单、被罩、被单

床单、被罩、被单在清洗时需用弱碱性洗涤剂,一般洗过的床单、被罩、被单都应在阳光下暴晒。

3. 清洗毛毯

清洗毛毯时,在温水中加入少量氨水,容易去垢。毛毯的边缘部分往往比较脏,因此,应先用刷子蘸上洗涤液把毛毯边缘洗干净,再整体清洗,或拿到洗衣店里干洗。

4. 清洗毛巾被

毛巾被要趁有阳光时清洗、暴晒,而洗时最好在热水中加2~3匙氨水浸泡,容易除垢、除渍。

5. 清洗凉席

用凉席时,可在每天起床后用洗净拧干的湿毛巾擦拭凉席。凉席不用时,可用温肥皂水将凉席洗净,再用清水冲干净,阴干后卷好,用纸包严,置于干燥通风处。收藏折叠时,勿挤压,不要在阳光下暴晒。

6. 清洗蚊帐

洗涤被熏黑的蚊帐,可先用清水浸泡几分钟,洗去表面灰尘,再将洗衣粉放入盛有冷水的盆中,将蚊帐放入,浸泡15~20分钟,用手轻搓。漂洗后挂在通风处晾干。

7. 清除卧室异味

对卧室用具清洁完毕后,如果室内由于通风不畅,还有异味,可在灯泡上滴几滴香水或花露水,开灯后便会自动散发香味。冬季,可在暖气片上放一些橘子皮,橘子皮散发出的香味可抵消异味。

五、厨房清洁要求

厨房清洁总体上要去除厨房的湿气、异味、臭味,应使厨房尽可能通风、换气,清洁时由上到下、由左到右、由里到外、由角到面,使每一件厨房用具干净、整齐、卫生。

1. 配菜用的工具、容器、盛器保持清洁干净

刀、砧板用后洗刷干净,配菜用刀不用时可放入清洁的石灰水中,可防止生锈。砧板洗刷、擦干后竖立存放,防止发霉。抹布在使用过程中应经常清洗,用后洗净晾干。盛放菜的容器、盛器,应按照生熟、荤素分开使用,每次使用后应洗刷干净,用前消毒。

2. 灶面及灶台墙壁应经常洗刷,做到无油垢、无积灰、无食物残渣

经常清洁排气罩,确保其不滴油;工作结束后做好地面、灶台、操作台和工具的清扫、洗刷等卫生工作,保持厨房清洁。

3. 搞好厨房内的害虫防治工作

厨房中要安装纱门、纱窗,灭蝇、灭鼠、灭蟑螂。保持下水道畅通,保持垃圾桶清洁并加盖;消除夹层以减少鼠虫的侵入和造窝;所有物品应摆放整齐;将食品等储藏在密封的器皿中,再放进冰箱。

六、卫生间清洁要求

卫生间也称洗手间、盥洗室。卫生间按照洗脸盆—化妆台—镜面—浴缸—马桶—墙面—隔门—门—门套—地面的顺序清洁,做到卫生间清洁、干燥、无异味。

1. 清洁洗脸盆、化妆台、镜面等

应做到表面无灰尘、污渍、污垢、水渍、水迹等,洗脸盆上下水及溢水口通畅无阻,洗脸盆及化妆台下面无灰尘、污渍、污垢等。

2. 擦拭浴缸等

应做到表面无铁锈斑迹、无污迹、无皂垢；釉面色泽光亮，无损伤等。

3. 清洗、擦拭马桶

应做到马桶内部无污渍、污垢，外部无灰尘、污渍、污垢及明显水渍、水迹；釉面色泽光亮，无损伤；上下水通畅无阻；马桶上盖板无水迹等。

4. 擦拭墙面、隔门、门、门套等

不得有灰尘、污渍、污垢、水渍、水迹、印迹等，墙釉面砖色泽光亮，无损伤。

5. 清洗地面

不得有污渍、污垢、水渍、水迹，地板釉面砖色泽光亮，无损伤等。

学习单元3　清洁居室地面、墙面

知=识=要=求

一、居室地面特性及其清洁

居室地面按材质不同，可分为地板砖、石材砖、实木地板、复合木地板、地毯等。

地面的清洁应遵循以下步骤：用扫帚清扫地板表面；将垃圾扫入簸箕内；用拧干水的湿拖布擦拭，如污垢较厚，可用刮刀铲除，并用百洁布、抹布擦拭；用百洁布、抹布擦拭墙角踢脚板与地板的连接直角处；将喷壶内的消毒清洁剂喷在地面上，用干拖布或干抹布拖抹地面。具体到不同材质的地面，有不同的清洁方法与注意事项。

1. 地板砖和石材砖

石材砖主要有光面大理石、花岗岩、人造石等，常规清洁方法与地板砖的清洁方法基本相同。先用扫帚将地板表面的污物清扫干净，再用潮湿的拖布，按照清扫—擦拭—清洁地面的顺序反复擦拭直至洁净为止。

（1）地板砖和石材砖的具体清洁方法

1）经常清洁保持干净。一般来说，最好每星期清洁、擦拭一次。

2）沾上污渍及时清洗。一旦弄脏了，就应该在最容易清洁时清洗干净。

3）修复地板砖划痕。可以用地板蜡涂在小划痕上，再用软布反复用力擦拭，这能在一定程度上修复填平地板砖划痕。

4）因大理石不耐酸碱，清洁时要使用中性的清洁剂，不能用酸性溶液。当酸性物质如橙汁、苹果汁、番茄汁、酒泼洒到大理石上时，要及时清理，并用清水冲净。

5）大理石石质较软，硬度低，不耐磨，砂粒及金属硬物均可划伤石面，清洁保养时应及时将石面硬物清除。

6）大理石表面不宜长时间积水，如果积水在石面停留时间过长，石材会发生变化，清理起来会很困难，特别是浅色大理石，清洁保养时应尽可能减少用水量，及时将水及清洁剂吸干净，保持石材干爽。

7）定期对大理石做日常结晶硬化处理，1~2个月做一次。

8）定期对大理石做防水、防油养护，1~2年做一次。

（2）地板砖和石材砖的清洁注意事项与技巧

1）可用碎布蘸取安全漂白剂涂在地砖上，等20分钟后用湿布抹除。

2）清理地面上的碎头发，可将卫生纸蘸湿擦拭，再将沾满头发的卫生纸丢掉。

3）日常除尘不可使用湿拖把以免污染石材。应使用尘推除尘，牵尘液不可使用过多，以不在石材上留下痕迹，又能将尘土吸附于尘推之上为准。使用后的尘推不可平放在石材上，可在尘推下垫上能防油的塑料布，或将尘推置于架子上，以免过于集中的牵尘液污染石材；尘推上吸附尘土太多时，可拍打除尘或清洗，干燥后重新使用。

2. 实木地板和复合木地板

复合木地板又称强化木地板，是使用中密度人造板或者高密度人造板经过模压、覆膜、裁边、裁接口等工序制造而成的地面装饰材料。无论是天然漆实木地板还是油蜡实木地板以及复合木地板，在日常清洗时，都应注意防水、防潮、防火。

（1）实木地板和复合木地板的具体清洁方法

1）用吸尘器除尘。

2）使用半干拖布清洁。经常保持地板的干爽和清洁，尽量避免木地板与大量的水接触。不要用大量的水冲洗，注意避免地板局部长期浸水。如果家中空气干燥，拖布可湿一些，或在暖气上放一盆水，或用加湿器增湿。

3）拖地后打开门窗，让空气流通，也可用电扇吹，尽快将地板吹干。

4）在门口处放置地垫，可防止带进尘粒，损伤地板。

5）在地板上行走时穿布拖鞋，给家具的脚底都贴上软底防护垫，可避免家具的脚底刮花地板耐磨层。

6）如果遇到地板缝或墙角等不易清理的地方，可以用旧牙刷蘸地板清洁剂刷洗，也可以将清洁剂倒在抹布上擦拭地面。

（2）实木地板和复合木地板的清洁注意事项

1）避免用酸性、碱性液体擦拭，以免破坏地板表面漆的光洁度，更不要用汽油等易燃物品和其他高温液体来擦拭地板。可以用淘米水擦洗。

2）避免尖锐器物划伤地面，尽量避免用砂纸、打磨器、钢刷、强力去污粉或金属工具清理复合木地板、打蜡或涂漆。

3）尽量避免拖动沉重的家具。

4）不要在地板上扔烟头或直接放置太烫的东西。

5）忌用湿拖布直接擦拭油漆地板，更不要用水洗涤地板。

6）尽量避免强烈阳光的直接照射以及高温人工光源的长时间炙烤，以免地板表面提前干裂和老化。

7）雨季要关好窗户，以免飘雨浸湿地板。

8）注意室内通风，散发室内湿气，保持正常的室内温度，延长地板的使用寿命。

二、居室墙面材质分类及其清洁

居室墙面按材质分类，可分为涂料墙面、壁纸墙面、墙布、饰面板、墙面砖等。清洁墙壁时，无论使用抹布、百洁布，还是使用鸡毛掸子、吸尘器，都应遵循以下清洁顺序：上、下、角、边、凹陷处、面积广大处；用吸尘器吸尘，干毛巾擦拭，清洁保养剂喷涂擦拭，清扫凹凸部位和死角处，用簸箕、水桶收纳污物。清扫结束应将清扫工具清洗、晾干、收起，以备后用。

1. 涂料墙面

涂料是既起装饰作用又起保护室内墙面作用的一类装饰材料，具有良好的耐碱性、耐水性、耐擦性、耐粉化性和透气性，包括刷浆材料、水溶性涂料、溶剂性涂料、乳胶漆、油漆等。

（1）涂料墙面的具体清洁方法

1）用吸尘器吸去涂料墙面的表面灰。

2）用鸡毛掸子清除墙角处灰尘。

3）用抹布或百洁布浸清洁剂擦拭污染处。

4）用湿毛巾擦拭被清洁剂清洁过的墙面，不留擦拭痕迹。

（2）涂料墙面的清洁注意事项

1）用半湿的毛巾直接擦净。

2）乳胶漆的墙面最好每月清洁一次。

3）用橡皮擦拭不耐水墙面。

2. 壁纸墙面

根据材质和加工工艺的不同，墙面壁纸分为PVC胶面壁纸、纯纸质产品、无纺布产品和纯天然材质产品。

（1）壁纸墙面的一般清洁方法

1）用鸡毛掸子掸净壁纸上的灰尘。

2）用吸尘器全面吸尘。

3）在壁纸上全面喷洒清洁剂，作用10~15分钟后，污渍脱离纤维，用半湿的毛巾用力擦拭。最好用浅色的毛巾擦拭墙面，不要用有脏物或深色的毛巾摩擦，以免污染墙面。

4）污迹擦洗不掉的地方应用清洁膏进行擦拭。

5）用另外一条湿毛巾擦拭壁纸两遍。

6）最后用干布擦干壁纸。

（2）不同材质墙面壁纸的清洁方法

1）PVC胶面壁纸。夏季炎热高温，清洗PVC胶面壁纸时，不宜用温水清洁，用水清洁的时候要注意将抹布尽量拧干。

2）纯纸壁纸（见图3-8）。纯纸壁纸根据其材料的不同，分为原木浆纸和再生木浆纸。原木浆纸相对来说韧性更好，表面光滑。对于纯纸壁纸来说，它的耐水性很弱，表面清洁不要用湿布。

3）天然材质壁纸。这类壁纸的色彩保持度不够好，用水清洁壁纸很容易出现掉色的现象，所以应使用干毛巾或鸡毛掸子清洁。

4）无纺布壁纸（见图3-9）。无纺布壁纸具有布的外观和某些性能，能吸音，不变形。清洁无纺布壁纸可以用鸡毛掸子掸去灰尘，再选择干净的湿毛巾用粘贴的方式去除污渍。

图3-8 纯纸壁纸

图3-9 无纺布壁纸

5）塑料壁纸。塑料壁纸是以优质木浆纸为基材，以PVC树脂为涂层，经压合印花或发泡处理制成。它有一定的抗拉性、耐湿性、耐裂性和伸缩性，可擦、可洗、耐酸碱。

3. 墙布

墙布也称织物壁纸，是用丝或羊毛、棉、麻等纤维织成面层，以纱布或纸为基材，经压合而成，无毒、无塑料气味、无静电、不褪色、耐磨、耐晒、吸音效果好。

（1）墙布的具体清扫要求及方法

1）定期用吸尘器吸去墙布表面的灰尘。

2）用鸡毛掸子掸去墙布表面死角处的灰尘。

3）用微温微湿毛巾轻轻擦拭墙布表面。

4）用浸有清洁剂的百洁布擦拭，用微湿毛巾擦拭被清洁剂除去污垢的局部表面。

5）用吸水毛巾吸去水分，擦干墙布的潮湿表面，最后清洗、保存百洁布。

（2）清扫墙布的注意事项

1）清洁剂要用毛巾及时擦拭，水分要用毛巾及时吸去，不可拖延。

2）不要碰坏墙布的接缝处。

4. 饰面板

饰面板主要为木胶合板。木胶合板的吸潮性、耐水性较差，对饰面板的清洁保养实际上是对其表面涂覆层的清洁保养，不致使水分、溶液浸入板材中，引起变形。饰面板的具体清洁方法如下。

（1）用吸尘器对饰面板表面进行吸尘。

（2）对于吸尘器吸不到的地方及角落，用鸡毛掸子清除灰尘。

（3）用温水抹布擦拭饰面板表面。

（4）用百洁布蘸清洁剂进行局部除垢。

（5）用干燥、洁净的吸水毛巾擦拭被清洁保养的饰面板表面，恢复其原有的光泽、颜色、质感，最后清洗工具，妥善保存。

5. 墙面砖

瓷砖铺墙具有防火、防潮、不易损坏等特点，主要用于厨卫墙面装修，更容易清洁与保养。墙面砖的具体清洁方法如下。

（1）对于一般的污渍，可用柔软干抹布处理，遇到必须用水清理的污渍，建议使用浸湿后拧干至不滴水的抹布清洁。

（2）清洗后最好马上打开门窗，让空气流通，吹干瓷砖墙面的湿气。

（3）在夏天潮湿的天气里，可用干布再擦一次，然后开空调除湿。

（4）瓷砖墙面特殊污渍清洁

1）清洁油渍。厨房墙面上的油污很难清洁。对此，如果瓷砖上或缝隙里的油污很厚，可先用铲子铲一下，或用钢丝球清洁一下。待将污渍弄薄后，再用含酸性或含溶解成分的清洁剂清洁。

2）清洁肥皂垢。对于瓷砖上的肥皂垢可以先用热水冲洗一下，使皂垢部分溶解后，再使用刷子轻轻擦除。另外，还可以将白醋等酸性溶液涂抹在砖面上，静置几分钟后进行擦拭。

3）清洁铁锈。家中水管、水龙头后方的瓷砖墙面容易出现一层铁锈，影响美观。对于瓷砖上的铁锈可用草酸清洁剂去除，然后用清水擦净。另外，还可以将 3~4 粒维生素 C 片碾成粉末后，撒在瓷砖表面，然后用水冲洗几次，也可去除铁锈渍。

技 能 要 求

技能 1　清洁地板砖地面

一、操作准备

工具及材料准备：扫把、簸箕、肥皂、氨水、松节油、草酸洗洁精、牙膏、水盆、干抹布、清洁球、拖布等。

二、操作步骤

清洁地板砖地面如图 3-10 所示。

步骤 1　清理垃圾、除尘。用扫把、簸箕、拖布清理垃圾、除尘。

步骤 2　清洁。用拖把蘸洗洁精、肥皂水等清洗地板砖，比较脏的地方用拖把蘸肥皂水加少许氨水与松节油的混合液清洗，特别脏的地方用清洁球清除。

步骤 3　修补划痕。砖面如出现划痕，可在划痕处涂抹牙膏，用干布擦拭即可修复。

图 3-10　清洁地板砖地面

三、注意事项

1. 砖与砖缝隙处可用去污膏除去污垢，再在缝隙处刷一层防水剂，可防止霉菌生长。

2. 可使用专用清洁剂清除油漆、涂料等污染物。

3. 可用废旧牙刷蘸少量草酸清洁剂擦拭火柴梗、纸张燃烧后留下的印记。

技能 2　清洁实木地板

一、操作准备

工具及材料准备：清洁剂、牙膏、水盆、抹布、旧牙刷、扫把、簸箕、拖布、吸尘器等。

二、操作步骤

清洁实木地板如图 3-11 所示。

步骤 1　清理垃圾、除尘，用扫把、簸箕清理垃圾、除尘，用吸尘器将尘土、杂物清理干净。

步骤 2　清洁。依照清洁剂的配比说明和地板的脏污程度，在一桶水中稀释适量清洁剂，并把拖布稍微浸湿，从房间里面往门口的方向拖地。地板缝或墙角等不易清理的地方，可以用旧牙刷直接蘸清洁剂刷洗，也可以将清洁剂倒在抹布上擦拭地面。

图 3-11　清洁实木地板

步骤 3　修补划痕。木地板板面如出现划痕，可在划痕处涂抹牙膏，用干抹布擦拭即可修复。

三、注意事项

1. 保持地板干燥清洁。不宜用湿拖布拖地板或直接用水清洗。
2. 不定期地对地板表面进行打蜡护理，涂抹地板精油。

技能 3　擦拭涂料类墙面

一、操作准备

工具及材料准备：手套、鸡毛掸子、去污剂、水盆、干抹布、细砂纸、吸尘器等。

二、操作步骤

清除涂料墙面的污渍如图 3-12 所示。

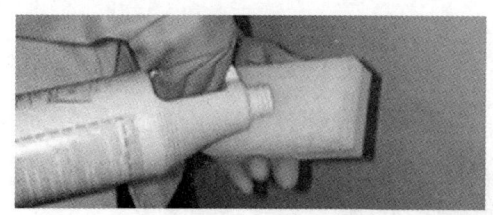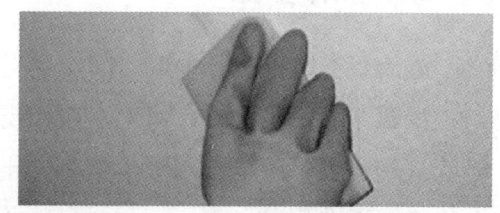

图 3-12　清除涂料墙面的污渍

步骤 1　除尘。用鸡毛掸子对墙面定期进行除尘，以保持墙面的清洁。

步骤 2　清除污渍。可用去污剂直接喷洒墙面，待污渍软化后用柔软的干抹布擦去墙面上的污渍。

步骤 3　修补划痕。墙壁上挂的字画、相框挂久去掉时，墙壁上会留下痕迹，可在上面直接喷洒去污剂擦拭，若污痕较重不易擦拭，可用细砂纸擦，擦时用力要轻。

三、注意事项

1. 轻擦轻抹墙面。由于涂料类墙壁时间长了黏附力会下降，表皮层容易起皱，所以清洁时不能用力过猛，以免掉皮。

2. 耐水墙面可用水擦洗，洗后用干毛巾吸干即可。

3. 对于不耐水墙面，可用橡皮等擦拭或用毛巾蘸些去污剂拧干后轻擦。

4. 及时除去污垢，否则时间一长会留下永久性的斑痕。

培训课程 2

清洁家居用品

学习单元1 常用清洁、消毒用品使用方法

知=识=要=求

一、常用清洁用品使用方法

家庭常用的清洁用品主要有洗洁精、油污剂、洁厕灵、洗衣粉（液）、肥皂等。

1. 洗洁精

洗洁精有粉状和液体两种，家庭常用的是液体洗洁精。洗洁精泡沫柔细，能够迅速分解油腻，快速去污、除菌，主要用于清除物品表面、地面油迹，也可以用来洗涤蔬菜、瓜果等。洗洁精一般稀释后使用，具体使用方法见包装说明书。洗洁精使用时的注意事项如下。

（1）一次使用剂量不要太大。

（2）清洗瓜果时，浸泡时间不宜过长，以免洗洁精渗入瓜果。

（3）用洗洁精清洗后的餐具必须用自来水漂洗两次以上，才能有效清除残留。

（4）清洁精不可与其他含氯的清洁剂（漂白粉、消毒液）及含酸的消毒清洁剂（洁厕灵）混用，否则会对人体造成危害。

2. 油污剂

油烟机清洗剂是油污剂的一种，是高科技清洗用品，除了具备普通除油产

品无法比拟的清洁效果外，还添加了除菌因子，使厨房更卫生。油污剂 5 秒即可直接乳化油污，反应后生成中性液体，无任何腐蚀作用，内含金属光亮剂，清洗后的电器表面光洁如新，清洁、保养一次完成。直接接触皮肤较安全，废液可完全降解，能直接排放，不污染环境。

除厨房外，居室中其他地方使用的去污洗涤剂有酒精、汽油等，它们适用于去除油性污垢。

3. 洁厕灵

洁厕灵主要用于除去卫生间的污垢。使用时应注意安全，不要将洁厕灵溅到周边石材地面，以免腐蚀地面。使用时，将洁厕灵喷在物品表面，停留 3～5 分钟后再进行清洁。

4. 洗衣粉（液）

洗衣粉（液）用于清洗较脏的毛巾、拖布，以及用于洗地等。现在的洗衣粉多为无泡洗衣粉和加酶洗衣粉。使用无泡洗衣粉时应少量投放。使用加酶洗衣粉时适宜用热水，水温不超过 60 ℃。

5. 肥皂

肥皂主要用于洗手，清洗衣物、抹布、窗帘、窗纱及小物件等生活用品。

其他如食用醋、牙膏等也常被作为去污用品用于居室清洁。

6. 清洁用品使用注意事项

（1）使用前应戴手套或穿雨鞋，做好防护准备，有些清洁用品不能直接用手接触，如果不慎沾在皮肤上应及时用清水冲洗，一旦溅入眼睛或口中应立即用清水清洗 15 分钟。

（2）使用前必须查看现场材质，大理石、瓷砖、不锈钢等容易被腐蚀的材质不能用酸性清洁剂。

（3）所有强腐蚀性清洁剂都应严格按照说明书操作。

（4）碱性清洁剂与酸性清洁剂不能混合使用，会发生中和反应，没有清洁效果且会产生新的污垢与杂质。

二、常用消毒用品使用方法

消毒剂有多种类型，根据其有效成分的不同，可将其分为含氯、含碘、含醛、季铵盐类消毒剂等；根据其作用水平的不同，可将其分为高、中、低效消毒剂。常用于场所、物品、果蔬消毒的主要是含氯消毒剂,市场上常见的84消毒液就是一种含氯消毒液。其他消毒液还有过氧乙酸、漂白粉、高锰酸钾等。

1. 84消毒液(见图3-13)

84消毒液主要用于医院等公共场所的地面、墙壁、门窗等处的消毒,也可用于家庭。

84消毒液腐蚀性较强,使用时应按说明稀释。在配制84消毒液的稀释溶液时,要戴上手套,避免皮肤与消毒液直接接触。

有效氯含量可定量表示消毒效果,含量越高,消毒能力越强。市售84消毒液的有效氯含量为5%左右。日常家庭使用84消毒液消毒可按表3-1进行配制。

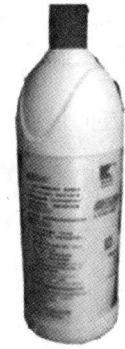

图3-13　84消毒液

表3-1　　　　　　　　　日常家庭消毒液配制表

消毒对象	配制方法(原液:水)	有效氯含量(毫克/升)	消毒时间(分钟)	消毒方法
一般衣物浸泡消毒	1:250	200	20	浸泡
环境消毒	1:250	200	—	喷洒、擦拭、洗刷
一般物体表面	1:100	500	—	喷洒、擦拭
传染病病人污染物	1:20	2 500	60	浸泡

针对不同物体去渍或消毒,84消毒液又有不同的配制比例。

用1:100稀释的84消毒液浸泡30分钟,清水冲洗,可完全去除茶渍、咖啡渍。

用1:100稀释的84消毒液浸泡30分钟,清水搓洗,可去除毛巾上的汗渍、污垢并可除异味。

用1:250稀释的84消毒液浸泡玩具20分钟,可对儿童的塑料玩具消毒。

用1:250稀释的84消毒液刷洗菜板,既可杀菌,又可去油清洁。

2. 过氧乙酸

过氧乙酸是一种杀菌能力较强的高效消毒剂,具有强氧化作用,可迅速杀灭各种微生物,包括病毒、细菌、真菌及芽孢。过氧乙酸带有刺激性,溶液易挥发、分解,其分解产物是醋酸、水和氧,因此用过氧乙酸消毒物品,不会留下有害物质。用过氧乙酸气体熏蒸消毒后,通风半小时,空气中的过氧乙酸就会分解消散，人们进入消毒后的房间不会受到伤害。因此，过氧乙酸可广泛用于各种器具、空气、环境消毒和预防消毒。但应注意，由于过氧乙酸原液为强氧化剂，具有较强的腐蚀性，因此，不可直接用手接触，配制溶液时应戴橡胶手套，防止药液溅到皮肤上。过氧乙酸的具体使用方法如下。

（1）喷雾消毒

将过氧乙酸原液稀释到 0.3%～0.5%，按每立方米 8 毫升计算，在消毒场所无人的情况下，用气溶胶喷雾器对消毒空间进行喷雾。作用 1 小时后通风半小时，人员才可进入。

（2）浸泡消毒

通常，纺织品用浓度为 0.04% 的溶液浸泡 2 小时，餐具洗净后用 0.5% 的溶液浸泡 30～60 分钟，蔬菜、水果洗净后用 0.2% 的溶液浸泡 10 分钟。

（3）擦拭消毒

擦拭消毒可用于皮肤与污染物品表面的消毒。如对皮肤进行消毒，可将原液稀释成 0.2% 的稀溶液，擦洗双手 1～2 分钟，再用清水洗净。如对物品表面进行消毒，可用浓度为 0.2%～1% 的过氧乙酸稀溶液，擦抹后保持 30 分钟，即能达到杀菌目的。

3. 漂白粉

漂白粉为白色粉末，有刺激性氯臭，主要用于食具、药杯、空气、地面、墙壁、家具、运输工具、痰盂、坐便器、污水、垃圾、呕吐物、脓血、痰、粪、尿的消毒。在污物水分足够的条件下，一份污物加 0.2 份漂白粉，搅拌后加盖放置 2 小时即可杀灭细菌。漂白粉绝不能撒在干燥处消毒。

1%～3% 的漂白粉液体可以用于喷洒或擦拭浴室、厕所，0.5% 的漂白粉溶液可以浸泡碗杯、痰盂、便盆及被污染的衣物等。

4. 高锰酸钾

高锰酸钾又称灰锰氧、PP 粉等，它是一种强氧化剂，有较好的杀菌作用。将高锰酸钾按照一定的比例，兑水可配成高锰酸钾溶液，适用于瓜果、蔬菜的消毒，但浸泡的时间必须在 5 分钟以上。

5. 消毒用品使用原则

（1）一般情况下，家庭只需要清洁卫生，无须进行消毒。

（2）家庭消毒时应尽量使用物理消毒法，如蒸煮、暴晒。餐具消毒宜首选煮沸消毒或者消毒柜消毒。衣物、被褥主要采用在阳光下暴晒的方法消毒。室内空气消毒主要是定期开窗通风。洗手时，如果没有接触患者，使用普通肥皂和流动水即可。

（3）可对经常接触的物体表面，如门把手、楼梯扶手、脚垫、水龙头等重点部位进行消毒。

（4）对于洗脸面盆和坐便器，只需要对表面适量喷洒消毒剂，消毒后用大量自来水冲洗即可。

（5）不要遗漏重点物品及场所的消毒，如洗碗布应经常暴晒、煮沸消毒。宠物的窝巢应经常进行消毒。

（6）确保使用安全。消毒剂避免直接接触人体，如果不慎溅入眼睛应立即用清水冲洗。为安全起见，配制消毒剂时应该戴手套、眼镜，避免儿童在场。

（7）科学实施消毒。如果家庭中出现了传染病病人，应该按照医生的建议和当地疾病预防控制部门的要求采取消毒措施。

（8）避免使用酒瓶、饮料瓶盛装消毒剂，以免误用。家庭中存放的消毒剂要放置在儿童接触不到的地方，或上锁保存。

学习单元2　厨房用设施设备清洁

知=识=要=求

一、厨具清洁

1. 储藏用具（冰箱、冰柜、橱柜等）

（1）冰箱

为使冰箱表面看起来更加光亮，可以使用家具护理喷蜡。门边较难处理的细缝处，可以用牙刷清洁。冰箱内部可以用稀释的漂白粉溶液擦拭，既干净又可达到杀菌的功效。

（2）冰柜

清洁冰柜时，可使用软布干擦，或蘸点中性洗洁精擦干净后再用湿布擦干净。可用软毛刷清除冷凝器及压缩机上的灰尘、杂物，以保持良好的制冷效果。

要经常用温水擦洗密封条，使密封条保持弹性，以延长其使用寿命。如果清洗后柜里仍有异味，可用3%浓度的小苏打溶液擦洗一遍储藏室内壁，就能快速去除异味。

（3）橱柜

橱柜包括地柜和吊柜，如图3-14所示。

橱柜应该经常清洁，可以每周用清洁抹布擦拭其表层和隔层，如果隔层上有垫纸，垫纸应经常更换。应该定期用清洁剂彻底清洁从柜中取出的物品，橱柜应注意防蛀、防鼠、防蟑螂。橱柜用久了有异味时，可放些活性炭在橱角，不但能去除异味，还能吸收橱柜里的湿气；也可用干净抹布蘸醋或白酒擦拭，待晾干后，异味即除。橱柜的具体清洁方法如下。

图3-14 橱柜

1）清洁台面。根据橱柜台面的材质不同，有不同的清洁方法。人造石和不锈钢材质的台面要用软毛巾、软百洁布带水擦拭或用光亮剂擦拭；防火板材质的台面可使用家用清洁剂，用尼龙刷或尼龙球擦拭，再用湿热布巾擦拭；天然石材质的台面宜用软百洁布擦拭。

2）清洁门板。门板的材质和台面差不多，因此它的保养和清洁也和台面大同小异。门板表面的油污及脏渍最好在12小时以内去除。油漆类门板不可用可溶性清洁剂，所有苯类溶剂和树脂类溶剂不宜作为面板清洁剂。避免台面上的水流下来浸泡门板，否则时间长了门板会变形。门板合页及拉手出现松动及异响时，应及时调校或通知厂家维修。实木门板可使用家具水蜡清洁保养。

3）柜体清洁。橱柜中的五金件用干布擦拭，避免水滴留在其表面造成水痕。吊柜的承载力一般不如地柜，所以吊柜内适合放置比较轻的物品，重物最好放在地柜里。

2. 洗涤用具（水池、水盆）

厨房洗涤池既要洗菜也要洗碗，容易沾染洗碗水中的油垢，如果没有专门的水池清洁剂，可在有油污的地方撒一点儿盐，然后用废旧的保鲜膜擦拭，再用温水冲洗几遍，也能让水池光亮如新。水池的四周弯角和下水处可以准备专门的小刷子或者牙刷，用细盐、肥皂水、清洁剂擦拭，下水处的水盖最好用温肥皂水浸泡 20~30 分钟，也可以达到理想的去污效果。

3. 调理用具（菜板、配料器皿等）

（1）菜板

菜板必须充分刷洗，使木见本色；菜板的缝隙、切痕更应细致冲刷，最后用清水冲净、立放，待其自然干燥；菜板冲洗时不要用太热的水去烫，防止菜板炸裂变形；夏天空气潮湿，菜板容易发霉，每次用完，要置通风处晾干，以防发霉。

为了防止菜板生熟不分、使用混乱，可准备 3~5 块菜板，各有用途：第一块做干面食品，保持干燥；第二块切菜、剁菜馅；第三块切生肉类食品；第四块切直接食用的生菜及熟肉食品，保持洁净，不受污染；第五块专门切各种原味作料，供凉拌菜用。

（2）配料器皿

油瓶有很多污垢，可用茶叶渣洗擦。如果瓶内油垢较厚并有异味，可以将鸡蛋壳捣碎后放入瓶中，加少量温水，盖紧瓶盖，上下摇晃 1 分钟左右，然后倒出蛋壳残渣，用清水冲洗干净。擦洗有印花图案的玻璃器皿可以用薄绵纸，避免用洗洁精清洗，以免损伤器皿的印花图案。

4. 烹调用具（锅、微波炉、电磁炉）

（1）锅

1）不同用途的烹调锅，其清洁方法不同

①油锅。油锅可使用洗洁精类清洁剂擦洗，或将油锅放在炉火上，等锅内冒烟时撒适量盐，然后关火，趁热用纸擦。

②熬制糖汁的锅。可在锅中加入肥皂水，边煮边刷。

③奶锅。牛奶煮沸后，锅底会留下焦痕，先用冷水浸泡，然后再洗。若锅内油垢厚重，可用新鲜的梨皮放在锅内用水煮一下，锅垢就很容易脱落；若锅底烧焦，可以用小刀或菜刀轻轻地把焦垢刮除，也可以蘸点醋和洗洁精一起用力刷。

2）不同材质的锅，其清洁方法不同

①铁锅。新铁锅在第一次烧煮时会把食物染成黑色，可事先用豆腐渣在锅

中擦几遍,即可避免;铁锅生锈后,可用食醋擦拭,然后用清水洗净;如果铁锅内有铁锈味,可用火烧空锅,然后加入热水和土豆皮或番茄皮煮一会儿,锈味即可除去;如果铁锅内有鱼腥味,可以在锅内加水放些菜叶一起煮开,倒掉水冲净即可除腥味。

②铝锅。新铝锅要先用油脂擦一遍,然后用淘米水或在水里加入1~2匙醋,煮开后再使用;清洁铝锅时用百洁布加去污粉,蘸些水,再加一些洗洁精清洗;如果铝锅生黑斑,把锅泡在醋水混合液中,刷洗10分钟左右,就会光洁如新;如果铝锅内有焦煳迹,可加入开水、小苏打及漂白粉,浸泡一会儿,再刷干净。

③不锈钢锅。用洗洁精将污渍拭去、冲洗干净即可;可用萝卜在锅的近火苗部位擦拭,去除黑印;如果锅底有焦痕,可用水浸软后再用竹片轻轻刮去,洗净后再用干软布擦干后放置在干燥处。

④铜锅。铜锅上面留有污垢,可用醋、面粉和锯末拌成膏状擦拭,然后再用布擦拭一遍;如果铜锅颜色灰暗,可涂抹桐油或在锅上敷上少许蜂蜜,再用干布擦拭,或用软布蘸牙膏摩擦,都可使铜制品保持光亮;如果铜锅上有锈迹,可用干净的布浸蘸食醋,再加点儿盐,即可除去铜锈。

⑤砂锅。对于用久以后发黑的砂锅,可把适量梨皮或苹果皮放到砂锅里煮。如果沾了污垢,可用淘米水浸泡加热,用刷子刷净,再用清水洗即可除垢。

⑥搪瓷锅。对于搪瓷锅上的陈年积垢,可用刷子蘸少许牙膏刷拭,也可在热水中加入少许食碱清洗,然后用清水洗净,再用软布擦干。

如果搪瓷器皿上有黄色斑痕,可用湿布蘸小苏打擦洗,再用清水洗净并彻底擦干;如果搪瓷锅烧焦,可在锅冷却后加水淹没焦迹,并加入适量食用碱,加热煮开,然后刷洗。

⑦锅盖。对于锅盖上厚厚的一层油垢,可在锅内放少许水,将锅盖反盖在锅上,把水烧开,让蒸汽熏蒸锅盖,焖一段时间后,待油垢变得发白、柔软时,再用软布轻擦锅盖除垢。

(2)微波炉(见图3-15)

经常用微波炉烹调肉类,容易在微波炉内溅上油点。可将一大碗热水放在炉中，将水煮沸，直至产生大量蒸汽，用百洁布蘸洗洁精将里面的油渍清洗干净，然后用湿布将里面的油渍擦拭干净。最后，将微波炉门打开，使炉内彻底风干。

（3）电磁炉（见图3-16）

每次使用电磁炉后，应尽快擦拭面板以保持干净。对于电磁炉面板上的细小污渍，用拧干的抹布擦拭即可。如果沾有油污，可用抹布蘸洗洁精小心地擦拭。对于电磁炉面板上的顽固污渍，可在面板处使用油脂清洁剂，然后使用弄皱的铝箔擦拭，切勿直接用水冲洗或浸入水中刷洗。使用后的炉面，不要马上用冷水去擦。

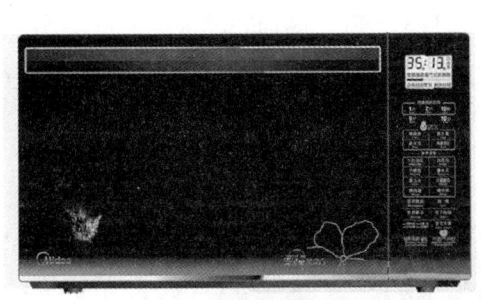

图3-15 微波炉

图3-16 电磁炉

吸气孔的灰尘可用吸尘器清理，或用棉棒将灰尘除去，若有油渍，用牙刷加少许洗洁精小心清洗即可。切勿使用化学药品擦拭，以免发生化学反应而损坏机体。

为避免油污污染炉面或炉体，减少清洗工作量，在使用电磁炉时可在电磁炉上面放一张略大于炉面的废报纸，以此来处理锅具内溢出的水、油等污物，用后即可将纸扔弃。

二、灶具清洁

1. 燃气灶（见图3-17）

如果燃气灶台附近墙壁贴有墙面砖或装有不锈钢板，应该每天擦拭，保持干净。燃气灶台使用完毕后，应

图3-17 燃气灶

趁热用干布或废报纸擦拭。可以用萝卜横断面蘸上清洁剂擦拭，等到清洁剂干后，再用干布使劲擦拭，就能使不锈钢灶台台面发亮。

灶头架沾有污垢时，可先涂上清洁剂或强力洗涤剂，然后再用醋水擦拭，就能将污垢去除。燃气灶台盛水盘可以先用洗涤剂擦拭，如果污垢还是无法除去，可将它泡在洗涤剂里一个晚上，第二天就能将它彻底洗干净。要清理炉火边的焦黄，应先用湿布覆盖一夜，然后用洗涤剂轻擦，把汁液抹除，如果仍留有油腻部分未除，宜用力擦抹，也可用碱水或洗衣粉擦除。百洁布蘸上啤酒可用来擦拭灶台上的污渍。如果燃气灶具堵塞，可取下燃烧头，用细铁丝从喷嘴口插入，反复捅几次，排除堵塞物，然后打开开关，用气流反复冲几次即可。

2. 油烟机（见图3-18）

清洗油烟机时，先将油盒里的油污倒掉，然后将油盒浸泡在肥皂水或者用中性清洁剂兑成的温水中20分钟左右，如果油污顽固，可浸泡40分钟。

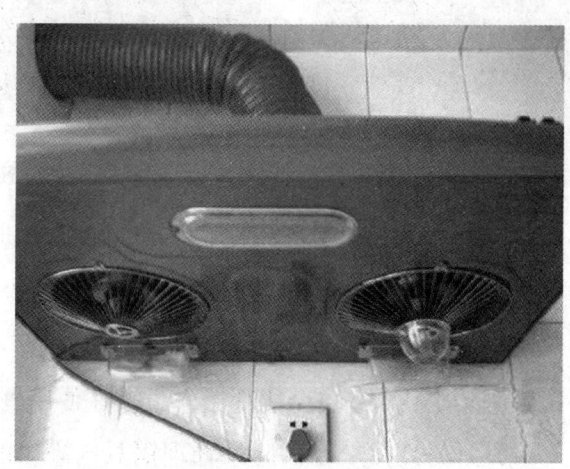

图3-18　油烟机

油网如果有少量油污可以直接用温水浸泡后洗净、擦干，如果油污较为严重，可以与油盒一起浸泡。

清洗扇叶时，将扇叶小心拆下，放入加入2毫升洗洁精和50毫升食醋的热水中，浸泡约15分钟后，用干净的抹布擦洗。油烟机的机身也可用此溶液清洗。溶液温度在60℃左右，去污力较好。开盖烧一锅水，待水沸腾，水蒸气不断上升时，打开油烟机，水蒸气会带着扇叶上的油污慢慢流入油盒中，这时的油烟机较易擦洗。

如果油烟机内的纤维积聚了厚油渍，应用大塑料盆盛装碱水，将纤维放入后按住，使油烟污垢溶入碱水内，如此重复数次，直至油渍完全脱除，然后用浓洗衣粉水泡洗晾干，还可再用。

清洗外罩表面时，可用软布或棉纱稍蘸清洁剂进行擦洗，切不可用洗衣粉、浓碱水等容易破坏油漆表面的液体清洗，因为，外罩表面变粗糙后，更容易积聚油垢。

三、餐饮用具清洁

餐饮用具主要包括碗碟、茶杯、筷子、汤勺、刀叉等。存放超过一周的餐具，再用时应当进行清洗处理。针对餐具的不同类型以及不同脏污程度或材质，清洁方法有所不同。

1. 碗碟

清洗碗碟前，先用一个大点的盆装上开水放在一旁，将清洗干净的碗碟放进开水里过一下，然后将碗碟扣放在沥水筐内，自然晾干即可。

2. 叉匙

用土豆切片或揉皱的干报纸擦拭叉匙，可使叉匙清洁光亮；叉匙上的铁锈斑迹可用葱头切片擦拭除去，也可用软木塞蘸植物油擦除；锈得很厉害的叉匙，需用炉灰、植物油和机油调制成的糊状物擦拭，锈迹去除后，再用清水洗一遍擦干；铜匙上如果出现污迹或黑点，可用抹布蘸上食盐来擦洗；有锈迹的叉匙可放在淘米水里泡一泡，擦干即可去锈。

3. 茶杯

喝茶的杯子时间一长会积起一层咖啡色茶垢，用细盐末擦洗即可，也可用牙膏擦拭。

4. 餐具上的油污

如果餐具上沾有油污，可将餐具浸入碱水、淘米水或剩面汤中清洗；或是将洗洁精滴入水中刷洗，然后用清水冲净；或是用开水煮的方法进行清洗；挤点牙膏加少许水用百洁布进行擦拭也能够去掉油污。

5. 装过牛奶、面糊、鸡蛋的餐具

装过牛奶、面糊、鸡蛋的餐具先用冷水泡后再用热水洗效果较好。蒸炖鸡

蛋后的餐具，先在碗里放一点食盐，然后再擦洗，餐具上干硬的蛋迹就很容易被除掉；蒸蛋碗、煮粥锅、焖饭锅或煮牛奶的锅，用椰子外壳的横断面在附着食物残渣的部分用力反复蹭刷，即可将餐具刷干净；如果餐具上有积垢，可用食盐或醋洗擦，效果比较好。

6. 不锈钢和镀铬餐具

针对发黑的不锈钢和镀铬餐具，可用软布蘸上去污粉或洗洁精擦拭发黑部位；对于硬水造成的不锈钢餐具上的白斑，可用抹布蘸上食醋擦洗，即可去除。

7. 塑料餐具

针对塑料餐具表面的污垢，可在温水中加一些洗涤剂，用海绵擦洗，以免碰伤塑料；如果污垢严重，可在 60～80 ℃的热水中加入适量漂白剂，把餐具置于水中浸泡一夜，第二天再擦洗，效果会更好；一般的污垢可用布蘸碱、醋或肥皂水擦洗，不能用去污粉，以免磨掉表面光泽。

8. 餐具清洁注意事项

（1）洗涤顺序。先洗不带油的后洗带油的，先洗小件后洗大件，先洗碗筷后洗锅盆，边洗边码放。

（2）儿童和病人尤其是患有传染性疾病的病人的餐具应单独洗涤、码放。

（3）自然晾干盘碟。

技 能 要 求

技能 1　清洁水池

一、操作准备

工具及材料准备：洗洁精、食醋、细盐、海绵、湿抹布、干抹布、废牙刷、旧布、肥皂头、萝卜根、土豆皮等。

二、操作步骤

水池如图 3-19 所示。

图 3-19 水池

步骤 1 抓一把细盐，均匀撒在池壁四周，然后再用热水自上而下地冲洗几遍，便可除油污。水池四角的凹槽可以用废牙刷蘸一些细盐来刷洗，也可用旧布缝制一个小口袋，装入几块废弃的肥皂头，泡上一点水后在水池内壁上有油污的地方用力刷几下，最后再用清水冲净油污。

步骤 2 如果不锈钢水池内壁附着污垢，应用海绵蘸洗洁精擦拭，再用水冲净；如果附着锈迹，可用萝卜根、土豆皮搓擦，即可除锈斑。

步骤 3 厨房的瓷水池使用日久常会产生黄色污渍，可在碗中放入食醋，再加适量细盐，隔水加热，然后涂抹在有污渍的地方，并保持 30~50 分钟，再用抹布擦除。

步骤 4 用洁净的干布擦拭。

三、注意事项

为了防止水池中的管道被堵塞，可使用专业的管道养护剂定期对下水管道进行清洗、消毒、杀菌，保持下水道通畅。

技能 2 清洁菜板

一、操作准备

工具及材料准备：刷子、洗洁精、细盐、开水、湿抹布、干抹布等。

二、操作步骤

菜板的清洁如图 3-20 所示。

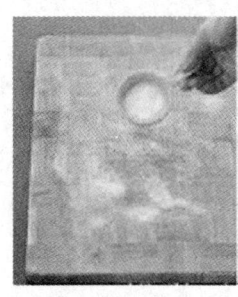

图 3-20　菜板的清洁

步骤 1　洗烫菜板。在家庭中，清洁菜板时，先用自来水和洗洁精将菜板彻底地刷洗干净后，再采用热水烫的方式进行消毒处理。每次切完菜，特别是剁完肉馅后，应用清水刷洗，刮去表面一层污物，再用清水洗干净。菜板使用一周后最好用开水烫一遍，然后放入浓盐水中浸泡几小时，取出阴干。每天用刷子和清水将菜板刷洗一遍，病菌可减少 1/3，若再用沸水烫一遍，残存的病菌就很少了。

步骤 2　刮板撒盐。每次使用菜板后，将菜板上的残渣余汁刮净，并保持每周往菜板上撒一次盐。

步骤 3　紫外线消毒。把菜板放在阳光下暴晒 30 分钟以上。

三、注意事项

1. 保持清洁。菜板用后，用刷子和清水刷洗，将污物连同木屑一起洗掉。洗过后竖起晾干，要放在通风处吹干。

2. 菜板用过一段时间后，可用菜刀将菜板上的木屑刮削一下，或用木工刨子刨削，使菜板污物被彻底清除，并可使菜板保持平整，便于使用。

技能 3　清洁燃气灶

一、操作准备

工具及材料准备：刷子、牙签、小细刷、细铁丝、百洁布、锅、厨房清洁剂、小苏打、清水及干净抹布等。

二、操作步骤

燃气灶的清洁如图 3-21 所示。

图 3-21 燃气灶的清洁

步骤 1 小苏打与水 1∶1 配比,用抹布蘸小苏打水擦拭污渍。

步骤 2 清洁灶头。可用 "水煮" 法清洁灶具。盛满一锅水,把要清洁的灶头架放进锅里煮,加一点儿厨房清洁剂,待水热后,油污脏物会自动剥离。

也可以将灶头取下来,用牙签清理出气孔。灶头上堆积的炭化物和焦屑可以用小细刷清除,也可以用细铁丝将出火孔一一刺通。

步骤3 清洁台面。清洁燃气灶上的玻璃台面,用百洁布蘸厨房清洁剂擦一下,再用干净抹布抹净即可。

步骤4 清洗灶台及其他部件。用洁净的干布擦拭即可。

三、注意事项

1. 禁止用钢丝球擦玻璃台面。

2. 日常要注意清洁保养,要经常检查和清洁燃气灶胶管,发现老化、龟裂、烤焦、鼠虫的啮咬痕迹,应立即更换,防止出现漏气,以免造成火灾、煤气中毒等事故。

技能4 清洗油烟机

一、操作准备

操作工具及材料准备:清洁剂、肥皂粉、湿纸巾、旋具、塑料袋、盆、抹布、水、胶水、报纸、油烟净、保鲜膜等。

二、操作步骤

油烟机的清洗如图3-22所示。

步骤1 新油烟机在启用前,先在储油盒里撒上薄薄一层肥皂粉,再注入约1/3的水,回收下来的油就会漂在水面上,不会死死凝结在盒壁上了。或在盒内贴上一层保鲜膜,完全盖住盒内表面,让油烟吸附在保鲜膜上,每隔一段时间拿出置换即可。

步骤2 清洁机身。用80 ℃的热水直接清洗机身,油污就会被洗下来。再在机身上涂一遍清洁剂,然后在开关键上覆盖保鲜膜。趁着油烟机上还有余

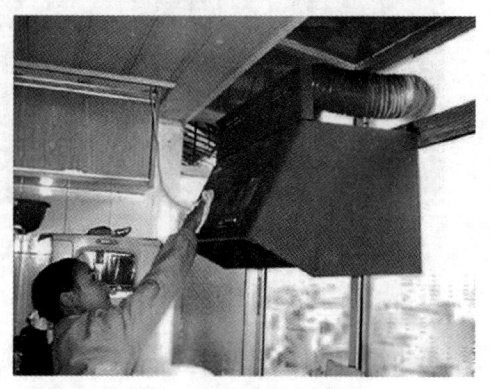

图3-22 油烟机的清洗

热，用抹布将表面略微擦拭一遍，就可以轻松擦去沾在油烟机上的油渍。

步骤 3 清洁扇叶。将油烟机下面的台面用报纸覆盖后，在机身和扇叶上喷上油烟净，几分钟后开一下油烟机，利用风扇的离心力将油烟净和溶下的污油抽走，再用湿纸巾擦拭一遍。之后，将刷洗好的扇叶晾干后，涂上一层胶水，油污会沾在胶水层上，使用几个月后将风扇叶上的油污成片撕下来，既方便又干净。

步骤 4 清洗储油盒。将盒内的废油倒出，用清洁剂洗净，或去除步骤 1 中贴在盒内的保鲜膜，换上新的保鲜膜。

步骤 5 清洗油网。保护扇叶片的油网可用旋具慢慢卸下来，喷上油烟净后放入塑料袋中，静置 15 分钟后取出，在盆内注入 80 ℃的热水，用抹布仔细清洗。

三、注意事项

1. 经常清洗油烟机，保持油烟机干净。
2. 清洗油烟机外罩表面时，不可用洗衣粉、浓碱水等容易破坏油漆表面光洁的液体清洗。

学习单元 3　常见家用电器清洁

知=识=要=求

一、电视机

电视机清洁一般包括清洁外壳、内部和屏幕三部分。

1. 电视机的清洁方法

（1）擦拭之前拔下电源插头。

（2）清洁电视机外壳时，切断电源，用柔软的布擦拭。如果外壳油污较重，可用 40 ℃的热水加上 3~5 毫升的洗涤剂搅拌后进行擦拭。

（3）清洁电视机内部时，应由专业人员进行。

（4）电视机的屏幕可用专用清洁剂、洁视灵和干净柔软的布团擦洗，它能清除屏幕上的手指印、污渍及尘垢，或是用棉球蘸取专用清洁剂擦拭，最后一定要擦干，即可通电使用。

（5）若电视机上的开关有污垢，可先用酒精喷洒，并进行擦拭，也可用牙签或竹签卷着软布或软纸来擦除，还可以将洗涤剂滴几滴在布上或纸上擦拭。

（6）为防止潮气腐蚀电视机，可以在电视机后面放置硅胶等干燥剂，并定期调换。

2. 清洁电视机的注意事项

（1）不要用挥发油、稀释剂等擦拭电视机外壳，应先用水冲淡中性洗涤剂，将软布浸泡在洗涤剂里，然后将布拧干擦拭机壳，再用干布擦干。

（2）擦拭屏幕时，宜用细软的绒布或棉球蘸少许酒精，从屏幕中心开始向四周擦拭。

（3）不要用塑料布、布套等覆盖电视机，电视机底部也不要垫泡沫塑料，以免影响透气、散热。

二、冰箱

冰箱使用时间长了会产生难闻的气味，甚至滋生细菌，所以要定期清洁，每年至少清洁两次。

1. 冰箱的清洁方法

（1）切断电源。

（2）用软布蘸上清水擦洗，或用洗洁精轻轻擦洗，然后蘸清水将洗洁精拭去。箱内附件肮脏积垢时，应拆下用清水或洗洁精清洗。将装有柠檬片的盘子放入冰箱，可以吸走冰箱内的异味。平时一般应每周擦拭冰箱一次。如在冰箱内洒了东西，应立即擦干净，否则很可能散发出异味或发霉。

（3）电器零件表面应用干布擦拭。擦拭冰箱背部冷凝器上的灰尘时，应拔下电源。

（4）冰箱的门垫是极易积聚污垢的地方，特别是门垫的凹沟，针对黑色的污垢斑点，可用旧牙刷蘸上洗洁精擦拭，再用干布擦干。平均两个月就要用中性清洁剂擦拭一次。

（5）冰箱长时间不使用时，应拔下电源插头，将箱内擦拭干净，待箱内充分干燥后，再将箱门关上。

（6）使用洗洁精清洁冰箱外壳的污垢时，可用海绵或抹布蘸一点儿洗洁精，搓抹几下，再用干布擦干水分。

（7）清洁完毕，将电源插头牢牢插好，检查温度是否设定正确。

2. 清洁冰箱的注意事项

（1）冰箱必须保持清洁、干燥，要经常除尘、去污、排臭味。

（2）不能用洗衣粉、去污粉、滑石粉、碱性洗涤剂、开水、油类、刷子等清洁冰箱，这些洗涤用品会损害箱外涂覆层和箱内塑料零件。

（3）不要用热水擦洗冰箱，不要用水冲洗电冰箱的外壳和内胆。

（4）不要用锐器刮除污垢，清洁电冰箱时应用软布蘸温水或中性洗涤剂擦洗电冰箱的外壳和内胆，用软毛刷刷除冷凝器上的积尘，也可用吸尘器吸尘。

（5）如果箱体上的积垢过多，可用毛巾蘸上牙膏或洗衣粉涂擦，再用清水擦净。

（6）清洗工作结束后，应等冰箱完全干燥后再放入食品，然后通电、启动。

三、洗衣机

洗衣机的洗衣筒分为内筒和外筒，即内筒外还套着一个筒，在洗衣的过程中，洗衣水会在这两个筒之间来回冲洗，当取出洗衣套筒时，就会看到洗衣机内筒内污垢严重，如图3-23所示。

洗衣机套筒上的污垢是由水垢、洗衣粉游离物、衣服纤维、人体有机物及衣服上的灰尘细菌组成的，经过繁殖和发酵后，这些污垢会对所洗的衣服造成二次污染，严重影响人体健康。因此家庭洗衣机要经常清洗，并进行有效消毒。

1. 洗衣机的清洁方法

（1）正常情况下，新买的洗衣机在使用半年之后，每隔两到三个月就应进行一次清洗和消毒。特别是节水型的侧开门洗衣机，污垢形成比顶开门洗衣机更严重，

图3-23 洗衣机内筒污垢严重

所以清洗也应更及时、频繁。

（2）在清洗前先将洗衣机排水管拿下，放到一个空桶上，并关闭进出水阀门。

（3）按说明书，如将除垢剂和水按 1∶2 的比例混合成除垢液后，从洗涤剂添加盒倒入洗衣机。

（4）将洗衣机程序设定为洗衣，使洗衣筒旋转。待除垢液从排水管排到桶里后，再将排出的除垢液从洗涤剂添加盒加入，如此反复多次，直至程序运行完毕。

（5）打开过滤器，清洗过滤网。

（6）将进水阀打开，排水管恢复至原位。重新选择洗衣程序，使洗衣机再次运转，待程序运行完毕，污垢清理完毕，图 3-24 所示为洗衣机清洁前后对比。

对于有自洁功能的洗衣机，只需将水量调至最高，并放入适量洗衣机专用清洁剂，静置 90 分钟排水后，再清洗一遍即可。

2. 洗衣机的消毒方法

（1）消毒液消毒

洗衣机消毒液如图 3-25 所示。使用消毒液消毒时，将消毒液与水按说明书上的比例稀释调配好，然后均匀地喷洒到洗衣机的内筒壁。在平日洗衣服时加入一定量的消毒液，可以同时为衣物和洗衣机内筒进行消毒。

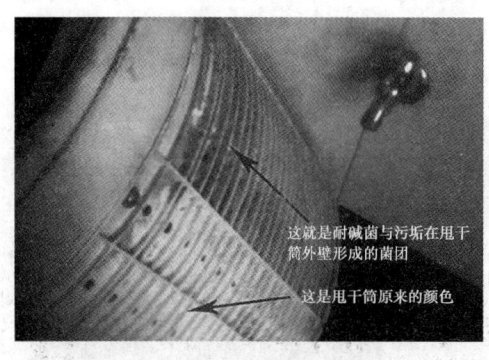

图 3-24　洗衣机清洗前后对比图

图 3-25　洗衣机消毒液

（2）高温消毒

霉菌对高温很敏感，其在 35 ℃左右水中的生存率已很低。如果将 45 ℃的热水倒入洗衣机内筒中，那么霉菌的存活概率几乎为零，所以用 45 ℃的热水可以对洗衣机进行有效的消毒。

3. 清洁洗衣机的注意事项

（1）洗衣机在不用时尽量敞开盖。

（2）下排水口一定要高于排水管道，不让水残留在排水管内，排水管道每次用过后最好用干净水冲洗一次。

（3）不用的时候要把过滤袋取下来晾在外面，让它充分干燥。

（4）洗完衣服立刻拿出来晾，不要闷在洗衣机里，防止潮气闷在里面导致发霉。

（5）洗完衣服一定要将洗衣机里的水排尽并开盖晾干，以免残留的水在机内生成微生物。

（6）顶开门的洗衣机用过之后要用干抹布将其内部的水擦干，侧开门的洗衣机还要把镶嵌在门口的垫圈中的水擦干，以免发霉。

四、微波炉

1. 微波炉的清洁方法

（1）拔下电源插头。待微波炉及内部配件冷却后再进行清洁。

（2）微波炉内部表面、炉门的前后及炉门开口处，可使用软布、温水及温和的清洁剂清洗，切勿使用金属刷和腐蚀性清洗剂。

（3）炉内壁可使用卫生棉球蘸医用酒精或高度白酒擦洗。

（4）炉内壁的云母片应细心擦干净。

（5）如果微波炉中的污垢太厚，可以用微波炉专用容器装好水，加热几分钟，先让蒸发的水分湿润一下炉内的污渍，然后用湿纸巾擦掉，再用清洁剂清洗。

（6）如果是计算机控制型的微波炉，应该避免用湿抹布擦拭开关。

（7）可以在一杯水中加入一两滴醋，放在炉内加热一两分钟，即可去除微波炉中的异味。

2. 清洁微波炉的注意事项

（1）切勿使用金属刷清洗，以免划伤微波炉。

（2）擦拭时需要注意保护炉内壁的云母片。

（3）取下转盘进行清洁时，切勿操作微波炉。

（4）最后擦拭时一定要用清水和布将内壁擦净，避免清洁剂残留，污染食物。

五、电饭煲（见图 3-26）

电饭煲主要用于煮饭，内胆底部的脏物主要是饭粒的焦垢，电饭煲的外壳烤漆也常因高温汤液溢出而被腐蚀，使外壳的烤漆脱落。开关与安全装置还会因为汤液或饭粒的进入而失灵。因此，要经常清洁电饭煲。

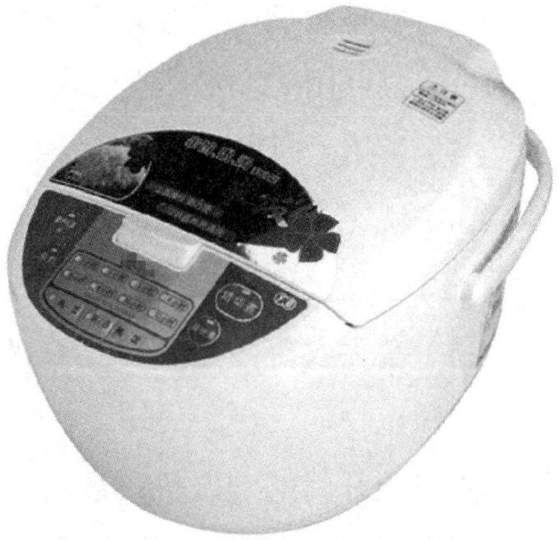

图 3-26 电饭煲

1. 电饭煲的清洁方法

（1）拔下电源插头。

（2）清洁电饭煲的上盖。有些电饭煲上盖用胶垫固定，轻轻一拔即可拆下；有的用螺钉固定，可卸下螺钉后将上盖拆下。上盖拆下后用清水洗净，用抹布擦干后装上。排气孔处用湿抹布擦净表面。

（3）清洁内部。当电饭煲内部控制部位有饭粒或污物掉进去时，应用旋具取下电饭煲底部相应装置，用小刀清除干净后，用无水酒精擦洗。有时饭粒掉入或米汤溢到锅底，会使锅底出现黄色焦垢，影响电饭煲的使用寿命，应用稍潮湿的软布擦拭，除去焦垢。

（4）清洁内胆。如果电饭煲内胆底部有焦垢，可在锅内加一点儿清水，水漫过焦垢即可，插上电源，水沸后待焦垢变软便可切断电源清除。如果是铝质内胆，可用热水浸泡后再刷洗。内胆受碱或酸的作用会被腐蚀而产生黑斑，可用去污粉擦净或用醋浸泡过夜后去除。

清洗内胆后，需要把内胆外侧特别是底外侧的水分擦干。电饭煲外壳上的一般性污迹，可用洗洁精或洗衣粉的水溶液进行清洗。

（5）电饭煲上的电源插座和感温探头等部位容易被弄脏或腐蚀，要及时用细砂纸小心打磨抛光。

2. 清洁电饭煲的注意事项

（1）电饭煲的电气部分密封程度不够，故不可用水冲洗或浸泡，湿布擦拭时不可滴水。

（2）清洁内胆时，应用清水浸泡一会儿，然后用海绵或柔软的布清洗，硬质的清洁布可能会损坏内胆的不粘涂层。切忌使用金属物品铲刮。

（3）清洗电饭煲时，不要用水直接清洗插头等部件，应该用拧干的抹布擦洗。

（4）内胆可用水洗涤，但外壳及发热盘切忌浸水。

（5）不宜用电饭煲煮酸、碱类食物，也不要放在有腐蚀性气体或潮湿的地方。

（6）清洁后要接通电源测试外壳是否带电，以保证电饭煲的使用安全。

六、饮水机（见图3-27）

因饮水机背面有很多散热孔，容易吸附空气中的灰尘、细菌等，如果饮水机长时间处于加热状态，会使储水胆、水道和出水口沉积水碱、污垢，易滋生细菌，所以饮水机一定要定期清洗，一般2～3个月清洗1次。饮水机的清洗如图3-28所示。

图3-27　饮水机

1. 饮水机的清洁方法

（1）关掉饮水机电源，拔下电源插头。

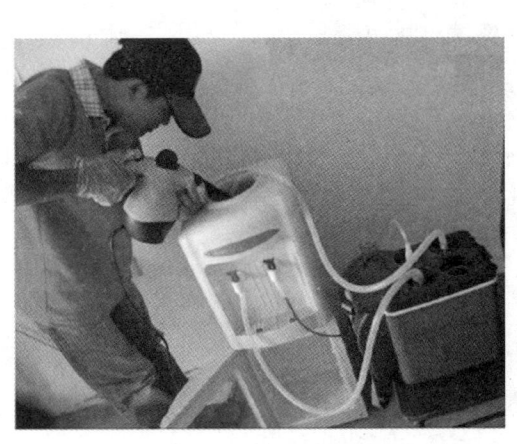

图3-28　饮水机的清洗

(2)打开饮水机的两个水龙头和饮水机底部放水的塞子,把饮水机中的水彻底放干净,再关水龙头,塞好塞子。

(3)倒入白醋。把白醋倒入后,打开水龙头,看出口是否流出白醋,如果流出白醋就说明白醋已经装满内胆。内胆必须装满,否则加热时容易烧坏内胆(一瓶不够,可以倒两瓶醋)。

(4)接通电源,加热40分钟后,断开电源,同时打开两个水龙头,放出饮水机中的白醋。当白醋停止流出时,再打开底部的塞子,这时流出的是黄褐色、带有杂质的白醋。如果饮水机很久没有清洗,建议再洗一遍。最后,在内胆中倒入清水,多冲洗几遍即可。

2. 清洁饮水机的注意事项

(1)最好把饮水机搬到有排水条件的地方,便于排水。

(2)饮水机清洁后,还可能有微量的白醋残留,不能马上饮用。应该先放一杯水,闻闻有没有白醋的气味。如果有,应该再放水,直到闻不出白醋的气味才能放心饮用。

七、消毒柜(见图3-29)

正确地清洁保养消毒柜,能有效地延长消毒柜的使用寿命,可以防止因使用不当造成的内胆生锈、餐具损坏等问题的发生。

图3-29 消毒柜

1. 消毒柜的清洁方法

（1）拔下电源插头，将柜体下端集水盒中的水倒出并洗净。

（2）用干净的湿布擦拭消毒柜内外表面，若太脏，可先用湿布蘸中性洗涤剂擦洗，再用干净的湿布擦净残留的洗涤剂，最后用干布擦干水分，禁止用水冲淋消毒柜。

（3）检查柜门封条是否清洁和密封良好，以免热量散失或臭氧溢出，影响消毒效果。可经常用微湿的软布擦拭。如果橡胶门封里嵌入沙尘，可在尖头筷子的筷头上包上一小块薄薄的微湿软布，从上到下慢慢拨出尘粒，以保持门封光洁。

（4）每日通电一次，这样既能杀菌消毒，又能延长消毒柜的使用寿命。

2. 清洁消毒柜的注意事项

（1）应将餐饮具洗净沥干后再放入消毒柜内消毒，这样既能缩短消毒时间，又能降低电能消耗。

（2）清洁时，注意不要撞击加热管或臭氧发生器。

（3）塑料等不耐高温的餐饮具不能放在高温消毒柜内，以免损坏食具；彩瓷器皿放入消毒柜进行消毒时会释放有毒的铅、镉等重金属，危害人体健康。

（4）碗、碟、杯等餐具应竖直放在层架上，最好不要叠放，以便通气和快速消毒。

（5）消毒柜应水平放置在周围无杂物的干燥通风处。

技 能 要 求

技能 1　清洁电视机

一、操作准备

工具及材料准备：洗涤剂、酒精、吹风机、吸尘器、牙签、软纸、温水、湿抹布、干抹布、棉布或眼镜布等。

二、操作步骤

清洁电视机如图 3-30 所示。

图 3-30　清洁电视机

步骤1　关掉电源开关，用干抹布擦去电视机表面浮尘，再打开电源开关，检查电视机有无图像，频道选用是否准确，颜色是否适宜。

步骤2　若电视机的选台器和各种开关有污垢，可先用酒精喷洒并进行擦拭，也可用牙签卷着软纸来擦除，还可以将洗涤剂滴几滴在纸上擦拭。

步骤3　电视机外观包括外壳和屏幕两部分。外壳的灰尘可用柔软的抹布擦拭，勿用汽油或其他任何化学试剂清洁外壳。外壳油污较重时，可用40℃的温水加上3～5毫升的洗涤剂搅拌后进行擦拭。清洁屏幕前将电视机关闭，准备柔软的棉布或眼镜布，蘸清水擦拭，蘸水量不宜过多，避免水流下来。擦拭时从屏幕中心开始，轻轻地逐渐向外打圈，直至屏幕的四周。

步骤4　清除电视机内部的灰尘时，应由专业人员进行。把电视机搬到室外，应小心拆下盖板，利用吹风机吹掉机内的灰尘，也可用吸尘器除尘，效果较好。操作时不可碰坏电气元件及机内连线。

技能2　清洁冰箱

一、操作准备

工具及材料准备：软布、毛巾、抹布、清水、洗洁精、醋、毛刷等。

二、操作步骤

冰箱的清洁如图3-31所示。

步骤1　先切断冰箱电源，将冰箱内的食物取出。

步骤2 将冰箱冷藏室内的搁架、果蔬盒、瓶、框取出,用抹布蘸着混有洗洁精的水擦洗附件。清洗完毕,用抹布擦干,或者放在通风的地方让其自然干燥。

步骤3 将冷冻室内的抽屉依次抽出,冷冻的食物可以不取出来。在冰箱底下垫些毛巾,让冷冻室自然化霜。

步骤4 对冰箱外壳和门体进行清理时,用微湿的软布擦拭冰箱的外壳和拉手,如果油渍比较多,可以蘸点儿洗洁精擦洗,效果更好。

图 3-31 冰箱的清洁

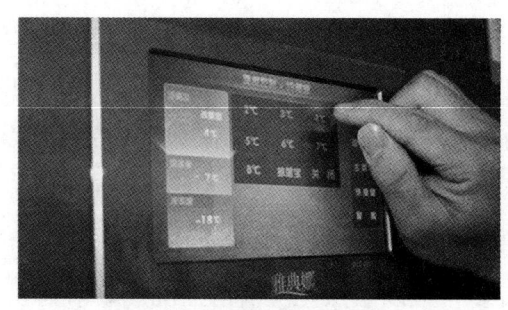

图 3-31 冰箱的清洁（续）

步骤 5 软布蘸上清水或洗洁精，轻轻擦洗冷藏室内胆，然后蘸清水将洗洁精拭去。清洁冰箱的开关照明灯、温控器等设施时，软布应拧得干一些。

步骤 6 冷冻室内的冰融化成的水可以用毛巾擦拭干净。不要用尖锐的物品铲除冷冻蒸发器板上的冰，这样容易铲伤蒸发器，导致冰箱故障。清洗完毕后将门敞开，让冰箱自然干燥。

步骤 7 清理冰箱门封。冰箱门封都是可拆卸的，门封条用 1∶1 的醋水擦拭，消毒效果很好。

步骤 8 用毛刷清理冰箱背面的通风栅，用干燥的软布或毛巾擦拭干净。

步骤 9 清洁完毕，插上电源，将温度控制器设定在正确位置。

步骤 10 冰箱运行 1 小时左右，检查冰箱内温度是否下降，将食物放进冰箱，冰箱清洁完成。

三、注意事项

1. 最好每两周清洁一次冰箱，或至少每月清空冰箱一次，将过期、坏掉、不宜再存放的食物丢弃，并彻底清洁冰箱。

2. 食物从冷藏室里面拿出后可以统一放在一个大盆里或者厨房的台子上，如果天气热，可以找一块厚布把食物盖起来。

3. 在擦冰箱里的灯泡、开关等设施时，不要用力过大，以免弄坏。

技能 3 清洁微波炉

一、操作准备

工具及材料准备：软布、毛巾、钢丝球、柠檬汁、橘皮、醋、清水、清洁剂等。

二、操作步骤

步骤 1 清洗时拔下电源插头。

步骤 2 高温会使烧化的食品飞溅,可使用软布、温水及温和的清洁剂清洁微波炉内部表面、炉门的前后及炉门开口处。如果微波炉上的污垢沉积太多,可以用微波炉专用容器装好水,加热几分钟,让蒸发的水分湿润一下炉内的污渍再清洁。

步骤 3 擦洗微波炉的底部时,取下玻璃转盘和轴环,用热水泡一会儿,然后将清洁剂均匀地喷在转盘上,用钢丝球刷一遍。若玻璃转盘和轴环是热的,需冷却后再行处理。转盘和轴环清洗完毕后,按原样复位。

步骤 4 清洁微波炉后,若还有异味,可在一杯水中加入柠檬汁或醋,放在炉内加热几分钟,或将橘皮放进微波炉中加热 15~30 秒,即可除去微波炉中的异味。

三、注意事项

1. 擦拭时注意保护内壁的云母片。
2. 取下转盘进行清洁时,切勿操作微波炉。
3. 最后擦拭时一定要用清水和布将内壁擦净,避免清洁剂残留,污染食物。

学习单元 4　家具清洁

知=识=要=求

一、原木家具(不含红木等高档家具)

1. 原木家具的清洁方法

(1)防止灰尘。一般原木家具都有精美的雕花装饰,如不能定期清洁除灰,细小缝隙中容易积灰,影响美观,同时灰尘会让木质家具迅速"变老"。

(2)保持滋润。选用专业的家具护理精油,为原木家具定期上油和打蜡,锁住木质中的水分，防止木质干裂变形，同时滋养木质。

（3）快速清洁残留于原木家具上的液体，保持干燥。否则，长时间驻留的水、酒精等液体会在家具表面留下白色痕迹。

（4）如果原木家具上沾有油污，可以用剩茶水擦洗或在油污处撒些玉米粉，用干布反复擦拭，即可去污。

（5）如果家具上面沾有污垢，可以用面粉做成的面团在污处滚动去污；也可以用过期的牛奶，将抹布浸湿，用来擦拭污垢。

（6）如果原木家具内油漆味过重，可把煮开的牛奶倒在杯子里，放在新家具内，关紧家具门，经过3～5小时，油漆味便可消除。

（7）如果不能每天擦拭家具，至少应3～7天进行一次清洁工作。

2. 清洁原木家具的注意事项

（1）应该注意原木家具的摆放位置，避免放置在除湿机旁，避免太阳直射。

（2）抹布不能太湿。

二、板式家具

1. 板式家具的清洁方法

（1）对家具进行清洁时，应先用鸡毛掸子进行清尘，再用拧净水分的湿布擦，而后用干布擦干净。

（2）应用毛巾、棉布、棉织品或者法兰绒布等吸水性好的布料擦拭家具。

（3）为保持家具日久常新，应选用适宜的清洁剂。

（4）有些家具表面用的是钢琴漆涂层，可以用清水适当擦洗。

（5）刷过油漆的家具沾染了灰尘，可用冷茶水擦洗。

（6）家具金属饰件只需用干毛巾轻轻抹拭。

（7）如果金属饰件表面出现难以去除的黑点，可用煤油擦拭。

2. 清洁板式家具的注意事项

（1）不要用肥皂水、洗洁精或者清水清洗家具。

（2）不要使用粗布、有线头的布或有缝线、纽扣等会导致家具表面刮伤的旧衣服擦拭家具。

（3）尽量避免使用汽油或有机溶剂擦拭经过油漆处理的家具，否则会造成掉漆。

（4）切忌用酸性液体清洗，因为酸性液体会造成金属部件的腐蚀。

（5）不要将湿抹布长时间留置在家具表面。

（6）不要用干抹布擦拭家具表面的灰尘。

三、聚氨酯漆面家具

1. 聚氨酯漆面家具的清洁方法

（1）要经常吸尘或用潮湿的布擦拭，保持漆面干燥清洁，并经常用上光蜡涂擦。

（2）避免与大量的水接触，如有接触应及时擦干或用风扇吹干。

（3）若表面沾上污渍，要立即用软毛巾蘸取低浓度肥皂水轻轻擦去。

2. 清洁聚氨酯漆面家具的注意事项

（1）家具不能被阳光直射，如果放置于近窗的地方，应注意随时拉上窗帘，遮住阳光的照射，以免漆膜褪色和过早老化。

（2）家具切忌靠近火炉和暖器片等取暖器，也不可接触滚烫的水壶等高温物体，以免高温烘烤，致使家具开裂、漆膜剥落。

（3）家具表面漆膜不能用碱水或沸水洗刷，更不能接触高浓度的酒精、香蕉水，以免损坏漆膜，也不可用汽油擦拭。

（4）家具表面漆膜应尽量避免长时间浸渍各类液体，如有接触，应立即抹去并擦干。

（5）家具表面谨防硬物碰撞和刀子刻划，不可在桌面上切菜。

（6）如有玻璃台面，下面应铺放棉质台布，不宜直接铺放纸张或塑料薄膜。

（7）打蜡的表面不宜用水擦拭，以免擦去表面蜡质，减少油漆面的光亮度。

四、金属家具

1. 金属家具的清洁方法

（1）用鸡毛掸子将家具表面灰尘扫除。

（2）用毛巾或软棉绒布轻轻顺着金属纹路擦拭。

（3）优质镀钛家具不会生锈，经常用干棉丝或细布擦一擦，可保持光亮和美观。

（4）喷塑家具如出现污渍，可用湿棉布擦净后再用干棉布擦干。如果家具生了锈，可用棉纱蘸机油涂于锈处，稍候片刻，再用布擦拭便可消除锈迹。

（5）镀铬家具容易生锈，甚至会发生镀层脱落。平时可用机油经常擦拭，可防其延展扩大。平时不用的家具可在镀铬层上涂一层防锈剂，放在干燥处。如已生锈，可用棉丝或毛刷蘸机油涂在锈处，反复擦拭几次，到锈迹清除为止。

（6）清洁钢制办公家具，可使用柔软的布擦拭，避免使用粗糙的、湿的布块擦拭，杜绝用有机溶剂如松脂油、去污油擦拭。

（7）用盐和醋的混合液清洁电镀物体，可使其更加光亮。

2. 清洁金属家具的注意事项

（1）金属家具摆放时要避开阳光的直接照射，以免漆面变色、着色漆层干裂剥落、金属氧化。

（2）金属家具不能放在潮湿处。镀铬的金属家具不宜放置于燃气灶附近。

（3）无论哪种涂装的金属家具，挪动时都要轻拿轻放，避免磕碰；避免触及硬金属件，如水果刀、钥匙等，以免造成划伤；折叠时用力不要过猛，以免折叠部分受损。

（4）不能用开水清洁金属家具。

（5）镀铬家具不能触及酸碱等腐蚀液体，防止氧化生锈。镀铬家具生锈时，不可用砂纸打磨，更不要用刀刮。

五、布艺家具

以下以布艺沙发为例，介绍布艺家具的清洁方法。

1. 布艺家具的清洁方法

（1）选用沙发专用清洁剂，用洁净的白布蘸少量药剂，在脏处反复擦拭，直至去掉污渍。

（2）布艺沙发的扶手、坐垫易脏，可在上面放上沙发巾。布艺沙发易积灰，所以应定时用吸尘器除尘。

（3）布艺沙发的耐磨度不如皮沙发，所以应避免总坐在同一位置。若起毛球，可用小剪刀去掉。

（4）有大片脏污时，先用清水擦拭，若是可拆布面，可拆下来清洁。

（5）新沙发购回时，可喷上布面保洁剂，避免脏污或油水吸附。

（6）沙发的扶手、靠背和缝隙要用吸尘器吸尘。

（7）每周至少吸尘一次。

2. 清洁布艺家具的注意事项

（1）清洁布艺沙发时不要用很多水擦拭，避免水进入沙发内层，使沙发里面的布受潮、变形、沙发布缩水，影响沙发外观、外形。

（2）布艺沙发可另做一个沙发套。洗刷时须严格依照布料需求清洁，个别材质的沙发套还需定期送干洗店清洁。

六、藤艺家具（见图 3-32）

图 3-32　藤艺家具

藤艺产品是最环保的产品，不受地方性和季节性的限制。其韧性大，防蛀、防潮，经久耐用，越用越亮。

1. 藤艺家具的清洁方法

（1）藤艺家具比皮制、布艺家具更耐磨、耐脏，平时只需用干布擦去灰尘即可。

（2）每 3 个月用刷子或吸尘器清理灰尘一次。较脏时将湿布拧干擦拭，特别脏的地方用旧牙刷轻轻刷干净。

（3）平时多坐藤编家具，因其越坐越亮。如果使用时间长了或受潮后出现凹陷变形的情况，可用少量淡盐水弄湿藤笪部分，待其晾干后自会收缩平整。

（4）藤条上有污垢可以用淡盐水擦拭，既能去污，又能使其柔韧性长久不衰,还可以有一定的防脆折、防虫蛀作用。

(5)藤艺家具表面上的灰尘可用柔软湿抹布擦拭,缝隙间的灰尘可用刷子或吸尘器清理。

2. 清洁藤艺家具的注意事项

(1)不要将产品放在火炉旁或暖气旁,更不要在阳光下暴晒。

(2)不能使用破坏藤艺家具表面的清洁剂或溶剂擦拭。

七、家中常用家具的清洁

家中常用的家具主要有衣橱、沙发、书桌、餐桌和椅子、茶几等。不同的家具有不同的清洁方法。

1. 衣橱

擦拭衣橱时应细致。把衣橱从上到下、从里到外擦拭干净。若衣橱有异味以致衣服上也带上这种气味,为除异味,应先把橱门打开,让气味散发10天之后,将500克活性炭(黑粒状)用废弃的丝袜分几袋封好,放进橱内,关紧橱门,让活性炭发挥吸味作用。

2. 沙发

擦拭沙发时,应用鸡毛掸子掸去灰尘,经常清理沙发靠背与沙发垫下缝隙里所存脏物并整理好沙发垫。

3. 书桌

书桌、电视柜、书柜、电脑桌等处藏垢的部分可经常用吸尘器吸尘以保持干净、卫生。

书桌有时放置的设备较多,如电视机、计算机、电话机、台灯等,擦拭书桌时,不但要清洁卫生,还要同时做好桌面上电器的检查工作;擦拭桌面,不要翻动文件和物品,擦去桌面上的浮尘即可;擦拭书桌抽屉时,要擦去抽屉表面浮尘,是否逐个拉开擦,要按雇主意愿。

4. 餐桌和椅子

餐桌和椅子应摆放整齐、干净整洁,桌上无杂物、油污。

5. 茶几

擦拭茶几时,应用湿抹布擦去污迹,然后再用干抹布擦净、擦干,保持茶几干净。

技=能=要=求

技能1 清洁、擦拭衣橱

一、操作准备

工具及材料准备：干燥剂、色拉油、上光剂、吸尘器、小毛刷、橡皮、刮铲、湿抹布、干抹布、钢丝绒、软布等。

二、操作步骤

衣橱如图 3-33 所示。

步骤1 清洁橱体、橱门。可用半湿抹布擦拭柜体、柜门，但不能使用有腐蚀性的清洁剂。轨道的灰尘用吸尘器或小毛刷清理即可，橱架、拉杆等金属件用干抹布擦。应防止重物及锐器砸碰轨道、划伤柜体及门板，柜体封边不能碰水及其他液体溶剂，以免封边出现脱落。

步骤2 在气候过于潮湿时，应定期打开门窗通风并在衣柜角落放置干燥剂，防止橱体及门板发霉和变形，避免橱体、衣物受潮生菌。

图 3-33 衣橱

步骤3 擦拭柜体上的纸贴，可用色拉油把纸浸透，几分钟后用钢丝绒按木纹方向轻擦，擦完后上光。

步骤4 橱体上的水痕，可用涂了少量色拉油的干净软布顺着木纹方向擦拭。

步骤5 橱体上的烫痕，用专用钢丝绒垫在烫痕处顺着木纹方向轻轻地擦拭，之后用清洁的软布将其擦干净，再上光。

步骤6 柜体上的食品污渍，如茶水、菜汁、水果汁、黄油等溅在衣橱表面留下的轻微污点，要立即擦掉，然后用一块干净的软布对污渍处上光。

步骤7 擦拭圆珠笔或墨水痕迹，可用软的橡皮擦拭，为防止掉色，可在污痕处滴几滴清水。

步骤8 擦拭橱体上的口香糖，可用冰袋或冷水使口香糖冷却变硬后，拿钝的刮铲或硬卡片轻轻刮掉。

三、注意事项

1. 尽量少用含有化学成分的芳香剂去除衣橱中的异味。
2. 不要将衣橱放置在阳光直接照射的地方，以免木质在阳光照射下受损。

技能2　清洁布艺沙发

一、操作准备

工具及材料准备：沙发洗涤剂、消毒剂、防尘清洁剂、吸水机、洗沙发机、吸尘器、板刷、湿抹布、干抹布等。

二、操作步骤

步骤1 对沙发表面进行除尘，再用板刷加沙发洗涤剂对沙发表面比较顽固的污垢进行擦洗。

步骤2 用洗沙发机进行第二道刷洗，并结合专用消毒剂对沙发进行蒸汽杀螨虫、杀菌消毒。

步骤3 用吸水机全面吸干水分，喷防尘清洁剂，以达到防尘效果。

步骤4 每周定期给布艺沙发吸尘，去除织物间、结构间的积尘。

步骤5 每年把沙发布套拆下清洗一次。清洗时使用的沙发洗涤剂必须彻底洗掉，否则沙发会更容易染上污垢。天晴时，可将坐垫、靠垫等拿到阳光下暴晒，以除湿、杀菌。

三、注意事项

1. 不要用吸毛刷给布艺沙发除尘。
2. 布套及衬套应干洗，禁止漂白。

技能 3　清洁擦拭桌椅

一、操作准备

工具及材料准备：皮革清洁剂、清洁剂、温水、吸尘器、刷子、湿抹布、干抹布等。

二、操作步骤

办公椅如图 3-34 所示。

步骤 1　要了解办公桌椅的材质。不同的材质有不同的清洁方法。

步骤 2　擦拭皮艺的办公椅，可用皮革清洁剂先在不显眼的位置上试一下，如果有褪色情况要用水稀释。特别脏时可用微温的水清洗，让其自然干。

步骤 3　擦拭实木的办公椅，可喷洒一些清洁剂，再用干抹布进行擦拭。

步骤 4　处理缝隙时可用刷子将脏东西刷出来，再用吸尘器吸干净。餐椅容易沾染油烟，应勤擦，以减少灰尘的附着。可以用椅套来保护餐椅，避免油污沾染，椅套弄脏时，将椅套拆下清洗即可。

步骤 5　喷洒清洁剂，轻轻擦拭一般布艺的凳子，特别脏的可以用温水结合清洁剂清洗。

图 3-34　办公椅

三、注意事项

1. 要尽量避免办公桌接触水分或者有腐蚀性的气体、液体。如果平时在工作时不小心把水倒在桌面上，应马上用干布将水分擦干净，避免水分残留在桌子上，进而腐蚀办公桌。

2. 不要用太潮湿的布擦拭桌椅。桌椅湿擦后不能暴晒，否则会加快实木内部的腐烂。也不要随便用刷子猛擦，否则会导致桌椅损伤，看起来会很旧。

3. 日常要用干净的抹布清洁办公桌。在抹布清洁或者擦拭过灰尘之后，应使用另一面来擦拭或者换一块干净的抹布。

4. 擦拭办公桌时，最好选用毛巾、棉布、棉织品等吸水性较好的抹布。粗布、有线头的布或有缝线、纽扣等的抹布容易刮伤办公桌表面，应尽量选好擦拭的抹布。

学习单元5　卫生洁具清洁

知=识=要=求

一、马桶（见图3-35）

马桶是坐便器的俗称，是卫生间主要的卫生洁具。马桶清洁要求做到内部无污渍、污垢；外部无灰尘、污渍、污垢及明显水渍、水迹；釉面色泽光亮，无损伤；上下水通畅，无阻碍；马桶盖、马桶圈无水迹；等等。

1. 马桶的清洁方法

（1）按下马桶冲水按钮，冲洗马桶内粪尿残留。

（2）将洁厕灵均匀喷洒到马桶外表上。

（3）掀开马桶盖，将洁厕灵喷洒到马桶内部。

（4）数分钟后，用马桶刷刷洗。应先刷洗马桶外部，然后刷内壁。下水道和缝隙处要重点擦拭。

（5）使用洁厕灵擦拭后，用清水将马桶里外冲洗干净。

（6）用专用抹布擦拭马桶底座外部、马桶盖和马桶圈。

（7）马桶应每天清洁一次，如果马桶圈上套了布套，应每周取下清洗一次。

2. 清洁马桶的注意事项

（1）不能将热水倒入马桶内，以防马桶裂开。清洗时要特别注意水圈边缘及水封下方排水口处。

（2）不能用汽油、松香水、挥发性液体、酸性溶液或热水擦拭马桶。

二、面盆、化妆镜、梳洗柜（见图3-36）

面盆、化妆镜、梳洗柜是家家户户卫生间的必备设施，应做到天天用、天天清。

图 3-35 马桶

图 3-36 面盆、化妆镜、梳洗柜

1. 面盆、化妆镜、梳洗柜的清洁方法

（1）面盆可用软毛刷或海绵蘸清洁剂清洗。可在不穿的尼龙丝袜筒中装入肥皂头，放在无孔的皂盒内，泡上一点水，使小袋经常保持湿软，置于适当位置，可用于除污。面盆有油污时，用小袋在内壁上摁着转几转，然后用清水冲净，效果很好。用餐巾纸配上中性洗涤剂擦拭面盆会擦得很干净。

（2）清洁化妆镜时，可用半杯氨水加一升清水擦拭镜面；为防止镜子被蒸汽熏得模糊不清，可用甘油或肥皂涂抹镜面，再用干布擦拭；为防止浴室镜子上面产生蚀斑，可将镜子的四周缝隙用塑料胶带或油灰封死，用玻璃清洁剂擦拭镜面，不仅可以晶亮无比，还具有防雾、防尘的效果。

（3）梳洗柜可用湿抹布擦拭清洁。

（4）应定期将水池下方存水弯头拆卸下来，将堆积的污物取出，以保持排水通畅，有效避免水管的堵塞。

2. 清洁面盆、化妆镜、梳洗柜表面的注意事项

（1）忌用热水冲洗，以免面盆裂开。

（2）忌用菜瓜布或硬质刷子、酸碱性化学药剂擦拭刷洗，否则会在面盆、化妆镜、梳洗柜表面形成细小刮痕，使其变得粗糙而容易沉积污垢。

（3）改变顺手在面盆上放置物品的不良习惯。这样不但不利于面盆的清洁，而且很有可能因为物品掉落到排水管而导致堵塞。

（4）面盆置物板上不放置体积较大或较重的日用品，防止置物板无法承载而掉落到面盆上对面盆造成猛烈撞击。

三、浴缸、花洒和水龙头

1. 浴缸

浴缸清洁时要求做到表面无铁锈斑迹，无污迹，无皂垢；釉面色泽光亮，无损伤等。

（1）将洗洁精或洗衣粉稀释。

（2）用塑料刷蘸洗洁精或洗衣粉溶液对浴缸进行擦拭。浴缸中的污迹可用泡沫海绵或丝瓜筋直接蘸上洗衣粉擦洗，特别脏的地方用氨水擦拭，即可清洁光亮。

瓷制浴缸长期使用后，会产生褐色斑迹。清洗时，可将适量的盐放入同质量的醋中，稍微加热搅拌，然后用布浸溶液放在斑迹上捂 20~30 分钟，再用粗糙的布用力擦洗，即可除去锈斑。

（3）擦拭后用清水冲洗浴缸，直至干净为止。

2. 花洒和水龙头

花洒和水龙头很容易被水垢堵住。清洁时，可将花洒拆下用旧牙刷擦拭喷头，并用粗针清除阻塞物。水龙头表面的硬水沉积物可用柠檬切面或抹布蘸醋擦拭消除。

3. 清洁浴缸、花洒和水龙头的注意事项

（1）不可用洁厕灵等高浓度和强酸、强碱溶液清洁花洒和水龙头。

（2）不论对何种材质的浴缸，都不要使用硬质刷子或去污粉刷洗，以免损伤材质表面。

四、热水器

一般的电热水器都会安装镁棒以减少水垢的产生，但是长期使用，电热水器中的水垢还是会积少成多，因此，热水器每隔 3 年就要深度清洗一次。深度清洗需要打开热水器维修孔。为保证安全，最好请专业的维修工清洁。每隔半年可以自己小规模清洗一次。

1. 热水器的清洁方法

（1）拔掉插座，关闭进水阀。

（2）旋开热水器底部的出水阀，排尽电热水器内部的水和沉淀物。

（3）打开进水阀门，用自来水冲洗热水器内胆30秒，再关闭进水阀门，再次排尽电热水器内部的水。

（4）再次打开进水阀门，用自来水冲洗热水器内胆30秒（共2次），清洗过程中不要堵塞电热水器的出水口。

（5）清洗完毕后，再将电热水器排水开关恢复原位。打开进水阀门，待电热水器注满水后，把温控器调到最高温，加热至自动跳转。

（6）再次从插座上拔下电热水器的电源插头，关闭进水阀门，拿一只水桶放在电热水器下面，小心旋开电热水器底部的出水阀，防止烫伤，放尽电热水器内部的热水。

（7）再依上述方法用自来水冲洗热水器内胆30秒，共2次，去除电热水器内胆和加热管表面的水垢污物，清洗完成。

2. 清洁电热水器的注意事项

（1）清洗前，热水器的水温最好在50 ℃以下，这样的水温可以直接排到下水管道，不会对管道造成影响。

（2）清洗时，热水器如果有排污口的话，可以同时打开，因为排污口的位置比冷水口更低，排污更彻底。

（3）及时更换镁棒。

（4）净化进水水质。可在电热水器冷水进口处加装净化水装置，过滤掉有害的杂质及矿物质，达到减少水垢的目的。

（5）防止水垢的生成。水垢的生成速度与水温和水的流动情况有关。水在高温和静止的情况下容易产生水垢，因此，在使用中要尽量避免上述两种情况。电热水器的使用温度通常调到50～60 ℃。

技 能 要 求

技能1　清洁马桶

一、操作准备

工具及材料准备：护目镜、马桶刷、纸巾、消毒剂、洁厕剂、橡胶手套、旧牙刷等。

二、操作步骤

步骤1 打开卫生间的窗户和换气扇,把放在马桶水箱上的东西全部移走。先用清水冲洗一遍马桶,再打开马桶盖。

步骤2 戴上家用橡胶手套,戴上护目镜以防止液体溅入眼睛。以环绕的手法在马桶内壁倒入洁厕剂,盖上马桶盖浸泡几分钟。其间开始清理马桶的外侧。

步骤3 在马桶的外侧、水箱、冲水按钮、马桶边缘、马桶圈等处均匀地涂上消毒剂进行清洁、消毒。

步骤4 用纸巾擦拭马桶上被涂上消毒液的区域。对于马桶上一些不容易清洗的卫生死角,可用旧牙刷来清理。

步骤5 打开马桶盖,用马桶刷刷洗马桶内壁,尤其是马桶内部的各个出水孔,要重点清理。

步骤6 按下出水按钮,用清水再次冲洗马桶,并借用冲马桶的水流把马桶刷也冲干净。马桶清洗完毕。

三、注意事项

1. 无论任何时候给马桶冲水,都应盖上马桶盖。
2. 不要混合使用清洁剂,因为不同种类的清洁剂混合后会产生有毒气体。

技能2 清洁浴缸

一、操作准备

工具及材料准备:海绵、洗衣液、去污粉、专用黏合剂、漂白粉、柠檬、抹布等。

二、操作步骤

浴缸如图3-37所示。

步骤1 浴缸可用海绵和洗衣粉擦洗,最后用清水冲洗干净即可。

步骤2 铸铁浴缸最易出现划痕。如果出现生锈的划痕,就先用去污粉去除锈斑,再用干抹布擦拭,最后涂上修补浴缸的专用黏合剂,划痕就不会扩大。

图 3-37 浴缸

步骤 3 浴盆池壁上的黄色污垢可以用漂白粉与水按 1∶9 的比例配成溶液,再用布蘸着擦拭。

步骤 4 用柠檬切片盖住浴缸里的黄迹,可使黄迹逐渐消失。

三、注意事项

1. 每星期清洗浴缸,确保浴缸每次使用后保持干爽。
2. 浴缸不能用去污粉和刷子硬刷。
3. 避免使用深色的清洁剂,否则容易导致色素渗入缸面。
4. 使用水龙头后,不要忘记关掉水龙头,以免经常性滴水而导致浴缸积水。
5. 浴缸如有任何损坏,应立即报修,以免问题继续恶化。
6. 不要留金属物品于浴缸内,否则会令浴缸生锈且弄脏表面。

第 2 篇　母婴护理员

职业模块 ４
照护孕产妇与新生儿

内容结构图

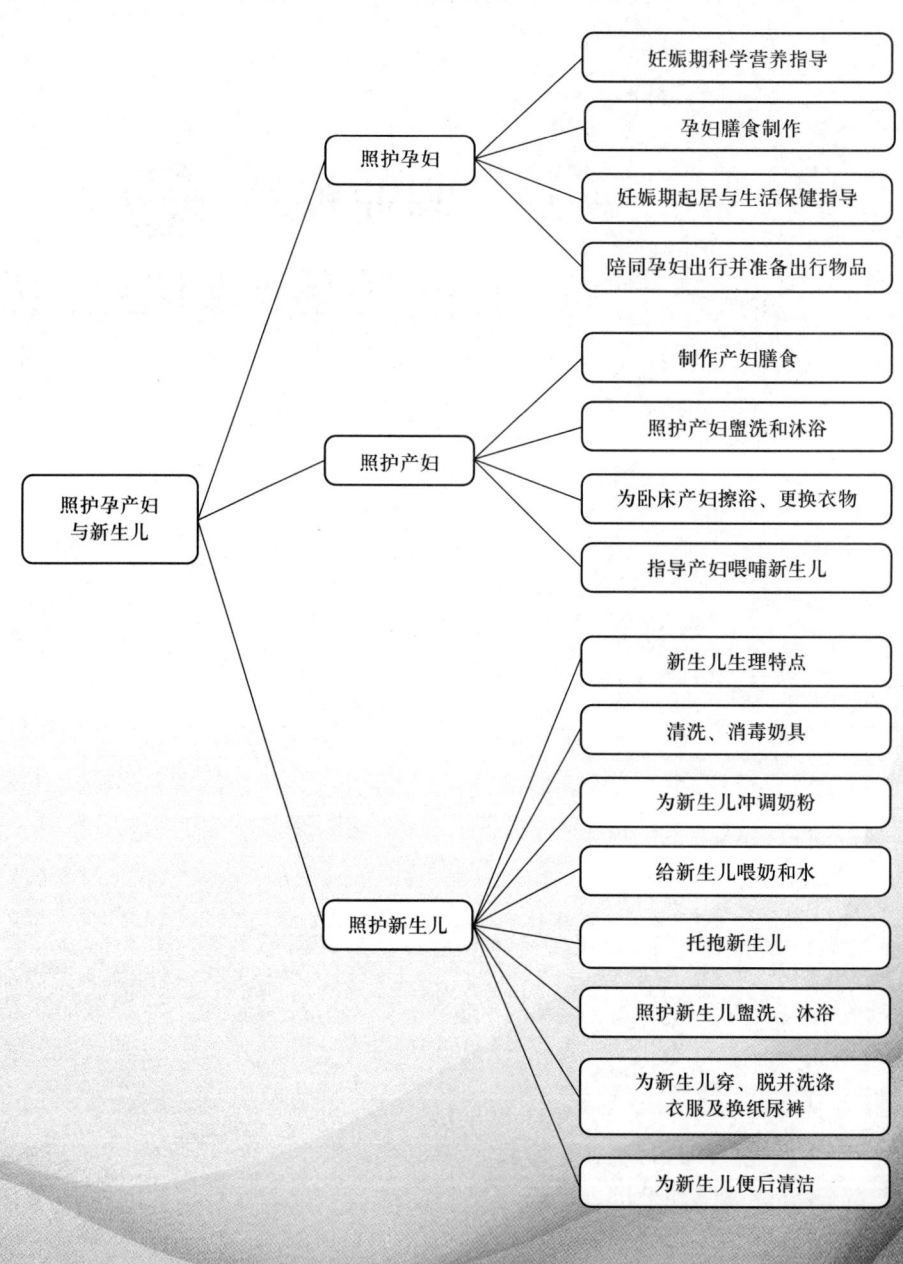

培训课程 1

照护孕妇

学习单元 1　妊娠期科学营养指导

知=识=要=求

一、妊娠期营养原则

1. 营养均衡

日常饮食的大原则是要营养均衡。水、维生素、脂肪、糖类、蛋白质、无机盐、纤维素 7 大营养素是孕妇日常饮食的基础,每天都要保证充足摄入。参照中国居民膳食指南,谷物、蛋类、肉类、蔬菜、水果等食物都要均衡摄入,保证日常饮食的丰富性和多样性。孕早期(前 3 个月)胎儿生长缓慢,无须额外补充热量。孕中期以后,胎儿生长加速,此时需要适当增加热量,补充胎儿成长的营养所需。

2. 营养全面

妊娠期孕妇和胎儿的所有营养来自孕妇的日常饮食摄入,所以,孕妇的饮食一定要保证全面营养、均衡膳食,品种多样化,满足孕妇和胎儿所需。

(1)五谷根茎

淀粉类食物可以维持人体的能量,如米饭、面食。

(2)蔬菜水果类

深绿色蔬菜可以调节人体生理机能,蔬菜水果中的纤维可以促进肠胃蠕动。

(3)优质蛋白类

鱼、肉、蛋、豆等食品中都含有大量优质蛋白,是营养丰富的食品。

（4）奶及奶制品类

孕妇每天最好摄取 2 杯牛奶，可以补充孕妇所需的钙，有助于胎儿发育。

（5）油脂类

孕妇每天应摄入一定的油脂，每次做菜时适当添加一点植物油。

3. 适当补充营养素

孕妇营养光靠日常饮食是不够的。孕妇在整个怀孕期间，需要根据不同的阶段，补充相应的营养素制剂。普通人的日常饮食结构不能满足孕妇对营养素的需要，如铁、钙、维生素 A、维生素 B_2、叶酸等微量营养素缺乏仍较为普遍。另外，传统的饮食习惯和烹饪方法也会破坏部分微量营养素，因此，需要正确补充营养。

（1）孕前 3 个月和孕早期，需要补充叶酸和碘。缺乏叶酸会加重无脑儿、脊柱裂、脑膜脑膨出、先天性心脏病、唇腭裂、眼畸形等风险。孕早期补充含有叶酸的复合维生素制剂效果较好。除了叶酸之外，维生素 D、维生素 B_6、维生素 B_2、维生素 B_1、维生素 C 等也十分重要，整个怀孕期间都要补充复合维生素。

孕妇缺碘，会造成死胎、流产、早产和先天性畸形。孩子出生后可能会有智力低下、体格矮小、痴呆面容，以及瘫痪、听力和语言障碍等克汀病表现。内陆地区孕妇比沿海地区孕妇更要注意补碘。

（2）孕中期以后，胎儿的发育比孕早期更迅速，除了要加大热量的摄入之外，最重要的还要补充钙、铁等微量元素，这两种元素是中国人普遍缺乏且孕妇需要大量补充的。有条件的还可以补充亚麻酸，亚麻酸有助于胎儿的脑部和视网膜发育。

（3）到了孕晚期，胎儿的发育进一步加快，除了上述提到的复合维生素、钙、铁等重点的制剂补充之外，还要进一步增加热量的摄入。孕妇每天摄入的热量可以从 2 100 千卡（1 千卡 =4.184 千焦）提升到 2 300 千卡，其中蛋白质和碳水化合物是最重要的补充热量的营养素，需要适当增加。

二、妊娠期必须补充的营养素

1. 叶酸

叶酸是一种维生素，可以预防胎儿的神经管畸形。孕前服用至少 3 个月，孕后服用 3 个月至神经器官发育完善。叶酸的食物来源如下。

蔬菜类：莴苣、菠菜、青菜、油菜、蘑菇、扁豆、龙须菜、胡萝卜、番茄、小白菜等。

水果类：橘子、香蕉、草莓、酸枣、石榴、葡萄、桃、杏、梨、柠檬、山楂、猕猴桃等。

坚果类：核桃、松子、杏仁、栗子等。

豆类：大豆、豆制品等。

谷物类：面包、面条、白米等。

2. 维生素

怀孕最初的 3 个月，大多数的孕妇都会发生轻重不等的早孕反应，轻微的会食欲减退，严重的会发生呕吐。这个时期，一般摄入的营养比平时还要少。此时，胚胎的生长不需要很多蛋白质，所以这个时期进食略少、体重略减轻没什么影响。但是因为进食少，各种维生素的摄入也会减少，有条件的孕妇可以补充一些维生素。

（1）B 族维生素

适量的无机盐如钙、铁及充足的维生素等能纾解身体的不适，其中又以 B 族维生素最具有消除疲劳的功效。维生素 B_6 有止呕作用，适合孕早期孕吐者使用。

富含 B 族维生素的食物有蛋类、全谷类、豆类、海产类、猪瘦肉、奶类、绿色蔬菜、坚果类等。绿色蔬菜、瓜果、坚果中含有丰富的维生素 B_6，糙米、粗面、玉米面、小米、水果等含维生素 B_1 较多。

（2）维生素 C

维生素 C 属于水溶性维生素，促进牙齿和骨骼的生长；促进红细胞成熟，利于组织创伤的愈合，防止坏血病；改善铁、钙和叶酸的利用；增强肌体对外界环境的抗应激能力和免疫力。富含维生素 C 的食物如下。

新鲜蔬菜：青菜、韭菜、菠菜、柿子椒、芹菜、苋菜、花菜等。

新鲜水果：柑橘、苹果、橙子、柚子、山楂、葡萄等。

（3）维生素 E

维生素 E 有利于胎儿的大脑发育，并可预防习惯性流产，孕期缺乏维生素 E 会导致胎儿发育不良、胎动不安，孕妇也会出现毛发脱落、皮肤早衰、多皱的现象。

孕妇每日维生素 E 摄入量以 14 毫克为宜。日常生活中很多食物富含维生素 E，如葵花子，孕妇每天吃两勺葵花子油就可满足需求。

富含维生素 E 的食物有豆油、芝麻油、菜籽油、葵花子油、黑白芝麻、核桃、榛子、葵花子、松子、花生、大豆、青豌豆、木耳、鸡蛋、肉类等。

（4）维生素 K

维生素 K 又被称为凝血维生素，能促进凝血，并参与骨骼代谢。维生素 K 食物来源如下。

植物类食物：紫花苜蓿、西蓝花、菠菜、葡萄、甘蓝菜、莴苣、椰菜花、豌豆、香菜、大豆油以及螺旋藻等海藻类。

动物类食物：肉、蛋黄、猪肝、牛肝、鱼肝油、蛋黄、奶、乳酪、优酪乳、酸奶酪。

3. 钙剂

孕中期应补充钙剂及维生素 D。孕中期是胎儿骨骼发育的重要时期，需要大剂量的钙，如日常饮食中钙摄入不足，胎儿就会和孕妇抢钙，导致孕妇骨质疏松。女性一生中有两个时期容易发生骨质疏松，一个是孕期，一个是更年期。因此孕中期补钙很重要，关系女性未来的骨骼健康。冬季光照时间少，更加要补钙。严重缺钙会引起新生儿佝偻病。

4. 铁剂

孕中期开始，胎儿的发育需要大量的铁，一旦铁不足，就会与孕妇抢夺铁，造成孕妇贫血，严重的会引起胎儿贫血。孕妇应每个月化验血常规，一旦发现贫血就需要补充铁剂。

三、妊娠期食物宜忌

1. 孕期宜吃的食物

（1）鱼

鱼有益于胎儿机体和大脑的健康成长。淡水鱼里常见的鲈鱼、鲫鱼、草鱼、鲢鱼、黑鱼，海鱼里的三文鱼、鳟鱼、左口鱼、黄花鱼、鳕鱼、鳗鱼等，都是不错的选择。孕妇应尽量吃不同种类的鱼，不要只吃一种鱼。保留营养最佳的烹饪方法是清蒸。

（2）南瓜

南瓜富含的维生素 A 能加快细胞分裂的速度，刺激细胞的生长，南瓜中的钴元素还能活跃人体的新陈代谢，促进造血。

（3）苹果

苹果能提供人体必需的营养物质，满足人体对各种维生素和氨基酸的需求，能调节人体内的酸碱平衡，预防疾病的发生。

（4）鹌鹑

鹌鹑肉含有多种无机盐、卵磷脂和多种人体必需的氨基酸，可有效降低血糖、血脂，预防妊高症（妊娠高血压疾病）。

（5）虾

虾含有丰富的蛋白质和钙，可为人体提供能量，有维持牙齿和骨骼健康的作用，能使身体更强壮。

（6）山药

山药具有健脾益肾、补精益气、提高免疫力的作用，山药含有较为丰富的碳水化合物，可平衡血糖、保肝解毒。

2. 孕期不可多吃的食物

（1）西瓜

适量吃西瓜可以利尿，但吃太多容易造成脱水，还容易造成妊娠糖尿病。胎动不安和胎漏下血的孕妇忌吃西瓜。

（2）柑橘

柑橘性温味甘，补阳益气，但过量食用反而对身体不利，容易引起燥热，发生口腔炎、牙周炎、咽喉炎等。孕妇每天吃柑橘不应超过 3 只，总质量在 250 克以内。

（3）柿子

柿子性寒，有清热润肺、生津止渴等功效，其营养及药用价值均适宜孕期适量食用。尤其是有妊娠高血压疾病的孕妇，吃柿子可以"一吃两得"。但柿子吃多了会引起大便干燥。吃柿子以饭后吃一个为宜。柿子含糖量高，有妊娠糖尿病的孕妇不宜进食柿子。

（4）桃子

桃子属于温性水果，温燥体质的孕妇吃多桃子会加重燥热，造成胎动不安，可能会引起流产。有些孕期便秘者，桃子吃多了会加重便秘的症状。

桃仁有破血行瘀、滑肠通便的功效，吃了容易腹泻。所以，孕妇在孕早期不能食用桃仁。

（5）杧果

杧果的糖类及维生素含量丰富，其维生素A含量在水果中居首位。但是，杧果带湿毒，是易致敏的水果。孕妇即使妊娠前不过敏，妊娠期间也不要一次吃太多，以免引发过敏。

（6）菠萝

菠萝性微寒，味甘酸，具有助消化、增食欲、健脾胃、消暑渴、益气血等功效。但是，菠萝也是易致敏的水果，不可进食太多。

（7）榴梿

榴梿的热量很高，孕妇食用后容易出现血糖升高的情况，而且容易出现巨大儿。另外，榴梿性温，吃多了容易上火。

（8）椒盐类小食品

椒盐腰果、椒盐核桃仁等含盐量高的食物，孕妇也要少吃，长期食用可导致孕妇出现浮肿和高血压等。

（9）鱼肝油

孕妇长期大量食用鱼肝油会引起食欲减退、皮肤发痒、毛发脱落、感觉过敏、眼球突出、肌肉软弱无力、呕吐和心律失常等。因此，孕妇不要随意服用大量的鱼肝油。如有需要，则按医嘱服用。

（10）猪肝

孕妇吃猪肝可以补血，但要注意不宜过多食用。因为猪在饲养过程中，可能在饲料中添加催肥剂，催肥剂会在动物肝脏中蓄积，摄入过多猪肝，可能会使胎儿致畸。

3. 孕期慎吃的食物

（1）山楂

山楂酸甜可口，可以消食。但是山楂及山楂制品有引起子宫收缩的作用，尤其是对于有习惯性流产、自然流产，以及有先兆流产征兆的孕妇来说，最好不吃为妙。如果想吃酸的食物，可以选择番茄、杨梅、樱桃、橘子、葡萄、苹果等新鲜水果。

（2）猕猴桃

猕猴桃营养丰富，但性寒，脾胃虚寒者应慎食，经常性腹泻和尿频者更不宜食用。猕猴桃在饭后1~3小时食用比较好，不宜空腹吃。有先兆流产症状（腹痛、阴道出血）的孕妇忌食猕猴桃。

（3）桂圆、荔枝

怀孕之后，体质一般偏热。荔枝、桂圆是热性水果，食后不但不能保胎，反而会出现先兆流产的症状。过量食用桂圆、荔枝容易产生便秘、口舌生疮等上火症状。

（4）黑木耳

黑木耳所含的铁有补血活血功效，能有效预防缺铁性贫血，但其活血化瘀的功效，不利于胚胎的稳固和生长，孕早期的孕妇应忌食。

（5）甲鱼

甲鱼性寒、味咸，有较强的通血络、散瘀块的功效，可能会诱发流产，故孕妇应慎吃。

（6）螃蟹

螃蟹味道鲜美，有活血祛瘀的功效，性寒凉，故对孕妇有不利影响，应慎吃。

（7）海鲜

海鲜的种类很多，有一部分人的体质不适合吃海鲜，会过敏。孕妇最好不要尝试吃自己以前没有吃过的海鲜，避免过敏导致流产。

（8）熏制食品

熏鱼、烧鸭、烧鹅、炸鱼等食物大多都在100 ℃以上的油中煎炸过，在煎炸过程中会产生对人体有害的过氧脂质，摄取过氧脂质超量会影响人体健康。

（9）太甜的食物

巧克力、果冻、蛋糕这类甜点热量高，成分复杂，含有大量的甜味剂、人工合成香料、增稠剂等，不但能导致孕妇发胖，同时还会影响胎儿的发育，造成巨大儿。有妊娠期糖尿病的孕妇更要忌口。

（10）鱼片干

有的孕妇喜欢将鱼片干作为零食，鱼片干咀嚼时间过长会消耗唾液，咽下的大量唾液会稀释胃液,降低消化能力。

(11)油条(薄脆)

油条中的明矾是含铝的无机物,如常吃油条,体内铝过多会对大脑及神经系统产生毒害,会对胎儿大脑的发育造成严重影响。

(12)口香糖

口香糖中的天然橡胶虽无毒,但制口香糖所用的一级白片胶加入了具有一定毒性的硫化促进剂、防腐剂等添加剂,多吃会对身体不利,孕妇更应少吃。

(13)辣椒

适量吃辣椒对人全面摄取营养有好处。但过量进食辣椒会刺激肠胃,引起便秘,加快血流量等。如果属于前置胎盘的情况则应禁止食用辣椒。

(14)热性调味品

花椒、八角、桂皮、五香粉等属于热性调味品,过多食用易消耗肠道水分,使肠道分泌液减少而造成肠道干燥和便秘,孕妇应尽量少吃或不吃。

(15)黄芪

黄芪具有益气健脾之功,与母鸡炖熟食用,有滋补益气的作用,对气虚者是很好的补品。但快要临产的孕妇应慎用,避免妊娠晚期胎儿的正常下降生理规律被干扰,而造成难产。

(16)补品

孕妇如果经常食用鹿茸、鹿胎胶、鹿角胶、蜂王浆等补品,会导致阴虚阳亢、气机失调、气盛阴耗、血热妄行,加剧孕吐、水肿、高血压、便秘等症状,甚至发生流产或死胎等。

4. 孕期饮食禁忌

(1)木瓜

木瓜含有木瓜蛋白酶,可与黄体酮相互作用,从而阻碍怀孕,造成流产。另外,木瓜性质寒凉,在怀孕的时候吃木瓜,会导致寒气在体内淤积,从而引起子宫收缩,引发流产。所以,孕妇最好不要吃木瓜。

(2)杏及杏仁

杏的热性及其滑胎特性为孕妇之大忌。杏仁中的苦杏仁含有苦杏仁苷,经人体消化分解后会产生毒性物质,故孕妇应禁食。

（3）咖啡

怀孕初期喝太多咖啡会增加流产的危险。调查显示，每天喝2杯咖啡，孕妇流产的危险就会增加。因此，平时爱喝咖啡的孕妇在怀孕期间应该忌口。

（4）可乐类的饮料

可乐类饮料中含有咖啡因，咖啡因进入孕妇身体后会影响胎儿健康，大量服用可能导致胎儿出现腭裂、趾畸、脚畸、脊柱裂、无下颌、无眼、骨化不全、发育迟缓等情况。

（5）冷饮

冰冷的食物会让孕妇的胃肠收缩，血管痉挛太频繁会危害胎儿的健康，而且这样的刺激可能导致胎儿心律失常。

（6）生水

生水中有很多细菌，喝生水很容易导致腹泻或其他疾病。所以孕妇不能喝生水，应把水煮开后再喝。

（7）浓茶

茶中含有咖啡因和鞣酸，对胎儿的影响极大。鞣酸与食物中的铁反应后的合成物不能快速地被吸收，从而妨碍人体对铁的吸收。孕期常喝茶的孕妇，胎儿出生后患先天缺铁性贫血的可能性较大。

（8）未经高温消毒的饮料

孕妇不要喝在非正规商贩处购买的自制果汁，这类饮料未经高温消毒，很可能含有大肠杆菌等细菌。喝之前最好先看是否经过巴氏杀菌。

（9）木薯

木薯的根、茎、叶都含有毒物质，如果食用生的或未煮熟的木薯或喝其汤，就可引起中毒。其毒素可导致神经麻痹，甚至会引起永久性瘫痪。

（10）生豆类

四季豆、扁豆、红腰豆、白腰豆等豆类，在生鲜或者加热不彻底的情况下会引起中毒。

（11）发芽马铃薯

马铃薯发芽部位的毒素——龙葵素，比其肉质部分高几十倍至几百倍，一旦误食，轻者意识障碍、呼吸困难，重者可因心脏衰竭、呼吸中枢麻痹致死。

（12）鲜黄花菜

鲜黄花菜中含有秋水仙碱，这种毒素可引起嗓子发干、胃部烧灼感、血尿等中毒症状。食用前需要先将鲜黄花菜煮熟、煮透后，再烹调食用。

（13）青番茄

青番茄含有毒物质龙葵素，食用未成熟的青色番茄，口腔有苦涩感，吃后可出现恶心、呕吐等中毒症状，生吃危险性更大。

（14）腐烂的生姜

腐烂的生姜会产生毒性很强的黄樟素。人吃了这种毒素，即使量很少，也能引起肝细胞中毒和变性。

（15）生竹笋

新鲜竹笋含有天然毒素氰甙，吃了生的或没有煮透的竹笋，可能引起食物中毒。

（16）马齿苋

马齿苋性寒凉而滑利，对于子宫有明显的兴奋作用，能使子宫收缩次数增多、强度增大，易造成流产，故应慎吃。

（17）生吃蔬菜菜芽

不要吃生的苜蓿芽、萝卜芽或绿豆芽，这些菜芽中含有细菌，可能对孕妇和胎儿造成不良影响。

（18）慈姑

慈姑有活血破血、滑胎利窍的特性，孕妇不可以食用。

（19）苋菜

苋菜性属滑利，有通窍滑胎的功效，孕早期的孕妇应忌食，特别是有流产倾向或有习惯性流产史的孕妇。但孕妇足月临产时可食用。

（20）烧烤类食物

烤串等食品中含有苯并芘，这种物质有致癌的作用。若烧烤、煎炸类肉食没有彻底熟透，还存在寄生虫的威胁。

（21）松花蛋

松花蛋含有一定量的铅，常食会引起人体铅中毒。铅中毒的表现为失眠、贫血、好动、智力减退。所以孕妇应忌食松花蛋，吃新鲜的鸡蛋、鸭蛋等才是营养首选。

（22）爆米花

爆米花中含铅量高达10毫克/500克，铅对孕妇的造血系统、神经和消化系统都有害，所以孕妇要忌口。

（23）臭豆腐

臭豆腐在发酵过程中极易被微生物污染，它还含有大量的挥发性盐基氮和硫化氢，对孕妇身体健康不利。

（24）腌菜

孕妇长期吃腌菜可引起钠、水在体内潴留，从而增加患心脏病的机会。另外，腌菜含有亚硝胺，这是一种致癌物质，久吃易诱发癌症，所以孕妇以不吃腌菜为好。

（25）鳗鲡

鳗鲡又称白鳝，是一种高蛋白、高脂肪的食物，能够补虚。但是在清代食疗养生著作《随息居饮食谱》中有记载："孕妇忌之，恐其有肥腻生痰，助热动风，有损胎气之弊。"所以，孕妇忌食鳗鲡。

（26）驴肉

驴肉是一种平性食物，味道稍微有点酸甜，尽管有补血益气的功效，但是《日用本草》中有"驴肉，妊妇食之难产"的记载，故孕妇不要吃驴肉。

（27）兔肉

兔肉是一种凉性食物，既能凉血活血，却又很容易损人阳气。《随息居饮食谱》记载："兔肉甘冷，凉血，多食损元阳，孕妇尤忌。"故孕妇忌食兔肉。

（28）生肉和半生肉

孕妇不要吃生的或是未熟透的禽肉、海鲜（如生牡蛎、蛤和生鱼等），它们可能含有大量细菌和病毒，熟透后才能食用。此外，不要吃半生的鸡蛋，煎鸡蛋要全熟。

（29）罐头食品

罐头食品味美、方便，但在生产过程中，往往会加入一些人工合成的化学添加剂和防腐剂，对胚胎组织有一定影响，所以孕妇不宜吃罐头食品。

（30）味精

人体每人每日味精摄入量不宜超过 6 克，过多会使血液中谷氨酸的含量升高，限制人体对钙和镁的利用，引起头痛、心慌、恶心等症状，对生殖系统也有不良影响。另外，谷氨酸容易与血液中锌结合排出体外，会导致缺锌，对于胎儿大脑和神经发育不利。

（31）薏苡仁

薏苡仁是一味药食兼用的植物种仁，其性滑利。药理实验证明，薏苡仁对子宫肌肉有兴奋作用，会促进子宫收缩，因而有诱发流产的可能，孕妇不能食用。

（32）人参

孕妇多数阴血偏虚，食用人参会引起气盛阴耗，加重早孕反应、水肿和高血压等。

（33）芦荟

芦荟本身就有一定的毒性，中毒剂量为 8~15 克。孕妇如果饮用芦荟汁，会导致骨盆出血，甚至流产。

（34）红糖

红糖本身对于人体具有活血化瘀的功效，但是孕妇不宜喝红糖水，个别体质可能会流产。

（35）酒

酒精是导致胎儿畸形和智力低下的重要因素。孕妇在怀孕期间应禁止喝酒，含有酒精成分的饮料和食物最好也不要吃。

学习单元 2　孕妇膳食制作

技=能=要=求

技能 1　大麦小米玉米粥

大麦小米玉米粥如图 4-1 所示。

图 4-1 大麦小米玉米粥

一、操作准备

1. 主料准备：大麦 30 克、小米 30 克、玉米碎 30 克、大米 30 克。
2. 辅料准备：清水 1 000 毫升。

二、操作步骤

步骤 1 把大麦、小米、玉米碎、大米都淘洗干净。

步骤 2 将 4 种食材全部放入锅里，放入清水煮，水烧开后，撇去浮沫。

步骤 3 用小火煮，不时进行搅拌，直到米熟呈黏稠状即可。

三、营养价值

谷类是主要的供能食物，含有蛋白质和纤维素等多种营养成分。根据营养互补原理，将多种谷物一起煮制，可以丰富食物营养，达到营养全面的效果。食材所含维生素 B_6 是抑制孕吐的理想营养素，因此本粥尤其适合孕早期孕妇食用。

技能 2 小米糯米红薯粥

小米糯米红薯粥如图 4-2 所示。

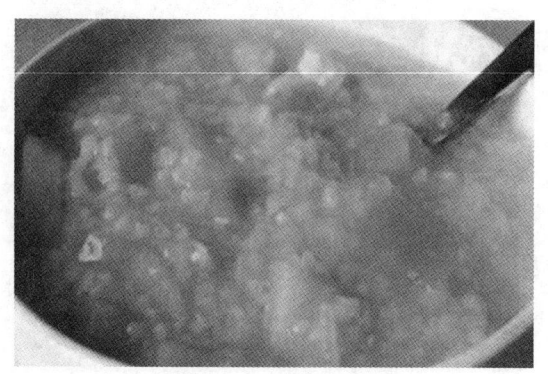

图 4-2 小米糯米红薯粥

一、操作准备

1. 主料准备：小米 30 克、糯米 50 克、红薯 1 个。
2. 辅料准备：清水 1 000 毫升。

二、操作步骤

步骤 1 把小米、糯米淘洗干净。红薯去皮洗净，切块。

步骤 2 锅中放水，烧开。将小米、糯米、红薯一起放进锅里，小火熬煮，边煮边搅拌，待米、薯都煮熟，呈黏稠状即可。

三、营养价值

小米粥素有"黄金粥"之美称，维生素 B_1 和无机盐含量是大米的几倍，有滋阴养血、和胃安眠等功效。红薯富含纤维素、黏蛋白及其他丰富的营养物质，是老少皆宜的保健佳品。糯米含有蛋白质、脂肪、糖类、钙、磷、铁、维生素 B_1、维生素 B_2、烟酸及淀粉等，营养丰富，为温补强壮食品。糯米具有补中益气、健脾养胃、止虚汗之功效，对脾胃虚寒，食欲不佳，腹胀、腹泻有一定缓解作用。这 3 种食材结合制成的粥是适合孕妇滋补身体的佳品。

技能 3　紫薯饭

紫薯饭如图 4-3 所示。

图 4-3 紫薯饭

一、操作步骤

1. 主料准备：紫薯 100 克、大米 100 克。
2. 辅料准备：清水适量。

二、操作步骤

步骤 1 将大米淘洗干净。紫薯去皮洗净，切成小块。

步骤 2 将大米、紫薯和适量的清水放入电饭煲中，按下煮饭键。

步骤 3 饭蒸好后，将米饭和紫薯搅拌均匀即可。

三、营养价值

紫薯中含有的硒元素、铁元素等能够有效被人体吸收，能增强机体的免疫力，抗疲劳。紫薯中含有的纤维素能够促进肠胃蠕动，能够防治便秘。此食物适合妊娠中晚期孕妇食用，特别是感觉疲劳、有便秘的孕妇最适合食用。

技能 4　玉米虾仁蒸蛋

玉米虾仁蒸蛋如图 4-4 所示。

图 4-4　玉米虾仁蒸蛋

一、操作准备

1. 主料准备：鸡蛋 3 个、鲜虾 50 克、玉米粒 50 克。
2. 辅料与调料准备：葱、盐、高汤、香油适量。

二、操作步骤

步骤 1　将鸡蛋打散，加入适量的高汤及盐。鲜虾去皮，抽去虾线，洗净，放少许盐，腌制 5 分钟。玉米粒洗净。葱洗净，切碎。

步骤 2　将鸡蛋放入蒸锅中蒸 20 分钟。同时，将玉米粒另起锅放水煮熟，将鲜虾仁汆烫一下。

步骤 3　将虾仁及熟玉米粒倒在蒸蛋上再蒸 5 分钟。

步骤 4　最后撒上葱花及香油，即可。

三、营养价值

玉米富含不饱和脂肪酸、维生素 E 等孕期必需的物质。鸡蛋的蛋黄所含的卵磷脂能增强细胞机能，促进大脑发育，增强记忆力。这道菜对孕妇和处在脑神经发育关键时期的胎儿是非常有好处的。

技能 5　香菇油菜海带鸡蛋汤

香菇油菜海带鸡蛋汤如图 4-5 所示。

图 4-5 香菇油菜海带鸡蛋汤

一、操作准备

1. 主料准备：鸡蛋 2 个、油菜 50 克、香菇 3 朵、干海带适量。

2. 辅料与调料准备：盐 2 克，葱花、白胡椒粉、香油、葱花适量，水 2 碗。

二、操作步骤

步骤 1 干海带用清水泡发、洗净。油菜洗净，切段。香菇洗净，切片。将鸡蛋打散。

步骤 2 汤锅中放 2 碗水，烧开后放入海带、香菇煮 5 分钟，再放入油菜，淋入蛋花。

步骤 3 加入盐、白胡椒粉、香油。撒入葱花，搅拌出锅即可。

三、营养价值

本汤品营养丰富，鸡蛋有丰富蛋白质，油菜含有叶酸等营养素，香菇是菌类里很好的增强免疫力的食品，海带含有碘。本汤品适合妊娠中晚期孕妇食用。

技能 6　菜椒南瓜片

菜椒南瓜片如图 4-6 所示。

图 4-6 菜椒南瓜片

一、操作准备

1. 主料准备：南瓜 500 克、菜椒 2 个。
2. 辅料与调料准备：盐 3 克，葱、姜、蒜、醋、蚝油、色拉油适量。

二、操作步骤

步骤 1 南瓜洗净切片待用。姜切丝，葱切丁，蒜切片，菜椒切块待用。

步骤 2 锅置火上，加入色拉油。油温八成热时放入姜丝、葱花，炸香。

步骤 3 放入南瓜片翻炒均匀，滴入少许醋，南瓜片变色后加入盐翻匀，接着再放入蒜片、蚝油提鲜。

步骤 4 南瓜九成熟时放入菜椒翻炒至熟即可出锅。

三、营养价值

南瓜富含维生素 A，维生素 A 能加快细胞分裂的速度，刺激细胞的生长。南瓜中的钴元素还能活跃人体的新陈代谢，促进造血。此款菜肴非常适合妊娠中晚期孕妇食用。

技能 7　韭菜虾皮炒花菜

韭菜虾皮炒花菜如图 4-7 所示。

图 4-7 韭菜虾皮炒花菜

一、操作准备

1. 主料准备：花菜 200 克、韭菜 80 克、虾皮 30 克。
2. 辅料与调料准备：盐 3 克、植物油适量。

二、操作步骤

步骤 1 花菜掰成小朵洗净，氽烫捞出备用。韭菜择杂叶洗净，切段。虾皮过水。

步骤 2 炒锅倒油烧热，放入花菜翻炒。

步骤 3 加入韭菜、虾皮继续翻炒，加入盐炒均匀，出锅即可。

三、营养价值

花菜具有很高的营养价值，富含维生素 A、维生素 B_1、维生素 B_2、维生素 C，以及大量的蛋白质，可改善水肿。韭菜性温，能温肾助阳、益脾健胃、行气理血，多吃韭菜，可养肝，增进胃肠蠕动，改善便秘。虾皮铁、钙、磷的含量很丰富，有钙库之称。这 3 种食材放一起烹制，营养丰富，非常适合脾胃虚弱、便秘、缺钙、腿抽筋的孕妇食用。

技能 8 豆豉粉丝小白菜

豆豉粉丝小白菜如图 4-8 所示。

图 4-8　豆豉粉丝小白菜

一、操作准备

1. 主料准备：小白菜 1 把、粉丝 1 小把、虾皮 1 小把。

2. 辅料与调料准备：蒜末 5 克、姜末 3 克、香葱 1 根、干豆豉 5 克、糖 2 克、盐 2 克、米醋 5 毫升、生抽 5 毫升、蚝油 5 克、植物油少许。

二、操作步骤

步骤 1　将粉丝放入凉水中浸泡 20 分钟，变软后捞出备用。小白菜切掉根部，清洗，放入开水锅中焯烫半分钟后捞出过冷水，挤干水分，切成 5 cm 长的段。香葱洗净切碎备用。

步骤 2　在盘子中铺入粉丝和小白菜。将蚝油、生抽、米醋放入容器中，调匀做成料汁。

步骤 3　锅中倒入油，大火加热，待油温五成热时，放入蒜末和姜末，炒香后，加入干豆豉，用中火继续煸炒 1 分钟，然后放入虾皮翻炒半分钟，盛出。

步骤 4　将炒好的虾皮和调好的料汁倒在粉丝和白菜上，放入蒸锅中，水沸后蒸 4 分钟。

步骤 5　将香葱放在蒸好的小白菜上，最后烧少许热油，浇在小白菜上即可。

三、营养价值

白菜微寒、味甘、性平，有解热除烦、通利肠胃、养胃生津、清热解毒等功效。虾皮所含的钙不仅多，而且很易被人体吸收。在烹饪手段上，蒸、煮是最能保留营养的方式。孕妇多体热、容易心烦，肠胃因胎儿顶压，蠕动受阻。孕妇因胎儿生长需要，更需要补充钙质。因此，这款菜肴最适合孕妇食用。

技能 9　西芹牛肉

西芹牛肉如图 4-9 所示。

图 4-9　西芹牛肉

一、操作准备

1. 主料准备：牛肉 200 克、西芹 80 克。

2. 辅料与调料准备：盐 3 克，糖 3 克，葱、姜、蒜、淀粉、料酒、生抽、植物油适量。

二、操作步骤

步骤 1　牛肉洗净切片，放入料酒、淀粉、盐、糖、姜丝、蒜碎抓匀，腌制 15 分钟。西芹掰开洗净，切成条状。

步骤 2　炒锅放油，烧三成热放入牛肉煸炒，放入少许生抽，炒至变色装盘。

步骤 3　重新起锅放油，放入葱、姜、蒜爆香，放入西芹炒熟，加入牛肉一起翻炒均匀即可。

三、营养价值

牛肉富含高蛋白、维生素 B_6 等多种营养物质，蛋白质中肌氨酸含量丰富，对肌肉生长具有很好的作用,还有补脾胃、养五脏、益气血、强筋骨的功效。西芹营养丰富,富含蛋白质、碳水化合物、无机盐及多种维生素,有镇静作用。西芹的含铁量也非常高,可以起到补血的作用。这道菜是孕妇理想的营养佳肴。

技能 10　清蒸鲈鱼

清蒸鲈鱼如图 4-10 所示。

图 4-10　清蒸鲈鱼

一、操作准备

1. 主料准备:鲈鱼 1 条(约 700 克)。

2. 辅料与调料准备:盐 3 克,葱、姜、料酒、蚝油、蒸鱼豉油、食用油适量。

二、操作步骤

步骤 1　将鱼处理干净,去鱼鳞、鱼鳃、鱼内脏,沥干水分。在鱼的两面轻轻划几刀,将料酒、蚝油和适量盐均匀地涂抹在鱼身上,里面也要涂抹。准备好葱丝、姜丝、姜片。

步骤 2　把姜片在盘子底部摆一层,把鱼放在上面,鱼身上也放一些姜片,剩下的姜塞进鱼肚子里,腌制 10 分钟左右。

步骤 3　蒸锅上水烧开,放入鱼盘,大火蒸 8 分钟,再关火焖 3 分钟。

步骤 4　鱼蒸熟后,把汤汁倒掉,去掉姜片。在鱼身上摆上姜丝和葱丝。

步骤 5　起锅放食用油,烧热,把油均匀地淋在放有姜丝和葱丝的鱼身上。最后把蒸鱼豉油淋在鱼身上,放上葱花点缀即可。

三、营养价值

鲈鱼健脾益肾,补气安胎,肉质细嫩,含有丰富的蛋白质、钙、铁、锌,易为人体吸收,对骨骼组织有益,是孕妇和胎儿补充钙、铁、锌的好食材。

技能 11　红烧土豆鸡块

红烧土豆鸡块如图 4-11 所示。

图 4-11　红烧土豆鸡块

一、操作准备

1. 主料准备:土鸡 500 克、土豆 200 克。
2. 辅料与调料准备:盐 3 克,糖 8 克,葱、姜、生抽、老抽、料酒、醋、清水适量。

二、操作步骤

步骤 1　土鸡洗净切块,土豆去皮,洗净切块。

步骤 2　锅放入清水,放入鸡块、姜片、料酒煮开,捞出。

步骤 3　重新起锅置火,将鸡块放入,小火把水分煸干,放入料酒、醋、糖、老抽、生抽和足量的清水,大火烧开,小火慢炖。

步骤 4　鸡块八成熟后放入土豆翻匀,放盐,继续小火焖炖。

步骤 5　土豆烧软后收汁,出锅撒上葱花即可。

三、营养价值

鸡肉含有丰富的蛋白质，特别是土鸡，具有营养高、滋阴补肾的功效，富含 DHA、EPA、ω-3、α-亚麻酸、卵磷脂、蛋白质、氨基酸、维生素、钙、铁、锌等。土豆中富含的钾元素可以有效地预防高血压。土豆中的维生素 C 除对大脑细胞具有保健作用。这道菜非常适合妊娠中期孕妇食用。

技能 12　糖醋排骨

糖醋排骨如图 4-12 所示。

图 4-12　糖醋排骨

一、操作准备

1. 主料准备：猪肋排 500 克。

2. 辅料与调料准备：盐 2 克，糖、醋各 20 克，生抽、老抽各 10 克，花椒、八角、料酒、姜、食用油、热水适量。

二、操作步骤

步骤 1　猪肋排洗净沥干水分，剁成小块。

步骤 2　将猪肋排冷水下锅，放花椒、八角、料酒、姜煮开，排骨捞出沥干水分。

步骤 3　起锅置火放食用油，烧至微热，将排骨放入锅中，中小火煎炸至微黄盛出。

步骤4 锅中放入少许食用油,放入糖,炒至糖焦黄。将猪排放入翻炒,加入生抽、老抽至上色。

步骤5 放入足量热水,大火烧开,转中小火慢炖,汤汁见少后放入醋、盐,大火收汁即可。

三、营养价值

糖能益脾胃、润肺生津、滋阴。醋能使骨软化,促进钙的吸收,且酸味有开胃、帮助消化作用。排骨含有丰富的骨黏蛋白、骨胶原、磷酸钙、维生素、脂肪等营养物质,排骨肉可提供血红素(有机铁)和促进铁吸收的半胱氨酸,能改善缺铁性贫血。排骨在炖煮后,其可溶性的钙、磷、钠和钾大部分溶入汤里,遇醋酸后产生醋酸钙,能更好地被人体吸收利用。因而,糖醋排骨可以提高排骨的营养吸收率,非常适合需要补钙、补血的孕妇食用。

技能 13 鲫鱼汤

鲫鱼汤如图 4-13 所示。

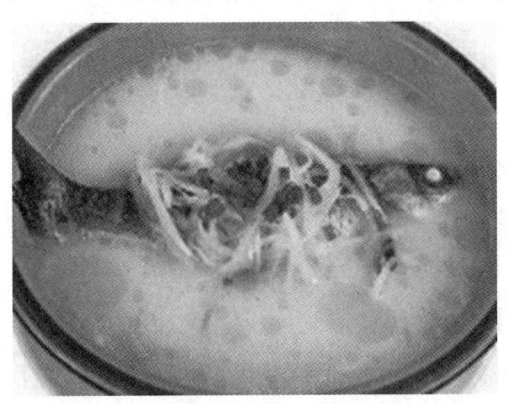

图 4-13 鲫鱼汤

一、操作准备

1. 主料准备:鲫鱼 400 克。
2. 辅料与调料准备:猪油 10 克,盐、葱、姜、花椒、热水适量。

二、操作步骤

步骤 1　去除鲫鱼的鱼鳞、鱼鳃和鱼肚里的黑膜等内脏,将鱼洗净备用。把姜切片,葱切小段备用。

步骤 2　锅烧热后放入猪油化开,烧热,放进鲫鱼用中小火煎成红褐色。

步骤 3　鱼煎好后放入姜片、葱段、花椒,翻炒出香味。倒进没过鲫鱼的热水。

步骤 4　汤煮开后放入盐,用小火再炖十几分钟,等汤色呈乳白色后即可。

三、营养价值

鲫鱼富含蛋白质、钙、磷、铁多种微量元素,营养价值非常高。鲫鱼汤易被人体吸收,补钙效果好。猪油有特殊的香味,还有补虚润燥的作用。这道菜是适宜孕妇食用的佳肴。

学习单元 3　妊娠期起居与生活保健指导

知=识=要=求

一、孕期起居环境要求

1. 适宜的温度和湿度

孕妇的居室中最好保持适宜的温度,以 22～24 ℃为宜。温度太高,会使人头昏脑涨、精神不振、昏昏欲睡或烦躁不安。温度太低,则使人身体发冷,容易感冒。孕妇居室中的空气湿度在 30%～40% 最适合。

2. 空气新鲜、居室通风

孕妇的居住环境要注意空气流通,保持室内空气清新。如果家中有害气体太多,就会对胎儿造成伤害。家中不宜有烟味,可以安置一台空气净化器。居室选择植物应谨慎，香味过浓的花不能放。

3. 光线柔和

周围的光线对胎儿的影响还是比较大的。柔和的光线有助于孕妇保持心情舒畅，有利于身心健康。

4. 色彩清新

家居色彩不宜太过鲜艳，鲜艳的色彩会影响孕妇的情绪，不利于保持安稳平常的心态。清新的色彩可以营造出自然生态的感觉，这样的色彩环境有利于胎儿在腹中的发育。

5. 环境整洁

孕妇生活的空间需要一个干净整洁的环境。物品摆放整齐不杂乱，避免磕磕碰碰。

6. 合适的床上用品

（1）床

孕妇适宜睡木板床，铺上较厚的床垫，避免因床板过硬，缺乏对身体的缓冲，使孕妇频繁翻身，多梦易醒。

（2）枕头

如果枕头过高，会迫使颈部前屈而压迫颈动脉，颈动脉受阻时会使大脑缺氧。最适宜的枕头高度是9厘米左右，与躺下后肩的高度齐平。孕妇还可以选择孕妇专用的枕头，这种类型的枕头在市场上可以买到。

（3）被子

理想的被褥是全棉布包裹棉絮，不宜使用化纤混纺织物做被套及床单，以免刺激皮肤，引起瘙痒。

7. 暂时不饲养宠物

饲养宠物的家庭要暂时停止饲养，因为当孕妇和宠物接触时，可能会感染弓形虫，并且可能会传染给胎儿，甚至会导致早产、流产等严重后果。

二、孕期生活习惯要求

1. 生活起居要有规律

规律的生活可使孕妇体内各系统、各器官的生理活动协调和统一，从而增强身体的免疫力，提高抗病能力，这对胎儿十分重要。因此，孕妇在起居、饮食、睡眠、工作、学习和娱乐等方面都要定时、定量，应有规律地生活，做到起居有时、进餐有时、工作有时、休息有时、娱乐有时、运动有时、大便有时。

（1）孕妇的起居，应遵循生物钟，要保证睡眠充足，每天8~9小时，不要熬夜。坚持定点午睡，时间1小时左右，不宜太长，否则会导致晚上无法入睡。

（2）孕妇要按时进餐，孕早期如果孕吐，吐后要及时补充食物，保证营养供给，孕晚期可以采取少食多餐。

（3）孕妇要定时运动，根据孕早、中、晚不同孕期，可采用不同运动方式，坚持室内外适量运动。

（4）孕妇要工作照常，孕妇有规律地上下班，对身体节律和心情都是有好处的，但要注意劳逸结合，更要注意自身安全。有必要的话，临产前半个月到一个月可以提前休假待产。

2. 保持心情轻松愉快

在整个妊娠期间，孕妇的情绪可能都会经历一些波动，恼人的早孕反应、各种担心、外表的变化、内心的敏感，以及周围人群的影响等，都会导致情绪变化。而孕妇的情绪变化会直接影响胎儿的健康成长。因此，孕妇要保持豁达和轻松的心情，学会自我减压、自我调节情绪，度过一个健康、幸福和愉快的孕程。

3. 孕晚期睡眠姿势

孕晚期最好选择向左侧卧的姿势睡眠，左腿保持弯曲，腹侧贴着床，比较有安全感。腿部经常浮肿的孕妇，腿下面可以放枕头或抱枕，将腿垫高。这样能改善腿部血液循环，减轻疲劳感。孕期要避免趴着或平躺着睡眠。趴着睡，腹部被压，对胎儿和孕妇都不好。平躺着睡，变大的子宫会压迫脊椎，妨碍血液循环。孕晚期采取向左侧卧位的睡姿，能使右旋子宫转向直位，有利于减少由此引起的胎位和分娩异常。同时，这种睡姿还能避免子宫对下腔静脉的压迫，增加孕妇的心血排出量和静脉血的回流，改善子宫和胎盘的血液灌注量，有效减轻浮肿，有利于减少早产，避免子宫对肾脏的压迫，从而有利于胎儿的生长发育。

三、孕期卫生保健

1. 口腔卫生

（1）刷牙时要选用刷头小、刷毛软的保健牙刷。可根据需要用牙线加强清洁。

（2）掌握"三三刷牙法"，即每天刷3次，饭后3分钟之内刷，每次刷牙不少于3分钟。

（3）根据个人爱好购买漱口水，现在的漱口水口味很多，孕妇在饭后、孕吐以后、睡觉之前含漱3~5分钟，可以起到很好的清洁作用。

（4）可以买一些棉签或者用纱布缠绕在手指上蘸牙膏或盐水、漱口水擦拭牙体，清洁效果较好。

（5）孕妇可使用不含蔗糖的口香糖清洁牙齿，如木糖醇口香糖。

2. 洗手

孕妇应养成外出后洗手的好习惯，保持清洁，预防疾病。

3. 面部清洁

孕妇应保持面部肌肤清洁干爽，可选择清洁力适中的洗面奶。长期在计算机前工作的孕妇，每天睡觉前一定将面部清洗干净，保持皮肤呼吸通畅。

4. 保持外阴清洁

孕期越往后，孕妇越会感觉阴道分泌物增多，因此，应每天早晚用温开水清洗外阴，内裤应每天换洗。内裤选择棉质、宽松的，尽量不用卫生护垫。孕妇应多选择有利阴部透气的裙装。

5. 洗澡

孕妇特别容易出汗，所以最好坚持每天用温水洗澡或擦身，水温控制在38 ℃左右。每次洗澡时间不要太长，以15分钟左右为宜。时间过长不但会引起自身脑缺血，发生昏厥，还会造成胎儿缺氧，影响胎儿神经系统的正常发育。洗澡时要注意室内的通风，避免晕厥，不要锁门，以防万一晕倒、摔倒可得到及时救护。

洗澡最好采取淋浴的方式，千万不要贪图舒适把身体整个泡在浴缸里。怀孕后，阴道内乳酸杆菌减少，对外来细菌的杀伤力大大降低，泡在水里有可能引起感染，甚至造成早产。孕妇应尽量避免到公共浴室洗澡。如果万不得已要去公共浴室，应掌握好时间，尽量选择在人少的早晨去，此时水质干净，浴池内空气较好。

6. 头发清洁

孕妇要经常清洁头发，这会使人神清气爽。孕妇应选择适合自己发质的比较温和的洗发水，避免刺激头皮，影响胎儿。孕妇洗头之后要及时把头发弄干，避免着凉而引起感冒。干发时，尽量不用吹风机，而使用干发帽、干发巾。头发没干之前不要急于睡觉。

四、孕期生活保健

1. 起床

孕妇起床时，应先调整成侧卧位，再变换成半坐位，然后起床。禁止以仰卧的姿势直接起身。

2. 上下楼梯

孕妇上下楼梯时，要伸直背，看清楼梯，一步步地上下。应按照先脚尖、后脚跟的顺序将一只脚置于台阶上，禁止只用脚尖受力。妊娠后期，隆起的肚子遮住视线，孕妇要避免踩偏，要踩稳了再移动身体。应尽量使用扶手。

3. 取物

孕妇从地上取物或者放物时，要避免压迫腹部。要保持腰背挺直，然后屈膝，单腿跪下，拿稳东西，重心转移到身体另一侧，再双膝站起，一定不要着急。不要单手提物，应将重量分散到两只手上，保持身体平衡。

4. 坐姿

孕妇应将后背紧靠着椅子背坐，必要时还可以在后腰放一个小枕头。切记不要久坐，如孕妇伏案工作量较大，应每隔1个小时起来活动一下，改善血液循环，预防痔疮。

5. 站立

孕妇在站立时应两腿平行，双脚稍分开，把重心放在足心附近，这样不易疲劳。每隔几分钟，应把腿的位置前后调换一下，转移重心。孕妇无论是工作还是做家务，都应避免长时间站立，以免给身体带来较大负荷。在持续站立

15~20分钟后,要休息10分钟左右。

6. 避免噪声

孕妇尽量不要到交通拥挤、人流量大的闹市区去,更不要去歌舞厅等喧闹、嘈杂的娱乐场所。看电视、听广播时应把音量调小。

7. 少用空调

夏天气温高、湿度大,如果贪图凉快过度使用空调,不但不利于孕妇体温的自我调节,还有可能引起感冒和皮肤干燥。

8. 忌用的化妆品

孕妇忌用染发剂、冷烫精、口红、指甲油。

9. 保证充足的睡眠

怀孕期间的睡眠不要少于8小时。如果因工作睡不了午觉,则应在晚上多睡,或在工作岗位上注意休息。

10. 泡脚去疲劳

孕妇晚上入睡前泡脚,可以驱除疲劳,促进睡眠。泡脚的水温以40 ℃为宜。

11. 徒步行走

孕妇走路时上身应保持正直,双肩放松。散步前要选择舒适的鞋,以低跟、掌面宽松的为好。孕妇在散步的时候一旦感觉疲劳,要马上停下来,找身边最近的凳子坐下,休息5~10分钟。

12. 冬季防上火

冬季保暖要恰当,在有暖气或者空调的房间里要注意减少衣物,防止出现燥热现象,同时要定时通风透气。如感觉过于干燥,可以在室内搁置水盆或者用加湿器保持湿度。

13. 做家务基本原则

孕妇做家务时,要适当降低清洁要求,应以缓慢舒适、不直接压迫腹部的姿势做家务。最好能将时间妥善安排,分段进行。

(1)不要长时间做家务,每做15~20分钟应休息10分钟左右。

(2)不要登高打扫卫生,也不要在打扫时搬抬重物。

(3)弯着腰或长时间蹲着的活儿也要少干或不干,怀孕晚期最好不干。扫地时要使用手柄较长的扫把。

（4）不要长时间使用冷水。

（5）容易打滑的地方要远离，必要的话要做好防滑准备。

（6）晾衣服时，要用升降式晾衣架或让其他人代劳，向上伸腰的动作不要使腹部用力。

（7）做家务时，如果突然觉得腹部阵痛，则可能是子宫收缩，这说明活动量已超过孕妇身体可以承受的限度，需立即休息。如果不适不能缓解，则应赶紧就医。

技=能=要=求

技能　照护孕妇沐浴

一、操作准备

1. 关好门窗，避免对流风，将浴室温度调节为 24～26 ℃。

2. 为孕妇准备好洗澡用品：毛巾、浴巾、浴球、洗面奶、洗发液、护发素、沐浴露、润肤露、防滑拖鞋、沐浴椅、换洗衣物等。调好水温，打开换气扇。

二、操作步骤

步骤1　家政服务员可应孕妇要求，陪同孕妇进入浴室，协助孕妇洗澡。如果孕妇不要求陪同洗澡，家政服务员要始终站在门外，关切孕妇动向和询问需求及感受。浴室门不应上锁，以便随时准备进去协助和保护。

步骤2　协助孕妇穿好防滑拖鞋，防护着带领孕妇进入浴室，协助其脱下衣物。

步骤3　协助孕妇洗脸，递送洗面奶。

步骤4　协助孕妇洗头，挤洗发液到头发上揉搓，用清水清洗，再挤护发素到头发上揉搓和用清水清洗。

步骤5　协助孕妇洗身体，挤适量沐浴露到浴球上，从上半身到下半身，涂抹和轻柔搓洗，再用清水冲洗干净。

步骤6　关闭花洒，用毛巾和浴巾擦干头发及身体各部位，涂抹润肤露。

步骤 7 　协助孕妇穿上衣服，搀扶其离开浴室，到沙发或床上休息。

步骤 8 　清洁浴室墙面、地面水渍，收拾洗洁用品。洗涤换下的衣服。

三、注意事项

1. 尽量避免洗盆浴，尤其是到了孕晚期，洗盆浴容易将细菌带入阴道，引起炎症。

2. 洗澡时，孕妇应坐着或靠墙站立，如果有把手最好拉着把手，防止跌倒。

3. 洗澡过程中，家政服务员要注意观察孕妇反应，询问呼吸等身体状况，如发现呼吸急促、胸闷，应及时中断洗浴，尽快冲洗、穿衣，离开浴室。

4. 洗澡时间不宜过长，洗澡水不宜过热，以免全身血管扩张，导致脑部供血不足而引发晕厥。

学习单元 4　陪同孕妇出行并准备出行物品

知=识=要=求

一、出行准备

1. 家政服务员携同孕妇做好出行攻略（出行路线、目的地）。

2. 出行工具（自驾、公交、地铁、步行）。

3. 携带物品（包、雨伞、水、手纸、手机、钱包、零食、产检病历、就诊卡等）。

4. 卫生用品要备齐，包括可以清洁公用马桶盖的消毒喷剂。

5. 服装：孕妇的穿着应以宽大、舒适为主，符合易穿易脱、防暑保暖、清洁卫生的要求。

6. 鞋袜：孕妇最好穿平跟鞋，用牢固、宽大的鞋后跟支撑身体，鞋与脚要紧密结合，但也不能过紧，以免影响下肢血液循环；不穿易脱落的鞋，不穿高跟鞋；鞋底要防滑且不能过硬；不穿紧身裤袜。

二、出行流程

1. 孕妇外出时需有人陪同以加以照顾，根据天气情况，家政服务员要为孕妇增减出行衣物，给孕妇穿防滑、舒适的外出鞋。

2. 家政服务员在孕妇出行前要整理并带好孕妇的所需物品。

3. 孕妇要轻装出行，所带物品由家政服务员携带。

4. 家政服务员应引领孕妇走干净、平坦的道路。

5. 乘坐公交或地铁时，孕妇和家政服务员要提前出门，避开高峰期。上车时，家政服务员应搀扶孕妇上车，小心车门碰撞，避免争抢；上车后，家政服务员给孕妇寻找孕妇专用座位。

6. 坐火车或坐飞机时，孕妇不宜久坐不动，应在家政服务员的陪同下稍加活动，活动时要抓稳扶好。

7. 自驾车时，家政服务员要协助孕妇安全坐在驾驶座位，帮孕妇系好安全带，如果孕妇是长发，家政服务员要帮孕妇把头发扎起。开车时孕妇至少每隔 60 分钟就要停下来，做一次短暂休息。

8. 外出购物时，家政服务员和孕妇要避开人流高峰期，要有计划地购物，要让孕妇适当休息，如有饥饿感，可吃些零食。家政服务员应把购物时间控制在 2 小时以内。

9. 孕妇到医院做产检时，家政服务员应先将孕妇安排在产科候诊室的座位上，然后去挂号，然后回到产科候诊室同孕妇一起等待就诊。产检后，由家政服务员陪同孕妇交纳产检费用。

10. 孕妇散步时，家政服务员应选择空气清新、道路平坦的环境，时刻注意孕妇的安全，孕妇稍有不适，应立即停止散步。

三、出行注意事项

1. 避免单独外出，孕妇外出时身边最好有人同行以加以照顾。

2. 少去人多拥挤的地方，以免由于空气质量差，出现意外。

3. 如果必须乘车外出，可事先准备塑料袋，以防空气不流通而引起呕吐。

4. 尽量选择颠簸较少的火车、汽车作为外出短途旅行的交通工具，避免长途旅行。

5. 怀孕末期如果需要外出旅行，最好能够与医生协商，在取得医生的同意并知晓注意事项后再出行。

6. 零食应选择糖分含量低且易携带的水果，如苹果（洗净并切块）等。另外，孕期血糖指数变动较大，应随身备好糖和巧克力。

7. 衣服要选择宽松、棉质且易穿脱的，鞋要选鞋跟面积大、防滑、软布材质且轻便透气的，切勿穿系扣的鞋。

8. 避免吃生冷、不干净或吃不惯的食物，以免造成消化不良、腹泻等身体不适。应避免前往岛屿等交通不便的地区，蚊蝇多、卫生差的地区更不可前往。

9. 孕妇最好不要自己驾车外出，如必须，单次驾车时间应不超过60分钟。

培训课程 2　照护产妇

学习单元1　制作产妇膳食

知=识=要=求

制作产妇膳食是家政服务员照护产妇工作最重要的服务项目之一，月子期间的营养好坏直接关系到产妇的身体健康和新生儿的健康成长。因此，家政服务员要具备月子餐阶段性进补的科学理念，掌握对产妇身体恢复、伤口愈合、泌乳等方面有益的食物及适合的制作方法。

一、产妇膳食营养要求

1. 充足的优质蛋白质

产妇产后体质虚弱，生殖器官复原和脏腑功能康复需要大量蛋白质。蛋白质是生命的物质基础，含大量的氨基酸，是修复组织器官的基本物质。产妇在恢复身体的同时，还要兼顾泌乳，哺喂新生儿。因此，优质蛋白的摄入对产妇是十分必要的。

产妇每日需要蛋白质 90~100 克，较正常女性多 20~30 克。产妇每日泌乳要消耗蛋白质 10~15 克，6 个月内婴儿对 8 种必需氨基酸的需求量较大，所以产妇膳食中蛋白质的质量很重要。

动物性食品如鸡蛋、禽肉类、鱼类可提供优质蛋白质，宜多食用。产妇每天摄入的蛋白质应保证有 1/3 以上来自动物性食品。大豆类食品能提供质量较好的蛋白质和钙，也应充分利用。

蛋白质含量丰富的食物有鸡蛋、鱼类、瘦猪肉、鸡肉、牛肉、羊肉、豆制品、小米、豆类等。

2. 高热量饮食

产妇每日需要的热量高达 3 000 千卡。糖类是我国居民饮食中最主要的热量来源。因此产妇可适当吃一些含糖丰富的食物，如面、大米、小米、玉米等。而如此高的热量需求单靠糖类是远远不能满足的，产妇还应摄入羊肉、瘦猪肉、牛肉、鸡肉等动物性食品和高热能的坚果类食品，如核桃仁、花生米、芝麻、松子等。

3. 脂肪的补充

脂肪在产妇的膳食中很重要。产妇每日每千克体重需要 1 克脂肪，若少于 1 克时，乳汁中脂肪含量就会降低，影响乳汁的分泌，进而影响新生儿的生长发育。膳食中含有高脂肪的食物品种很多，可结合产妇的口味，搭配选用。但是，要注意不能过量和盲目进补，尤其是在刚生完孩子的初产阶段，饮食还是以清淡为主。

4. 补足维生素

产妇产后除维生素 A 需要量增加较少外，其余各种维生素需求量较未孕时有较大增加。因此，产后膳食中应增加各种维生素，以维持产妇的自身健康，促进乳汁分泌，满足新生儿生长需要。含维生素丰富的食物有新鲜蔬菜和水果，如菠菜、西蓝花、柠檬、柑橘等。

5. 需要大量的钙

钙是骨骼组成的重要成分，是促进骨骼发育的重要营养素。怀孕和哺乳会令女性钙质流失,缺钙会给女性带来腰痛、腿疼、骨质疏松等问题。所以,产妇必须摄取足够的钙质,以保证自身需求和新生儿生长发育的需要。

泌乳使产妇每日消耗大约300毫克的钙,如果膳食中钙的供应不足,势必动用母体内储备的钙,为减少动用母体内钙的储备,可食用含钙多的食物,如虾皮、紫菜、牛奶、海带、芝麻酱等。如果有必要,也可选用乳酸钙、碳酸钙、骨粉等钙剂,补充钙质。

6. 补充含铁的食物

铁是构成血液中血红蛋白的主要成分,由于妊娠期扩充血容量及胎儿需要,约半数的孕妇有缺铁性贫血,分娩时因失血会丢失大量的铁,产后哺乳又会流失一部分铁。所以,产后补铁很重要,产妇膳食里一定要有含铁丰富的食材,以补充身体所需。膳食中可多加些鸡蛋黄、猪血、油菜、菠菜、黑木耳、红枣、动物肝脏、红糖、豆制品等含铁量高的食物。

7. 补充促进伤口愈合的食物

产妇生产时会留有伤口,为了促进伤口尽快愈合,在安排产妇膳食时,可增加一些富含胶原蛋白以及维生素的食物以促进伤口愈合,如鲈鱼、猪蹄、海带、木耳、乳鸽、番茄、黑豆等。

8. 防止产后便秘

由于产妇摄入的都是营养丰富的优质食物,且产妇在产后初期需要卧床静养,活动量少,因此,很多产妇在产褥期很容易发生产后便秘现象,这对产妇身体恢复很不利。为防止便秘,月子期间必须增加膳食纤维的摄入。红豆饭、黑豆饭、地瓜饭等杂粮主食,以及芹菜等富含膳食纤维的蔬菜都是较好的选择。

二、产妇膳食要点

1. 产后第一周

这个时期以开胃为主,忌油腻,口味要清淡,适宜的食物如红糖小米粥、红糖枣水、红豆汤等。

(1)顺产

产后1~2天,产妇消化能力弱,可进清淡、稀软、易消化饮食,逐渐恢复普通饮食。会阴裂伤严重者,产后1周内进流质食物。

（2）剖宫产

术后 6 小时，产妇口渴的可喝些温开水或萝卜水。术后产妇胃肠功能恢复者进流质食物 1 天（不宜饮用牛奶、豆浆和含糖多的食品，以免腹部胀气不适），进半流质食物 1~2 天，以后可进普通饮食。

流质食物是不含任何渣滓、极易消化、呈流体状态的食物，主要包括过罗的肉汤、排骨汤、菜汤及稠米汤，过罗的赤豆或绿豆汤，各种菜汁、果汁。半流质食物包括汤面、馄饨、蛋花汤、粥、碎菜叶等。

2. 产后第二周

这个时期宜进行温和食补，适宜的食物如时令蔬菜，麻油猪肝、猪腰等。

3. 分娩半月后

这个时期为大补期，要注意合理搭配，适宜的食物如炖鸡、鱼、花生猪脚等。

三、产妇膳食原则

产妇膳食除营养均衡外，还应遵循"一排、二调、三进补"的阶段性进补原则。

1. 食物多样，谷类为主，粗细、干稀搭配。
2. 荤素搭配，品种多样，避免偏食。
3. 多吃蔬菜、水果，尤其是薯类。
4. 每天吃奶类、豆类或其制品。
5. 常吃适量的鱼、禽、蛋和瘦肉。
6. 减少烹调油用量，口味应清淡、少盐，烹调方式以蒸、煮、炖、煲为佳。
7. 少食多餐（避免一次进食过多），食不过量，适当活动。

四、产妇饮食禁忌

1. 忌产后立即服用人参

人参有大补元气的功效，但刚刚分娩的产妇却不能立即服用，因为会加重出血。生产 2 个月后，若有气虚症状，每天可少量服食人参。

2. 忌饮食完全禁盐

过去认为产妇不宜吃盐，否则加重身体浮肿、无奶。其实，这是矫枉过正的做法，产妇饮食应该少盐，但不是一点不加。产妇产后出汗多，体内容易缺水、缺盐，严重者会出现体内电解质失衡。所以产妇应适当补充盐分。

3. 忌喝红糖水超过10天

产后初期是应该喝红糖水滋补身体，帮助排出恶露。但是，红糖有破血作用，如果超过10天还继续喝红糖水，则会导致出血量增加，造成产妇贫血。

4. 忌产后一周内喝老母鸡汤

传统观念认为，老母鸡是大补食物，正适合产后虚弱的产妇进补。但是现代营养学表明，产后喝老母鸡汤不但不增乳，还会导致回奶。因为老母鸡含有较高的雌激素，会使产妇体内雌激素增高，催乳素减弱，抑制乳汁生产，导致乳汁不足，甚至出现回奶现象。另外，中医学理论，虚不受补，产后不宜立刻大补。

5. 忌只喝汤不吃肉

产后由于泌乳需求，加上产妇大量排褥汗，因此产妇应多喝汤，如鸡汤、鱼汤、菜汤、排骨汤等，可以促进泌乳。喝汤的同时也要吃肉，因为很多营养还在肉里，只喝汤不吃肉会影响身体对营养的均衡摄取。

6. 忌产后第1天喝催乳汤

产后第1天，产妇的乳腺管还没有完全畅通，如果此时着急喝催乳汤，则催发的大量乳汁会堵在乳腺管内，有的产妇会出现泌乳热、奶胀，甚至乳腺炎。

技 = 能 = 要 = 求

技能1 四色蔬菜羹

四色蔬菜羹如图4-14所示。

图4-14 四色蔬菜羹

一、操作准备

1. 主料准备：大白菜 100 克、胡萝卜 50 克、油菜 100 克、鲜香菇 3 朵。
2. 配料与调料准备：葱末 3 克，盐 1 克，油、水淀粉、清水适量。

二、操作步骤

步骤 1 大白菜、油菜择洗干净，切末。胡萝卜洗净，切末。鲜香菇洗净，去蒂，放入沸水中汆烫 1 分钟，捞出，切末。

步骤 2 把锅放火上，倒油烧至七成热，炒香葱末，放入胡萝卜末，略炒后，倒入适量清水煮至胡萝卜八成熟。

步骤 3 把大白菜、油菜末煮至断生，加入香菇末。

步骤 4 用盐调味，用水淀粉勾薄芡即可。

三、营养价值

这款汤品含多种维生素和无机盐，营养丰富，能提高抵抗力，促进产后恢复。汤品汤色诱人，能大大振奋产妇的精神，提高食欲。白菜和油菜不宜煮太久，否则营养会流失，且煮得时间久，蔬菜色泽也不鲜艳。烹饪时，油要少，产妇不宜摄取过多油。

技能 2 什菌一品煲

什菌一品煲如图 4-15 所示。

图 4-15 什菌一品煲

一、操作准备

1. 主料准备：猴头菇、草菇、平菇、白菜心各 50 克，干香菇 30 克。
2. 辅料与调料准备：葱花、盐、清水适量。

二、操作步骤

步骤 1 干香菇泡发后洗净，去蒂，划出花刀。平菇洗净切去根部，撕片。猴头菇、草菇洗净后切开。白菜心掰开洗净。

步骤 2 锅内放入清水、葱花，大火烧开。

步骤 3 放入香菇、草菇、平菇、猴头菇、白菜心，小火炖煮 10 分钟，加盐调味即可。

三、营养价值

香菇、猴头菇、草菇、平菇等食用菌含丰富的纤维素，对提高免疫力有帮助。此菜品尤其适合身体虚弱的产妇食用，能帮助其提高身体抗病能力。

技能 3　什锦金丝面

什锦金丝面如图 4-16 所示。

图 4-16　什锦金丝面

一、操作准备

1. 主料准备：面条 100 克，鸡肉末 50 克，鸡蛋 1 个，鲜香菇、豆腐、胡萝卜、海带丝各 20 克。

2. 配料与调料准备：香油、盐、鸡骨头、葱花适量。

二、操作步骤

步骤1 鸡骨头和海带丝一起熬汤。豆腐切块。鲜香菇、胡萝卜洗净，切丝。

步骤2 鸡肉末和蛋清拌匀，制成丸子，开水氽熟。

步骤3 把面条放入熬好的汤中煮熟，放入鸡肉丸、豆腐、鲜香菇、胡萝卜、葱花、盐、香油即可。

三、营养价值

什锦金丝面含有多种营养素，易于消化，适合产妇产后初期调养身体、恢复体力食用。

技能 4　番茄面片汤

番茄面片汤如图 4-17 所示。

图 4-17　番茄面片汤

一、操作准备

1. 主料准备：面粉 200 克、番茄 1 个、鸡蛋 1 个。

2. 辅料与调料准备：植物油、葱花、盐、香油、清水适量。

二、操作步骤

步骤 1 将面粉和成面团,醒发 15 分钟,擀皮,切成宽条状面片。
步骤 2 番茄用开水烫一下去皮,切小块。鸡蛋打散。
步骤 3 炒锅倒油,爆香葱花。倒入番茄翻炒,把番茄炒软出汁。
步骤 4 加入适量清水,大火煮开,加入面片,加盐,再煮 3 分钟。
步骤 5 淋入蛋液、香油。
步骤 6 搅拌均匀,关火。

三、营养价值

番茄补血养心、开胃爽口、营养丰富、易消化,适合脾胃虚弱的产妇食用,而番茄微酸的口感,能使产妇增进食欲。

技能 5 牛奶红枣粥

牛奶红枣粥如图 4-18 所示。

图 4-18 牛奶红枣粥

一、操作准备

1. 主料准备:大米 50 克、牛奶 250 毫升。
2. 辅料准备:红枣 3 颗、清水适量。

二、操作步骤

步骤1 红枣洗净,去除枣核备用。大米洗净,用清水浸泡 30 分钟。

步骤2 锅内加入清水,放入浸泡好的大米,大火煮沸后转小火煮 30 分钟,至大米变软。

步骤3 加入牛奶和红枣,小火慢煮至米烂粥稠即可。

三、营养价值

牛奶钙含量高,红枣可补血补虚,这是一道既营养又美味的产后初期补品。

技能 6 桃仁枸杞紫米粥

桃仁枸杞紫米粥如图 4-19 所示。

图 4-19 桃仁枸杞紫米粥

一、操作准备

1. 主料准备:紫米 50 克、核桃仁 20 克。
2. 辅料准备:枸杞 2 克、清水适量。

二、操作步骤

步骤1 紫米洗净。核桃仁、枸杞冲洗干净。

步骤2 将紫米放入锅中,熬煮至五成熟加入核桃仁。

步骤 3　粥煮熟临出锅前，加入枸杞继续煮 5 分钟，出锅即可。

三、营养价值

核桃仁有润燥活血的功效，紫米有补血益气的功效，两者搭配枸杞一同食用，美味的同时，可以帮助产妇排出恶露。

技能 7　荠菜粥

荠菜粥如图 4-20 所示。

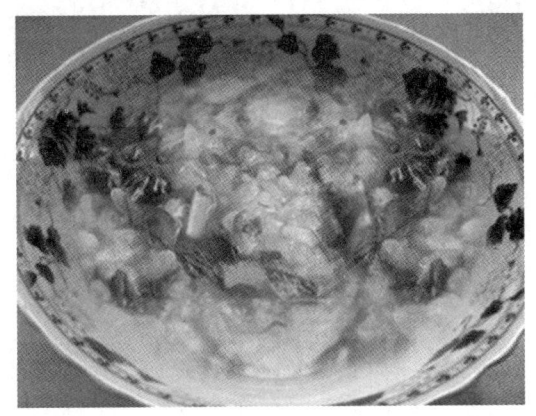

图 4-20　荠菜粥

一、操作准备

1. 主料准备：大米 30 克、荠菜 50 克。
2. 辅料与调料准备：盐、清水适量。

二、操作步骤

步骤 1　大米洗净，浸泡 30 分钟。荠菜择洗干净，切小段。
步骤 2　锅中加适量水，放入泡好的大米，小火熬煮。
步骤 3　待水沸后放入荠菜段同煮，待大米完全开花后，放盐调味即可。

三、营养价值

荠菜有补虚止血的作用，产妇食用后可增强体质。

技能 8　营养五谷饭

营养五谷饭如图 4-21 所示。

图 4-21　营养五谷饭

一、操作准备

1. 主料准备：大米 10 克、糯米 10 克、小米 5 克、燕麦片 5 克、玉米片 5 克。

2. 辅料准备：清水适量。

二、操作步骤

步骤 1　将各种食材洗净，浸泡 2 小时。

步骤 2　把食材中的水分沥干，重新加入清水，放入锅内，水量与一般煮饭相同。

步骤 3　将食材煮熟即可。

三、营养价值

谷物富含丰富的维生素、无机盐和微量元素，可以平衡产妇的营养。谷物中大量的纤维素可以调节胃肠的消化吸收功能，消食开胃，防止便秘。

技能 9　鲜藕瘦肉丝

鲜藕瘦肉丝如图 4-22 所示。

图 4-22 鲜藕瘦肉丝

一、操作准备

1. 主料准备：莲藕 100 克、瘦肉 25 克。
2. 辅料与调料准备：水淀粉、盐、姜、葱花、食用油适量。

二、操作步骤

步骤 1 将姜切成丝。将瘦肉洗净，切成肉丝放入碗中，加入适量水淀粉、盐、姜丝，腌 5 分钟。

步骤 2 将莲藕用清水洗净，切成长条状。

步骤 3 起油锅，用小火将腌好的瘦肉炒至四成熟，盛入碗中。

步骤 4 锅中放入切好的莲藕，旺火翻炒，待半熟后加入炒过的瘦肉和盐继续翻炒。

步骤 5 起锅前加入葱花即可。

三、营养价值

莲藕富含植物纤维、维生素 C、维生素 B_1、维生素 B_{12}、维生素 E、铁、钙等营养成分，营养丰富，清淡爽口。在块茎类食物中，莲藕含铁量较高，可以有效地预防贫血。莲藕还能健脾益胃、润燥养阴、行血化瘀、清热生乳。

技能 10　木瓜西芹炒黑木耳

木瓜西芹炒黑木耳如图 4-23 所示。

图 4-23 木瓜西芹炒黑木耳

一、操作准备

1. 主料准备：西芹 200 克、木瓜 200 克、黑木耳 20 克。
2. 辅料与调料准备：蒜末、盐、香油、植物油、清水适量。

二、操作步骤

步骤 1 将西芹洗净，去除老茎，斜刀切成菱形片。黑木耳用水泡发，洗净。木瓜洗净，去皮，去子，切成菱形片。

步骤 2 锅中倒入清水，开锅后放入盐，将西芹在沸水中烫一下，捞起后立即过凉水，再放入黑木耳煮 5 分钟，也捞起来过凉水。

步骤 3 锅中放入适量油，待油温热时放入蒜末炒香，再倒入西芹、木瓜、黑木耳，翻炒几下，放少许盐、香油即可装盘。

三、营养价值

木瓜营养丰富，含维生素 C、维生素 B 及钙、磷、胡萝卜素、蛋白质、钙、蛋白酶等，健脾消食，木瓜中的凝乳酶还具有通乳作用。黑木耳富含膳食纤维和铁等营养素，有助提高免疫力。芹菜含有丰富的营养成分和植物纤维。木瓜西芹炒黑木耳可以起到补充营养、提高抗病能力和通乳作用，非常适合产妇食用。

技能 11　百合西芹炒木瓜

百合西芹炒木瓜如图 4-24 所示。

图 4-24　百合西芹炒木瓜

一、操作准备

1. 主料准备：木瓜 200 克、西芹 200 克、百合 50 克。
2. 辅料与调料准备：盐、糖、姜汁、植物油适量。

二、操作步骤

步骤 1　百合洗净。西芹洗净，切段。木瓜去皮，去子，切厚片备用。
步骤 2　开锅下油烧热，放入西芹和百合翻炒片刻，再放入木瓜，以大火翻炒。
步骤 3　放入糖、盐、姜汁调味，出锅即可。

三、营养价值

木瓜中含有木瓜苷，有促进子宫收缩的作用。百合富含维生素，对皮肤细胞新陈代谢有益，对于产妇伤口愈合有帮助。西芹有促进食欲、养血补虚、清肠利便、解毒消肿的作用。因此，这道菜最适合初产妇食用。

技能 12　西蓝花炒木耳

西蓝花炒木耳如图 4-25 所示。

图 4-25 西蓝花炒木耳

一、操作准备

1. 主料准备：西蓝花 200 克、泡发黑木耳 200 克、胡萝卜 20 克。
2. 辅料与调料准备：蒜蓉、醋、糖、盐、食用油适量。

二、操作步骤

步骤 1 黑木耳洗净，撕小块。西蓝花洗净，掰成小朵，入沸水中焯烫至软。胡萝卜洗净切片。

步骤 2 将蒜蓉、醋、糖、盐放入碗中，调成酱汁。

步骤 3 锅置于火上，烧至七成热，倒入植物油，放入西蓝花、胡萝卜片和黑木耳翻炒至熟，倒入调好的酱汁炒匀即可。

三、营养价值

西蓝花富含维生素 C，胡萝卜富含维生素 A，黑木耳富含膳食纤维、铁等。这道菜可以补充维生素，促进伤口愈合，还能帮助排毒、补血。

技能 13　肉片炒香菇

肉片炒香菇如图 4-26 所示。

一、操作准备

1. 主料准备：鲜香菇 200 克、猪五花肉 100 克。
2. 辅料与调料准备：盐 2 克、淀粉、植物油、水适量。

图 4-26 肉片炒香菇

二、操作步骤

步骤 1 香菇洗净,去蒂切片。猪肉洗净,切片,用盐、淀粉腌 15 分钟。

步骤 2 锅置火上,放油烧热,放入猪肉片炒熟,盛出。

步骤 3 锅中放油烧热,加入香菇、盐和少量水,炖片刻。

步骤 4 香菇快熟时,放入炒熟的肉片,翻炒均匀即可出锅。

三、营养价值

肉片和香菇搭配,可提供优质蛋白,有助于产后 4 周的产妇增强体力。

技能 14 黄花木耳炒鸡蛋

黄花木耳炒鸡蛋如图 4-27 所示。

图 4-27 黄花木耳炒鸡蛋

一、操作准备

1. 主料准备：水发木耳 100 克、水发黄花 50 克、鸡蛋 2 个。
2. 辅料与调料准备：盐 2 克，葱末、姜末、植物油适量。

二、操作步骤

步骤 1　木耳洗净，撕成小朵。黄花去根部，冲洗干净。鸡蛋打成蛋液。

步骤 2　锅置于火上，倒入适量的油烧至五成热，将蛋液倒入，炒熟后盛出。

步骤 3　锅内倒入油烧热，下葱末、姜末爆香，倒入木耳和黄花翻炒至熟时，倒入炒好的鸡蛋，翻炒均匀即可。

三、营养价值

木耳对伤口愈合有一定的效果，且有助于补血、补铁。黄花养血平肝、利尿消肿、止血、通经下乳，对产后虚弱、乳汁分泌不足有改善作用。鸡蛋富含优质蛋白，能提高免疫力。所以，这道菜是产妇理想膳食之一。

技能 15　香菇鸡汤

香菇鸡汤如图 4-28 所示。

图 4-28　香菇鸡汤

一、操作准备

1. 主料准备：鸡半只、香菇 5 朵、山药 1 根。
2. 辅料与调料准备：枸杞子 10 颗，姜片、蒜、盐、香油、清水适量。

二、操作步骤

步骤 1 将鸡收拾干净,洗净,切成块,在沸水中汆烫一下,去除血水和腥味,捞出洗净。

步骤 2 香菇洗净,去蒂,从中间剖开。枸杞洗净。山药去皮,洗净,切块。

步骤 3 将砂锅放在火上,放入鸡肉块、香菇、枸杞子、山药、姜片、蒜,加入适量清水、盐。大火烧开,转小火继续炖煮 30 分钟,撇去浮沫,点上香油即可。

三、营养价值

鸡汤是补气、补虚、催乳的最佳选择,加上香菇和山药,有助于增强产妇的体力,帮助产后 2 周的产妇更好地恢复。

技能 16　黄芪羊肉汤

黄芪羊肉汤如图 4-29 所示。

图 4-29　黄芪羊肉汤

一、操作准备

1. 主料准备:羊肉 200 克、黄芪 15 克、红枣 5 颗。
2. 辅料与调料准备:红糖 20 克,姜片、盐、清水适量。

二、操作步骤

步骤 1 将羊肉洗净,切成小块,放入沸水中略煮,去掉血沫,捞出。红枣洗净备用。

步骤 2 将羊肉块、黄芪、红枣、姜片、红糖一同放入锅内,加清水,以大火煮沸。

步骤 3 转小火慢炖至羊肉软烂,出锅前加入盐调味即可。

三、营养价值

黄芪羊肉汤能补充体力,有利于产后恢复,同时还有安神、消除疲劳的功效,对于防止产后恶露不尽也有一定的作用。

技能 17　黑木耳山药排骨煲

黑木耳山药排骨煲如图 4-30 所示。

图 4-30　黑木耳山药排骨煲

一、操作准备

1. 主料准备:排骨 200~300 克、山药 50 克、黑木耳 6 朵。
2. 辅料与调料准备:麻油爆姜 15 克、黑麻油 30 毫升。

二、操作步骤

步骤 1 将黑木耳用温水泡软,沥干备用。山药洗净,切块备用。

步骤 2 排骨洗净,放开水中汆烫,沥干后备用。

步骤 3 将黑麻油加热,然后放入麻油爆姜。再将黑木耳、山药、排骨一同放入锅内煮沸,转小火加盖炖 45 分钟即可。

三、营养价值

黑木耳能促进新陈代谢，清洁血管，同时有补肾强身的作用。山药含有维生素、淀粉、蛋白质、胆碱等成分，能够提供给人体大量的黏蛋白，有强健机体的保健作用。这道菜适合产后 2 周的产妇恢复体力食用。

技能 18 猪脚花生浓汤

猪脚花生浓汤如图 4-31 所示。

图 4-31 猪脚花生浓汤

一、操作准备

1. 主料准备：猪脚 500 克、花生米 50 克、枸杞子 5 克。
2. 辅料与调料准备：盐 3 克，葱段、姜片、清水适量。

二、操作步骤

步骤 1 猪脚洗净，用刀轻刮表皮，剁成小块，焯水备用。
步骤 2 花生米泡水 30 分钟后，上锅煮开，捞出备用。
步骤 3 汤锅加入清水，放入猪脚、葱段、姜片，大火煮开，小火炖 60 分钟。
步骤 4 放入花生米再炖 60 分钟，加枸杞子同煮 10 分钟，加盐即可。

三、营养价值

花生能够健脾养胃，猪脚中含有大量胶原蛋白，产后第 3 周的产妇食用本汤，可补血养胃，增加泌乳。

技能 19　丝瓜鸡蛋疙瘩汤

丝瓜鸡蛋疙瘩汤如图 4-32 所示。

图 4-32　丝瓜鸡蛋疙瘩汤

一、操作准备

1. 主料准备：面粉 10 克、丝瓜 1 根、鸡蛋 1 个。
2. 辅料与调料准备：盐 2 克、葱花、食用油、清水适量。

二、操作步骤

步骤 1　在面粉内加入少量清水，搅拌成絮状。丝瓜去皮，洗净，切片。鸡蛋打入碗里搅散。

步骤 2　锅上火加油，烧热，放入葱花爆香，倒入鸡蛋液炒熟，再加入丝瓜炒至断生后加盐。

步骤 3　加入适量的水烧开，一点一点地加入面糊，边加入边搅拌，煮熟即可。

三、营养价值

丝瓜性寒凉，味甘甜，不仅营养丰富，还有消暑利肠、去风化痰、凉血解毒、通经活络、行气化瘀、降火、调理气血的功效，能帮助产妇泌乳。

学习单元2 照护产妇盥洗和沐浴

知=识=要=求

一、产妇盥洗和沐浴的目的

清洁、舒适、预防感染。

二、照护产妇盥洗和沐浴的要点

1. 盥洗的要点

（1）刷牙：要给产妇选用柔软的牙刷。

（2）洗脸：要防止洗面奶进入产妇的眼部和口中。

（3）洗头：要一手托住产妇的头，一手取物，洗完后要立即吹干。

（4）洗脚：水温不能超过40 ℃，时间不能超过20分钟。

2. 沐浴的要点

（1）如产妇会阴部无伤口及切口，夏天在产后2~3天、冬天在产后5~7天即可洗淋浴。

（2）不能进行盆浴，以免脏水进入阴道引起感染。如果产妇身体较虚弱，不能站立洗淋浴，可采取擦浴。

（3）每次洗澡的时间不宜过长，一般5~10分钟即可。

（4）冬天浴室温度不宜过高，温度过高易使浴室里弥漫大量水蒸气，导致产妇缺氧，使原本就较虚弱的产妇站立不稳。

（5）洗澡时室温控制在24~26 ℃，水温在45 ℃左右，浴后迅速擦干，穿上衬衫，防止受凉。

（6）如果会阴伤口大或撕裂伤严重、腹部有刀口，须等待伤口愈合后再洗淋浴，可先做擦浴，剖宫产2周后可进行沐浴。

技=能=要=求

技能　照护卧床产妇盥洗

一、操作准备

物品准备：柔软、棉质的毛巾2条，牙刷，牙膏，漱口杯，洗面奶，35~40℃的温水，洗脸盆，洗脚盆。

二、操作步骤

步骤1　刷牙：为产妇挤好牙膏，在漱口杯中倒入温水，产妇自主刷牙，家政服务员可在一旁协助递送物品，如图4-33所示。

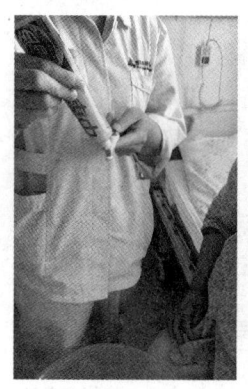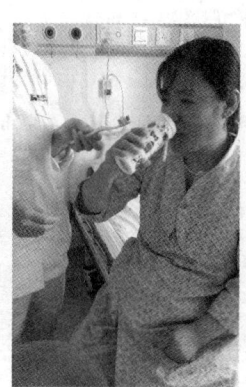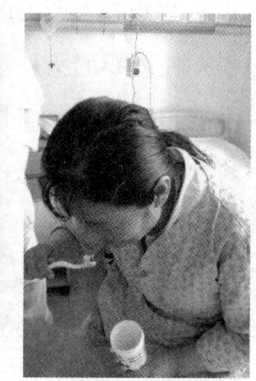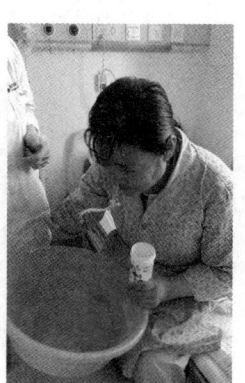

图4-33　产妇刷牙流程

步骤2　洗脸：可协助能够自理的产妇用流动水洗脸。打开水龙头，调至合适的温度，将洗面奶递给产妇，让产妇自行清洁面部。清洁完毕，家政服务员递上毛巾，让产妇自行擦脸。

对于卧床产妇，家政服务员可为其打好洗脸水，清洗干净毛巾并用力拧去多余的水分，递给产妇自行清洁面部，然后用洗面奶清洗面部，再用温湿毛巾将洗面奶擦净，直至产妇舒适为止，如图4-34所示。若产妇出汗较多，家政服务员可在产妇的要求下用温热毛巾为其擦洗后背等部位。

步骤3　洗头：首先要关好门窗，为产妇准备好35~40℃的温水，备齐洗发用品，如洗发水、护发素、梳子、大毛巾2块（一干一湿）、小毛巾1块、棉球2~4个、防水塑料布等。为产妇洗头流程如图4-35所示。

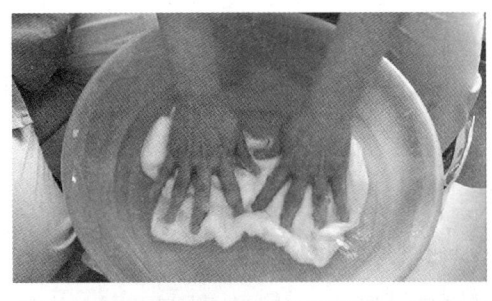
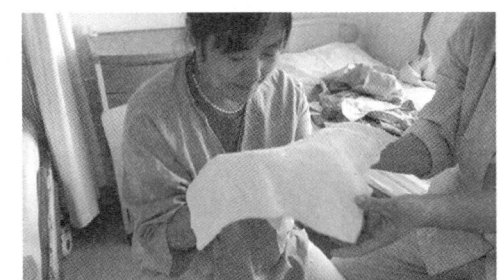
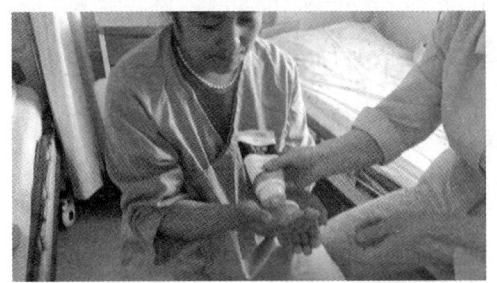
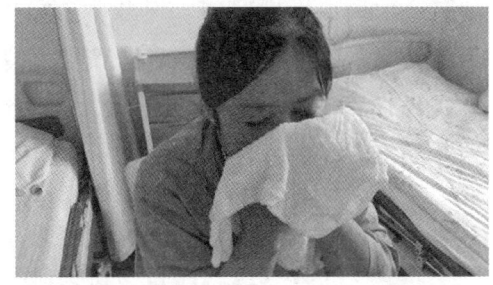

图 4-34 产妇洗脸流程

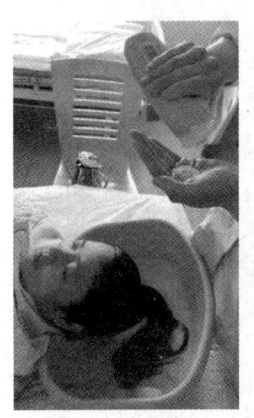
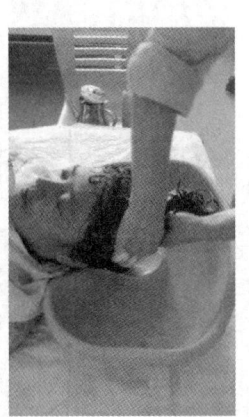
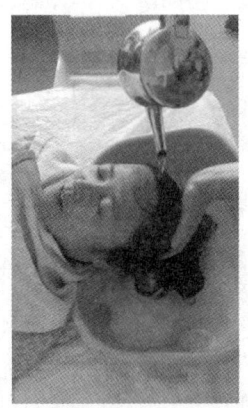
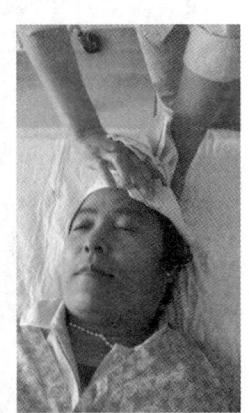

图 4-35 为产妇洗头流程

（1）产妇可仰面躺在床上或躺椅上，头部探出床沿或椅背，在床沿上铺上防水塑料布。

（2）松开产妇衣领并将衣服领向内折卷，颈部围上干毛巾。

（3）根据需要可用棉球塞住产妇两侧耳朵，用小毛巾遮盖双眼，松散头发并垂于床沿下或椅背下。

（4）用温水将产妇头发冲湿，抹上洗发水并轻轻搓洗头发、按摩头皮。

（5）头发搓洗干净后，用温水将头发上的泡沫冲洗干净，若头发较脏，可重复冲洗几次。最后使用护发素，停留一分钟后，用清水冲洗干净，直至产妇感到舒适为止。

（6）用干毛巾彻底擦干产妇头发，取下耳内棉球及盖眼的毛巾。头发清洗完毕，将杂物清理干净，并摆放整齐、合理，必要时可协助产妇梳理头发。

步骤4 洗脚：为产妇准备好洗脚水、擦脚布及香皂。产妇晚上睡前用温水泡脚20分钟左右对身体非常有益，水温以脚能耐受为度，水面以淹没足踝为宜。产妇浸泡双脚时，家政服务员可用双手轻轻按摩其足底、足背，并清洗足缝及足踝，或由产妇自己双脚交替搓揉，直到皮肤微红、两脚发热为止。清洗干净后用干毛巾帮助产妇擦干双脚，最后整理用物，将物品摆放整齐，如图4-36所示。

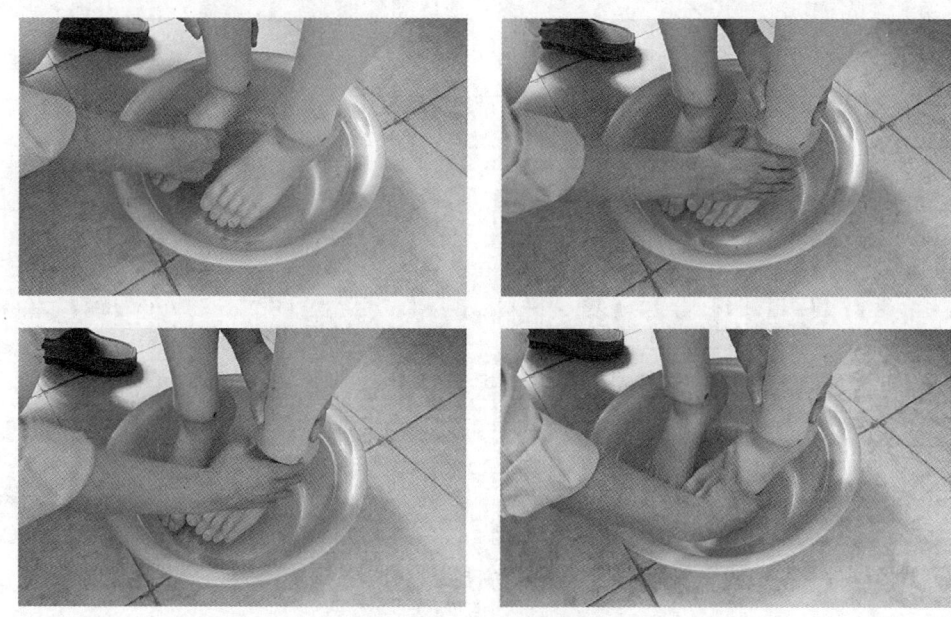

图4-36 为产妇洗脚流程

三、注意事项

1. 刷牙时，要选择柔软的牙刷，以免损伤牙龈。同时要注意漱口水的温度。

2. 洗脸时，水的温度要适宜，为卧床产妇洗脸时，要防止洗面奶进入其眼部和口中。

3. 洗头时，家政服务员要一只手托住产妇的头，另一只手取物，保证洗头水和洗发泡沫不进到产妇的眼睛和耳道,洗头后必须将头发擦干,湿头发极易引起感冒。

4. 洗脚时,要注意水的温度,皮肤干燥者可适当涂些润肤品。

学习单元 3　为卧床产妇擦浴、更换衣物

知=识=要=求

一、为卧床产妇擦浴、更换衣物的目的

产妇在分娩后头几天,出汗特别多,尤其在饭后、活动后、睡觉时和醒后出汗更多,这种现象被称为"褥汗"。如果天气炎热,产妇更会大汗淋漓,湿透衣物、被褥。

褥汗属于产后身体恢复进行自身调节的生理现象,不属病态。产妇生产后,身体要将妊娠期间积聚在体内的水分通过皮肤排出体外,这使皮肤排泄功能特别旺盛。另外,产妇喝红糖水、热汤、热粥较多,这也是出汗多的原因之一。褥汗一般在产后 1~3 天较为明显,于产后 1 周左右自行好转。

产妇排出的汗液渗透衣物、被褥,会滋生大量细菌,而产妇身体本就虚弱,抵抗力低,容易受细菌侵害。所以,家政服务员应该每天给卧床产妇擦浴,同时,要及时为产妇更换衣物,尤其是内衣、内裤。

同时,针对褥汗现象,要保证室温不要过高,冬春秋季在 18~22 ℃,夏季在 28 ℃以下为好。每天开窗通风,保持室内空气流通、新鲜,但要避免穿堂风。另外,产妇穿盖要合适,不要穿戴过多,被子不要盖得过厚。那种认为"坐月子"就要捂着,甚至在炎热的夏天也要门窗紧闭,穿厚衣、戴厚帽的做法是完全错误的,这是给出汗多的产妇"火上浇油",会造成中暑。

在护理产妇褥汗时,一是准备几条吸湿性好的毛巾,产妇随时出汗,随时擦干。毛巾要常换洗、消毒。二是要每天给产妇擦浴,使产妇保持清洁,预防感染,并感到舒适。

二、为卧床产妇擦浴、更换衣物的要点

1. 擦浴的要点

（1）调好室内温度，一定要用温热水擦浴，擦完立即穿好衣物，以免受凉感冒。

（2）剖宫产及会阴部有伤口时，擦浴时一定要保护好产妇的伤口，避免感染。

2. 更换衣物的要点

（1）保证室内温度，要给产妇选棉质且易脱易穿的衣服。

（2）保证产妇的安全。

技=能=要=求

技能 1　为卧床产妇擦浴

一、操作准备

1. 调节好室内温度，以 24～26 ℃为宜，关好门窗避免对流风。

2. 准备好擦浴用品，如浴巾、毛巾、香皂或浴液、换洗衣物、50～60 ℃热水等。

二、操作步骤

步骤 1　擦浴顺序：眼→鼻→耳→脸→手臂→腋下→胸部→乳房→腹部→背部→臀部→腿部→会阴部→脚部。

步骤 2　擦洗时要先暴露产妇需擦洗的部位，每次只需暴露正在清洗的部位，待擦干净盖好后，再暴露下一个部位。

步骤 3　擦干产妇皮肤，为产妇换上干净衣服。

步骤 4　穿好衣服，整理床铺，需更换床单的应及时予以换洗。

为卧床产妇擦浴流程如图 4-37 所示。

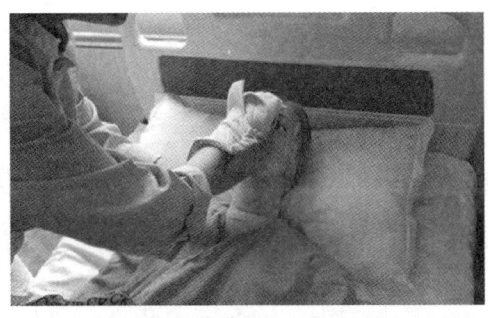
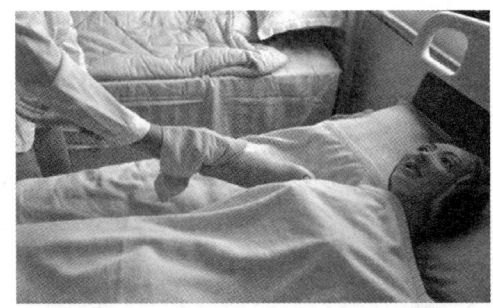

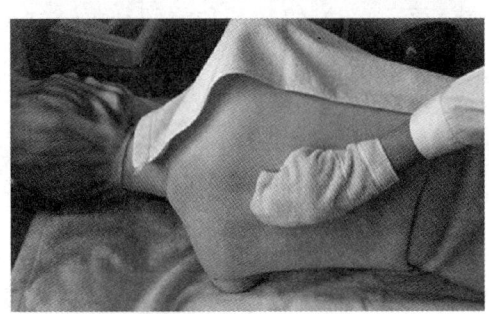
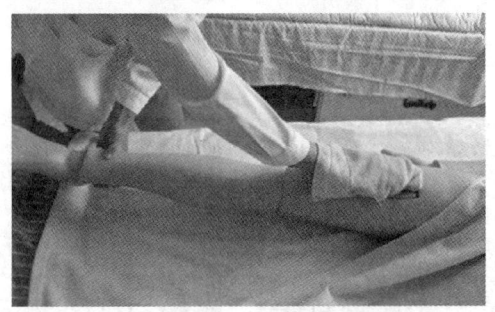

图 4-37 为卧床产妇擦浴流程

三、注意事项

1. 室内温度应保持在 24～26 ℃，关紧门窗。
2. 产妇如有会阴伤口或剖宫产伤口，要注意伤口周围的清洁。
3. 如床单被浸湿，擦浴后应及时更换。

技能 2　为卧床产妇更换衣物

一、操作准备

1. 关好门窗。
2. 为产妇准备好干净的衣物、袜子等。

二、操作步骤

步骤1 产妇坐在床上或椅子上,或躺在床上。

步骤2 脱下上衣。脱衣服时要先脱上半身的外衣或内衣,换上干净的上衣后,再脱下半身的外裤或内裤。

(1)脱套头的衣服,要先脱下袖子,然后将衣服卷成一个圈,撑着领口从前面经过产妇的鼻子和前额,再经过头的后部脱下衣服。

(2)脱开襟上衣。先脱下一侧衣袖,然后将衣服从产妇的背后旋转到对侧,脱下另一侧衣袖。

(3)如产妇肢体有伤,脱衣服时要先脱健侧,然后将衣服从产妇的背后旋转到患侧,再脱下衣服。

(4)如产妇出汗较多或身体有异味,可用温水对产妇身体进行清洁后再穿上衣。

为卧床产妇脱衣流程如图4-38所示。

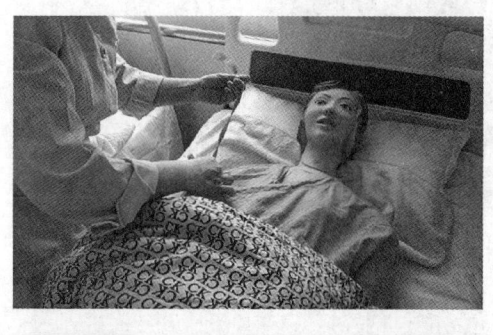
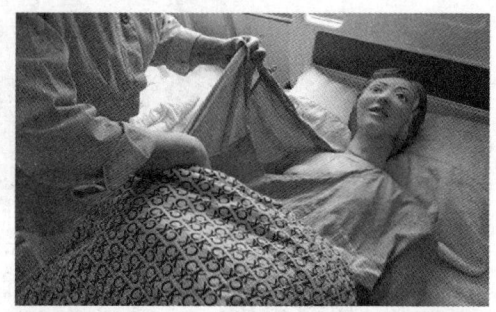
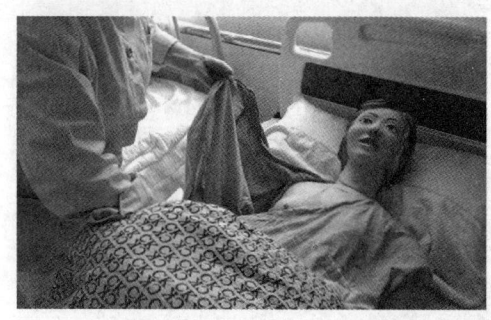
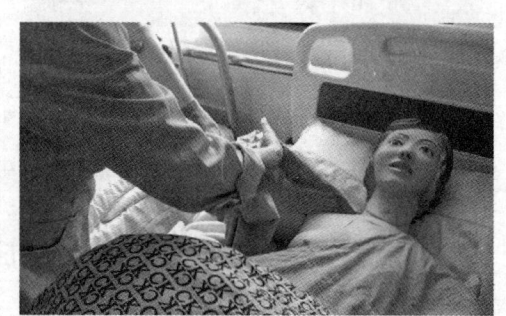

图4-38 为卧床产妇脱衣流程

步骤3 穿上衣

(1)穿套头衣服。先将衣服卷成一圈,撑着领口,先从脑后再从前面套下来，注意别碰到产妇的前额和鼻子，然后再分别穿上两侧的袖子，如图4-39所示。

（2）穿开襟上衣。先穿上一侧衣袖，然后将衣服从产妇的背后旋转到对侧，再穿上另一侧衣袖。

（3）如产妇肢体有伤，穿衣服时要先穿患侧，然后将衣服从产妇的背后旋转到健侧，再穿上衣服。

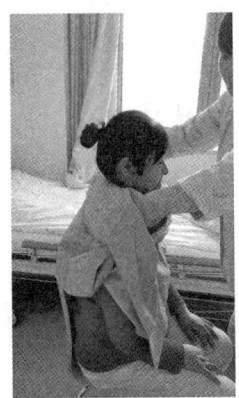 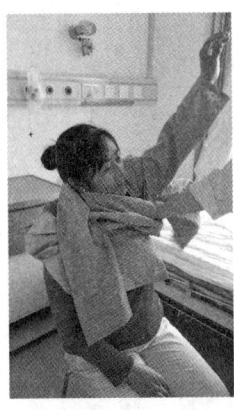 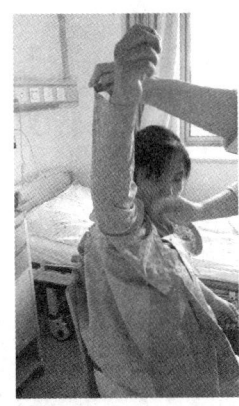 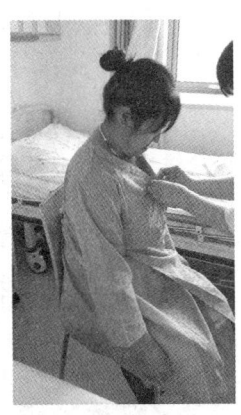

图4-39　为产妇穿套头衣服流程

步骤4　脱裤子。为产妇脱裤子流程如图4-40所示。

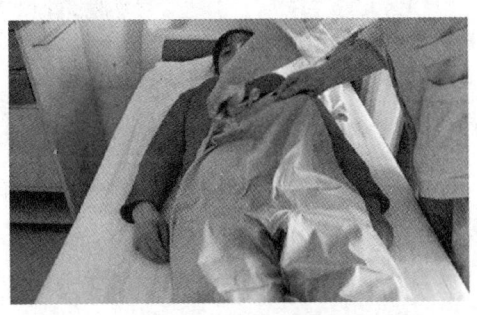 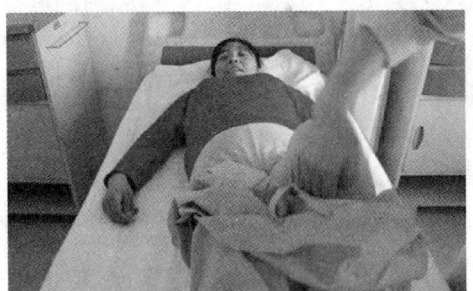
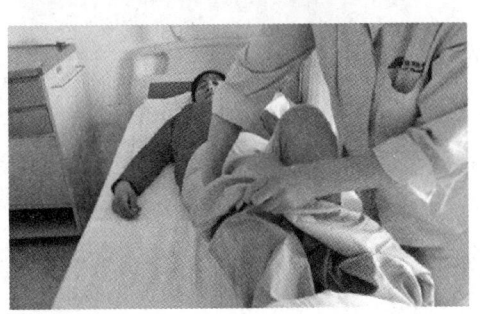 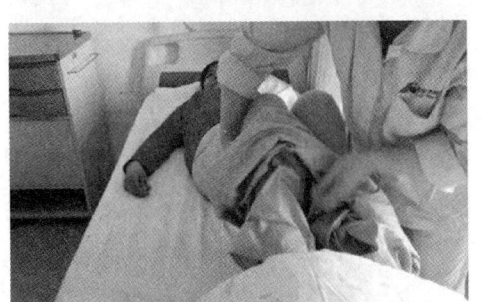

图4-40　为产妇脱裤子流程

（1）嘱咐产妇站起并扶住墙体或稳固的家具等物体；如产妇无法站立，则可让产妇平躺床上。

（2）解开产妇的腰带，将内裤连同外裤翻卷至臀部以下，请产妇坐下。

（3）嘱咐产妇抬起双腿，将裤子翻卷脱下或拉住裤脚轻轻拽下。

（4）如果产妇穿的裤子较多，要先脱外裤，再脱内裤，即采用逐件脱离的方法为产妇脱下全部裤子。

（5）根据需要可用温水对产妇身体进行清洁后再穿上裤子。

步骤5 穿裤子。为产妇穿裤子流程如图 4-41 所示。

（1）嘱咐产妇坐稳，抬起双腿，双脚同时由裤腰处分别插入裤管内。

（2）请产妇站起并让其平稳地扶住墙体或稳固的家具等物体，如产妇无法站立，可让产妇平躺在床上。

（3）将裤子提至腰间，扣上腰带，工作完成。

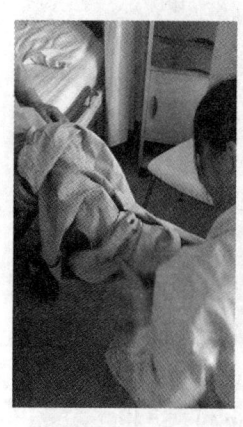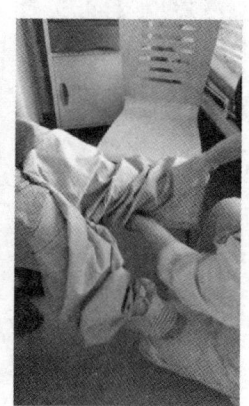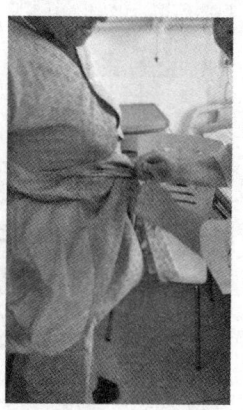

图 4-41　为产妇穿裤子流程

三、注意事项

1. 要做好准备工作。将准备要更换的衣物按穿脱的先后顺序一一放好。

2. 必须保证产妇的安全。要嘱咐产妇坐稳、站稳、扶稳。

3. 穿脱过程要有效配合。要按照先后顺序有条不紊地进行，换下来的脏衣物要与干净衣物分开放置，避免交叉污染。

4. 整理好穿脱环境。给产妇换好衣服后，将该清洗的物件尽早清洗干净，弄脏的地方要擦干净。

5. 产妇的衣物与其他人的衣物分开洗涤，如果衣物为化纤制品，清洗干净后要用衣物柔顺剂浸泡后再晾晒。

6. 帮助产妇换衣物时，室温不要太低，把门窗关紧。

学习单元 4　指导产妇喂哺新生儿

知=识=要=求

世界卫生组织（WHO）和联合国儿童基金会（UNICEF）联合倡议至少纯母乳喂养 6 个月，并在添加辅食的基础上，坚持哺乳 24 个月以上。要使广大的产妇都能够实现纯母乳喂养的愿望，就要有科学的母乳喂养理念和方法。其中，提倡的"三早"就是有效措施之一。

一、"三早"概念和意义

"三早"指早接触、早吸吮、早开奶。

1. 早接触

分娩后 60 分钟以内就应该开始母婴皮肤接触，越早越好，如能在 30 分钟以内甚至更短，则效果更好，这样有助于刺激产妇下丘脑分泌泌乳素，而且有利于母婴感情的结合。

自然分娩：将新生儿身上的羊水擦干净，用干净的毛巾盖上，直接趴放在产妇胸口。

剖宫产：在手术室里，产妇可以亲吻或抚摸新生儿。回到病房后，解开新生儿的前襟，与产妇胸贴胸进行部分皮肤接触。

2. 早吸吮、早开奶

应让新生儿在出生后 60 分钟内吸吮产妇的乳房。

（1）分娩后早吸吮、早开奶可促进产妇下丘脑分泌催产素，刺激子宫收缩，减少产后出血。

（2）早吸吮、早开奶可强化新生儿的吸吮能力。

（3）早吸吮可促进泌乳素分泌，产生泌乳反射，促进乳汁分泌。

（4）早吸吮可增强母婴之间的感情，促进母乳喂养。

（5）初乳含有丰富的蛋白质和抗体，能提高新生儿抵抗力，促进胎便的排出,减少新生儿黄疸的发生。

二、母乳喂养的好处

母乳喂养对产妇和新生儿都有好处。

1. 对新生儿的好处

(1)母乳对新生儿来说含有最天然、最全面的营养成分。

(2)母乳成分会随着新生儿的生长而变化,是最适合新生儿发育的食品。

(3)母乳前奶和后奶的结构能根据需要发挥作用。

(4)初乳的免疫因子、β-胡萝卜素和其他抗感染物质能有效保护新生儿免受感染、腹泻、中耳炎、过敏性疾病侵袭,降低婴儿猝死综合征、坏死性小肠结肠炎危险。这对6个月以内的弱小婴儿尤为重要。

(5)母乳中的氨基酸能够满足脑细胞发育需要,能促进智力的发展。

(6)吸吮的运动对语言能力的发展有促进作用。

(7)母乳喂养能增强母婴情感,是亲情的纽带。

2. 对产妇的好处

(1)新生儿吸吮可使产妇下丘脑分泌催产素,催产素能刺激子宫收缩和复旧,减少产后出血。

(2)母乳喂养能降低产妇患乳腺癌和卵巢癌的风险。

(3)母乳喂养能帮助产妇尽快恢复体形,每天泌乳可多消耗500千卡热量。

(4)哺乳的产妇更自信,哺乳对母亲与孩子一生的交流起到重要的作用。

3. 对家庭的好处

(1)母乳喂养省时省力,夜间哺乳方便,无须热奶,尤其是在冬季,免去许多劳累和麻烦。

(2)母乳喂养可随时供应,减少支出,降低浪费,减少污染。

(3)母乳喂养可避免因问题奶粉给新生儿造成的身体伤害,以及给家庭带来经济和精神损害。

(4)母乳喂养的婴儿更健康。婴儿少生病能让父母把更多精力投入工作和生活中,减轻压力。

4. 对社会的好处

（1）母乳喂养的孩子身体素质好，不易患病，有利于提高全民身体素质。

（2）母乳喂养能增强母婴间的情感交流，满足婴儿对爱抚的需要，有利于婴儿心理、智力、社交能力的发育，有助于家庭和睦、社会安定。

三、不适宜母乳喂养的情况

母乳喂养好处很多，但在有些情况下不适合进行母乳喂养，只能采用人工喂养。

1. 产妇患有通过乳汁或密切接触传染婴儿的疾病，如慢性乙型肝炎、艾滋病、开放性肺结核等，不适合进行母乳喂养。

2. 哺乳需要消耗产妇大量营养，而使其原有疾病病情加重，如严重的心脏病、慢性肾炎、甲状腺功能亢进或恶性肿瘤等，这种情况不适合进行母乳喂养。

3. 产程中发生了严重并发症，如产后大出血、羊水栓塞，或产妇患有急性上呼吸道感染、肾盂肾炎、乳腺炎等会引起高热的疾病时，都需要暂时停止哺乳，待恢复健康后才可哺乳。

4. 患有半乳糖血症、苯丙酮尿症的新生儿不能接受母乳喂养，患有严重母乳性高胆红素血症的新生儿需要短期暂停母乳喂养。

四、母乳的分类和组成

母乳中含有易于新生儿消化吸收的脂肪、蛋白质、乳糖、维生素和无机盐等营养成分，最适合新生儿生长发育的需要。

1. 母乳种类

母乳根据泌乳期不同，分为初乳、过渡乳和成熟乳（见彩图1），它们的特性如下。

（1）初乳

初乳中含有β-胡萝卜素，颜色呈黄色，一般于分娩后第1~3天分泌，产量小，密度高，富含各种营养成分和免疫球蛋白。

（2）过渡乳

过渡乳中蛋白质含量逐渐减少，脂肪和乳糖含量逐渐增加，是初乳向成熟乳的过渡。

（3）成熟乳

成熟乳一般在分娩 10 天后分泌，产量高，密度低，富含母乳各种营养成分。

2. 母乳的组成

母乳由前奶和后奶组成，如彩图 2 所示。

（1）前奶

前奶是"开胃菜"，因含有大量的水和糖，可起到"解渴"作用。新生儿安慰性吸吮主要吃前奶，可避免摄入过多热量。

（2）后奶

后奶是"正餐"，因含有丰富的脂肪而比较"耐饿"。新生儿饥饿时大量摄入后奶。

配方奶无前奶和后奶的变化，易导致新生儿热量摄入过多，引起肥胖。

五、哺乳的正确姿势和方法

正确的哺乳方法能使新生儿获取生长需要的足够营养，能有效减少哺乳问题，如乳头疼痛或皲裂，能帮助产妇坚持母乳喂养，并体会母乳喂养带来的乐趣与温馨。

1. 正确的哺乳姿势

常见的哺乳姿势有摇篮式、橄榄球式、交叉式和侧卧式。

（1）摇篮式

产妇以肘关节的弯曲部分支撑住新生儿的头，使新生儿的腹部紧贴住产妇的身体，产妇的另一只手支撑着乳房，如图 4-42 所示。

（2）橄榄球式

让新生儿在产妇身体的一侧，产妇用前臂支撑新生儿背部，让其颈和头枕在产妇的手上。这种的姿势对伤口的压力较小，适合剖宫产手术恢复中的产妇哺乳，如图 4-43 所示。

（3）交叉式

新生儿的位置与摇篮式的位置一样，但产妇用的是对侧的手臂，这样可以用手来支撑新生儿的头部，用前臂支撑身体。这种姿势可使产妇得以更好地控制新生儿头部的方向，如图 4-44 所示。

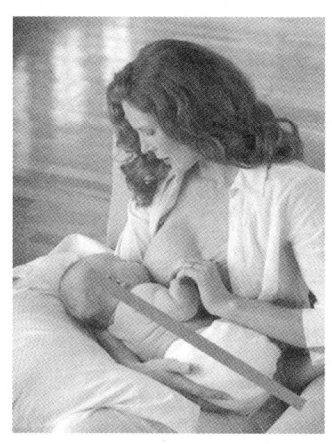

图 4-42 摇篮式

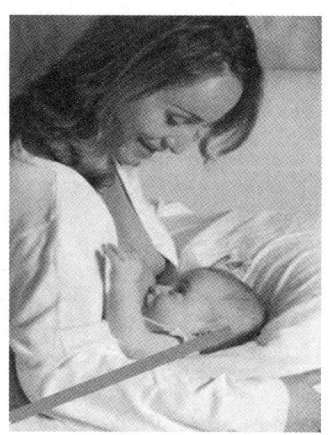

图 4-43 橄榄球式

（4）侧卧式

产妇在床上侧卧，可用枕头支撑住后背。让新生儿的脸朝向产妇，头枕在产妇的臂弯上，使新生儿的嘴和乳头保持水平。这是一个很舒适的哺乳姿势，适合剖宫产手术恢复中的产妇哺乳，如图 4-45 所示。

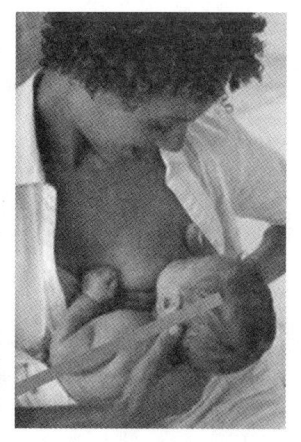

图 4-44 交叉式

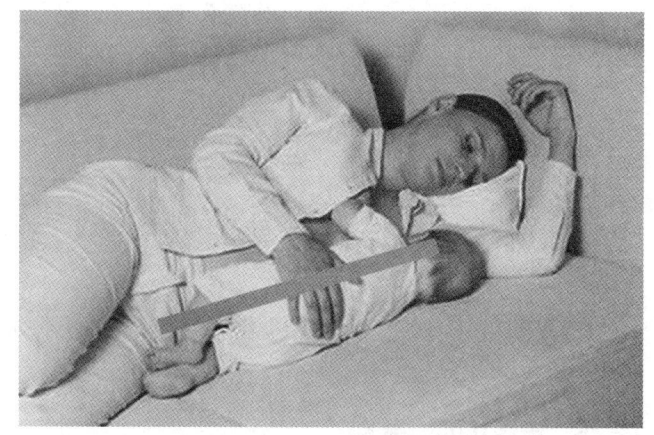

图 4-45 侧卧式

2. 正确的托乳姿势

（1）产妇以食指等四指支撑着乳房基底部，指面贴靠在乳房下的胸壁上。

（2）拇指放在乳房的上方，形成 C 字形托乳。

（3）哺乳时，上下各手指轻压乳房，改善乳房形态，使新生儿容易含接。

（4）托乳房的手不要太靠近乳头。

正确托乳姿势如图 4-46 所示。

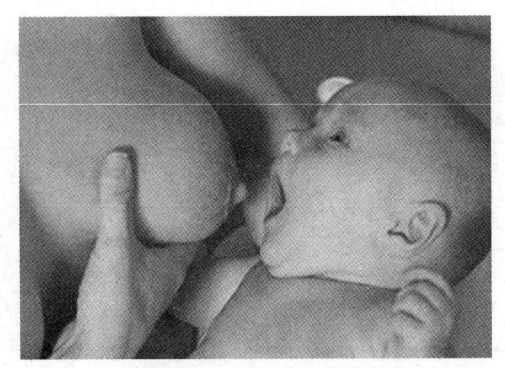

图 4-46　正确托乳姿势

3. 新生儿的衔乳姿势

（1）新生儿嘴张大，下唇外翻。

（2）舌呈勺状环绕乳头，面颊鼓起呈圆形。

（3）含接时可见到上方的乳晕比下方多。

（4）有节奏且大口地吸吮，能看到吞咽动作和听到吞咽声。

4. 衔乳不当的后果

（1）衔乳不当会导致产妇的乳头疼痛或者皲裂。

（2）新生儿不能有效地吸出乳汁，会导致产妇因胀奶而感到乳房胀痛。

（3）新生儿因吃不到奶、吃奶时间长，总是哭闹，甚至会因为总吃不到足够的奶而受挫，以至于完全拒绝吃奶。

（4）因为不能有效吸吮，乳汁没有很好排空，会使泌乳量减少，甚至导致逐渐没奶。

（5）衔乳不当使新生儿母乳不足而不得不添加配方奶，导致母乳喂养失败。

5. 新生儿的喂养量

很多家长生怕新生儿饿着，只要一听到哭声，就主观地认为新生儿饿了。如果此时产妇还没有下奶，就急着以配方奶来喂新生儿。其实，这样的做法是错误的。新生儿是带着3天的"口粮"来到这个世界的，等着妈妈身体恢复和逐渐泌乳。而在喂养量上，初乳和新生儿的胃容量更是完美匹配的。

出生第1天，胃容量/喂养量5～7毫升（约1勺），相当于1颗樱桃。

出生第2天，胃容量/喂养量10～13毫升（约2勺）。

出生第3天，胃容量/喂养量22~27毫升，相当于1个乒乓球。

出生第4天，胃容量/喂养量36~46毫升。

出生第5天，胃容量/喂养量43~57毫升，相当于1个鸡蛋。

6. 母乳充足的评估

（1）新生儿每天吃8~12次母乳。每次吃完母乳后，至少有一侧乳房已排空。产妇乳房柔软，没有结块区域。

（2）吃奶时，新生儿会发出有节奏的吸吮声，并伴有听得见的吞咽声。

（3）在出生后的头两天，新生儿至少排尿1~2次。从出生后第3天开始，新生儿每24小时排尿6~8次。

（4）新生儿每天至少排便3~4次，每次大便多于1大汤匙。

（5）新生儿睡眠质量好，精神状态好。

（6）出生4~5天开始，新生儿每周体重增加120~210克。

六、混合喂养和人工喂养

1. 混合喂养

在母乳不足的情况下，需考虑混合喂养。可以采用以下两种喂养方法。

（1）先吃母乳，每一侧乳房保持15分钟。若吃完之后，新生儿出现不满足、情绪不稳定的情况，则可以加点配方奶。吃完母乳再加配方奶时，通常量都不大，2周以后的新生儿最多只能加50~60毫升喂养量。

（2）采用母乳、配方奶间隔喂养，即一顿喂母乳，下一顿再喝配方奶。

2. 人工喂养

（1）配方奶的比例是1:1，要用40~50℃的水来冲调。

（2）喂奶要定时定量，每3~3.5小时喂一次，奶量根据新生儿的食量及包装说明量综合而定。

（3）奶具要严格清洗、消毒。

（4）剩余的奶不能再喂新生儿。

（5）两次喂奶之间要加喂一次水，夜间可以不用喂水，但是早上起来一定要先给新生儿喂水。一般新生儿每次的喂水量为10~30毫升，最多不要超过40毫升。

技=能=要=求

技能　指导产妇喂哺新生儿

一、操作准备

1. 乳房准备：用清水擦拭，温毛巾热敷5分钟。
2. 环境准备：环境清洁、整齐，温度适宜。

二、操作步骤

步骤1　产妇采用放松、舒适的姿势，如图4-47所示。

步骤2　产妇将新生儿的头颈部放在一侧上肢的肘关节处，同侧手臂托起新生儿的腰臀部，如图4-48所示。

图4-47　产妇采用放松、舒适的姿势

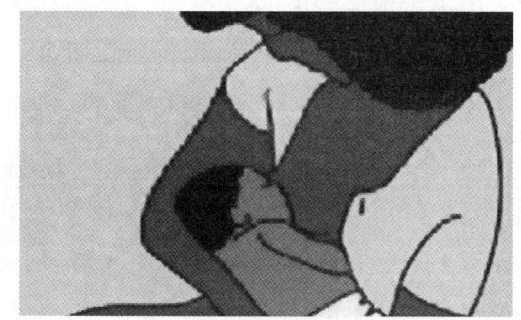

图4-48　将新生儿头颈部放在肘关节处，同侧手臂托起腰臀

步骤3　新生儿的头及身体呈一直线。

步骤4　新生儿的身体贴近产妇，脸对着乳房，鼻子对着乳头，下颌贴紧乳房。产妇一只手及手臂托着新生儿头、颈、躯干和臀部，另一只手呈C形托起乳房，体位舒适，如图4-49所示。

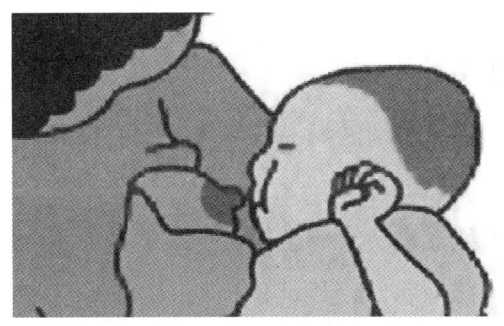

图 4-49 新生儿脸对乳房,鼻对乳头,产妇的手呈 C 形托起乳房

步骤 5 用乳头碰新生儿的嘴唇,使之产生觅食反射,如图 4-50 所示。

步骤 6 当新生儿把嘴张大时,将乳头及大部分乳晕放入新生儿口中,如图 4-51 所示。

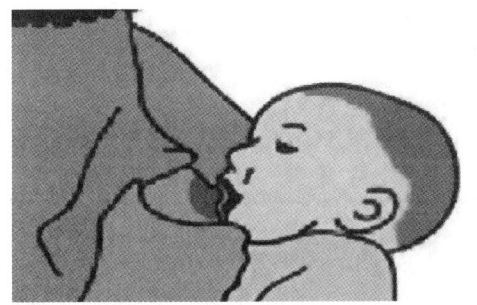

图 4-50 乳头碰新生儿嘴唇,使之产生觅食反射

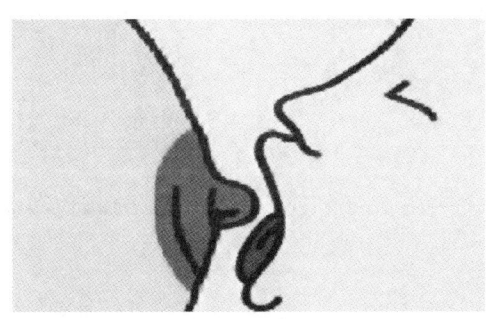

图 4-51 将乳头及乳晕放入新生儿口中

步骤 7 新生儿口唇呈鱼唇状,如图 4-52 所示。

步骤 8 新生儿有规律地做吞咽动作,产妇有下奶的感觉,如图 4-53 所示。

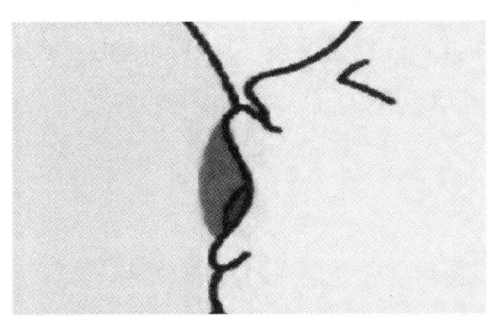

图 4-52 新生儿口唇形状

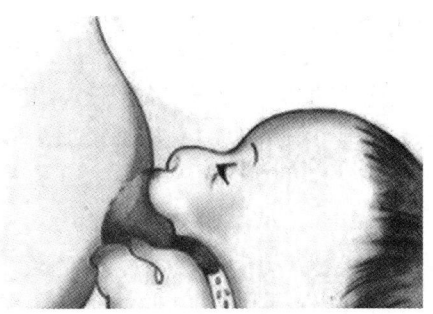

图 4-53 新生儿有吞咽动作,产妇有下奶的感觉

三、注意事项

1. 喂奶前产妇要洗手、清洗奶头，坐在椅子上，后背放一靠垫，脚下放小凳放松腰部。

2. 一只手呈C形托起乳房，使出乳通畅，防止乳房堵住新生儿的鼻子。

3. 喂哺后将新生儿抱起，让其趴在产妇的胸前，轻拍后背，打出嗝，排出吃进的空气。

4. 每次喂哺后，挤少量的奶涂在奶头上，放下新生儿时使其呈右侧卧位。

培训课程 3　照护新生儿

学习单元1　新生儿生理特点

知＝识＝要＝求

一、新生儿概念

从出生到满28天的新生婴儿称为新生儿。在新生儿里，又有早产儿、足月儿和过期儿。胎龄28～37周出生的为早产儿，37周至42周出生的为足月儿，超过42周出生的为过期儿。

二、新生儿的生理特点

1. 体重

新生儿出生时平均体重约3千克，足月儿出生后第一个月体重增长1～1.5千克。若新生儿体重迟迟不增加，应查找原因并及时到医院检查。

新生儿出生 2~3 天后，会出现暂时性的体重下降，医学上称为"生理性体重下降"。新生儿的体重会在 7~10 天恢复到出生时的水平。生理性体重下降程度不超过出生体重的 10%，属于正常现象，不是母乳不足，不要急于增加或调整配方奶。

新生儿生理性体重下降的原因包括：胎脂的吸收；大量水分经皮肤、肺、胃、肠排出，其中大部分是皮肤蒸发；胎便、呕吐物（羊水等）排出；新生儿出生后头几天吸吮能力弱，摄入量较少。

环境过热、过冷可加重生理性体重下降。体重下降程度超过出生体重 10%，或出生 10 天后未恢复到出生时体重的，应及时就医。

2. 身长

身长指从头顶到足底的全身长度。新生儿平均身长约 50 厘米，满月时一般可增加 3~4 厘米。身长的增加个体差异较大，与遗传、种族、内分泌、营养、运动和疾病等因素有关。

3. 头

新生儿的头部与身体相比显得较大，约占身长的 1/4。如果头部全部暴露在外面，新生儿会感受到冷，所以在冬天要做好头部的保暖，戴个小帽子。

头围指经眉弓上方，绕头一周的长度。新生儿头围平均为 32~34 厘米。顺产的新生儿，除头部形状拉长外，可能还会有头皮下肿胀。这种情况不必特殊处理，更不能用手揉，6~10 周后可自然消失。头围与脑和颅骨的发育密切相关。头围的经常性测量在婴幼儿 2 岁前最有价值，较小的头围常提示脑发育不良，头围增长超常则提示可能是脑积水或其他脑部疾病。

新生儿头部有两个软化区域，称为囟门。较大的一个囟门（前囟门）位于头顶部，较小的一个囟门（后囟门）位于枕后部。正常幼儿的前囟门于 1~1.5 岁时闭合，后囟门于出生时就已很小或已闭合。在给新生儿洗澡时，触摸囟门要轻柔。

4. 呼吸

新生儿以腹式呼吸（肚子一起一伏）为主，随着年龄增长，开始出现胸腹式呼吸。年龄越小，呼吸频率越快。新生儿刚出生时的呼吸浅且不规则，平均每分钟 40 次，若呼吸频率超过每分钟 60 次应及时就医。

5. 体温

新生儿体温不稳定，容易受外界环境影响，如新生儿穿的衣服太多或洗澡水太热或太凉，都会引起其体温变化。新生儿的正常体温比成人高，一般在 36~37 ℃之间波动，一般饭后、洗澡后、大哭后、午后体温都会较高，上午和睡眠时体温都较低，可相差 0.5~1 ℃。

对新生儿应精心护理，首先要保持适宜的睡眠环境，室温尽量保持在 18~22 ℃，湿度保持在 50% 左右。冬季，在取暖良好的房间，不要穿得太厚。夏季酷暑时，可以使用空调，但应尽量少用，使用时绝对不能将温度调得过低，更不能对着新生儿直吹。

给新生儿包裹时，不要采取"蜡烛包"的包裹方式。"蜡烛包"是指成人强行将婴儿四肢拉直，紧紧包裹，这样做不利于新生儿的四肢运动及触觉的发展。

6. 大便

新生儿一般出生后 10~12 小时开始排便（胎便），大便呈深绿色或墨绿色黏稠状，这种大便一般 2~3 天可排尽。吃奶后大便逐渐转为黄色。用配方奶喂养的新生儿，大便呈淡黄色，且多成形，一天至少大便 1 次。母乳喂养的新生儿，大便为金黄色糊状，略带酸味。

新生儿的排便次数多少不一，有的新生儿每天 5~6 次甚至更多，大便为软便或糊状便，均属正常。

7. 小便

新生儿出生第一天就开始排尿，但尿量较少，全天尿量一般只有 10~30 毫升。第一天排尿只有 2~3 次。尿色开始较深，一般呈黄色，以后随着喂奶、摄入的水分逐渐增加，尿液总量逐天增加，每天的排尿次数也逐渐增多。出生后一周，排尿次数可增至每天 10~30 次，小便颜色也逐渐变淡。新生儿生病或天气炎热时，尿量可能减少一半。

正常排尿不会疼痛，如果新生儿排尿时表现出痛苦的样子，则应及时就诊。

8. 睡眠

新生儿时期是人的一生中睡眠时间最多的时期，每天要睡 18~20 小时。睡眠分为深睡与浅睡，新生儿时期两者各占 50%。深睡时，新生儿很少活动，眼珠不动，呼吸规则。浅睡时，新生儿有吸吮动作，面部多表情，眼珠在眼皮下转动。家政服务员要了解新生儿在浅睡时的表现，不要把这些动作当成身体不适，而用过多的喂养或照料去打扰他们。

9. 感知觉

（1）视觉

新生儿的视力较弱，只能看到 20 厘米以内的东西，喜欢看人的面孔。

（2）听觉

新生儿满月时，听力发育成熟，会将头转向发出熟悉声音的方向。

（3）嗅觉

新生儿的嗅觉发达，妈妈把乳房靠近新生儿的脸，其一定会贴上来。

（4）味觉

新生儿的味觉相当发达，特别喜欢舔喝白糖水，讨厌苦味。

（5）触觉

习惯于被包裹在子宫里的新生儿，出生后喜欢紧贴他人的身体。当新生儿哭的时候，可以轻轻抱起拍拍，这会使新生儿对触觉的需要得到满足。

学习单元 2　清洗、消毒奶具

知=识=要=求

一、新生儿奶具的种类

新生儿奶具有传统直体型（见图 4-54）、曲体可循环型（见图 4-55）、一次性奶瓶（见图 4-56）、无泡型奶瓶（见图 4-57）、免提奶瓶（见图 4-58）和空腔式奶瓶（见图 4-59）。

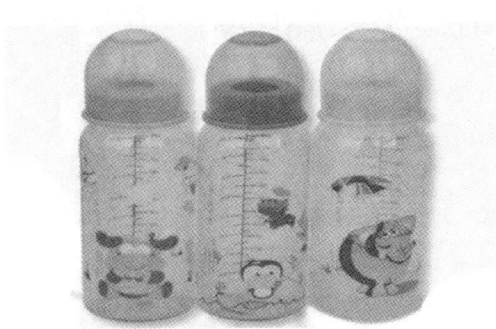

图 4-54　传统直体型

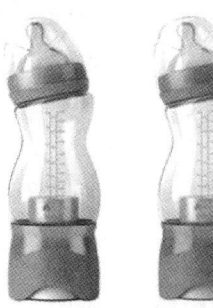

图 4-55　曲体可循环型

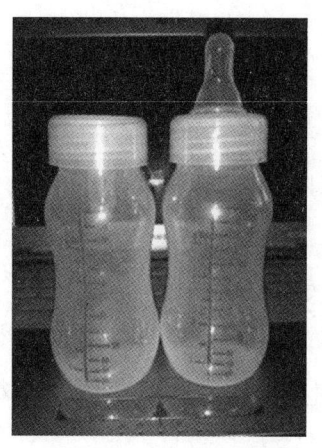

图 4-56 一次性奶瓶

图 4-57 无泡型奶瓶

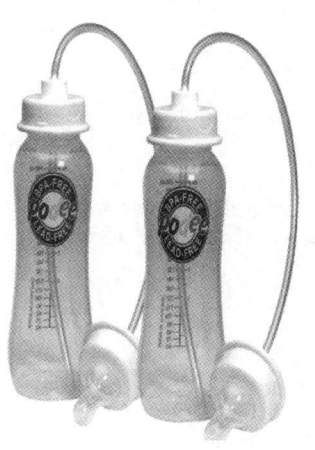

图 4-58 免提奶瓶

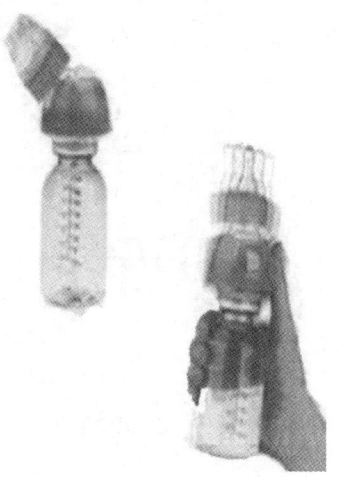

图 4-59 空腔式奶瓶

二、为新生儿清洗、消毒奶具的重要性

为新生儿的奶具进行清洁、消毒，可预防各种食源性疾病。

（技 能 要 求）

技能　清洗、消毒奶具

一、操作准备

物品准备：肥皂、刷子、锅、蒸汽锅、微波炉、洗涤液、流动水。

二、操作步骤

步骤 1 用流动水、肥皂洗净双手,如图 4-60 所示。

步骤 2 用刷子蘸洗涤液将奶具从里到外刷干净,不留奶渍,如图 4-61 所示。

步骤 3 洗净后用流动水反复冲洗刷净,如图 4-62 所示。

图 4-60 洗净双手

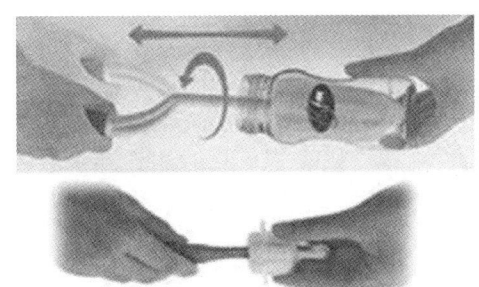

图 4-61 从里到外刷,不留奶渍

步骤 4 煮沸流程:将干净奶具放入锅中加冷水浸没,加盖煮沸,水开计时,煮 10 分钟。硅胶奶嘴和橡皮奶嘴的消毒方法不同。硅胶耐煮,橡皮不耐煮。橡皮奶嘴要在煮沸后 7~8 分钟放入,再煮 2~3 分钟关火。将奶具晾凉,沥干,放在消毒锅内备用,如图 4-63 所示。

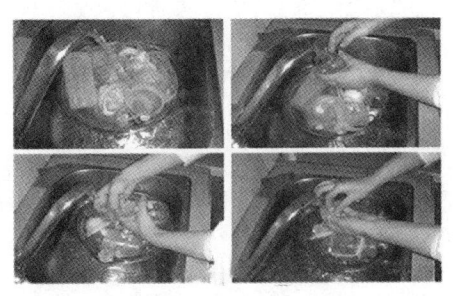

图 4-62 用流动水反复冲洗

图 4-63 煮沸消毒

步骤 5 蒸汽锅消毒法流程:把奶嘴拧下,将奶瓶朝上,放入奶嘴,用蒸汽锅消毒 5~10 分钟即可,如图 4-64 所示。

步骤 6 微波消毒法流程:将清洗后的奶瓶盛上清水放入微波炉,打开高火 10 分钟即可,切不可将奶嘴及连接盖放入微波炉,以免变形、损坏,如图 4-65 所示。

图 4-64 蒸汽锅消毒

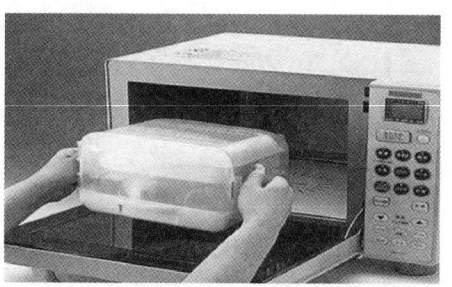
图 4-65 微波炉消毒

三、注意事项

1. 橡皮奶嘴不可长时间煮沸，以免老化。
2. 奶瓶一定要洗净，不留奶渍及洗涤液的残留物。

学习单元 3　为新生儿冲调奶粉

知=识=要=求

一、配方奶粉分类

配方奶粉依其适用对象可分为下列三大类。

1. 以牛乳为基础的婴儿配方奶

以牛乳为基础的婴儿配方奶适用于大多数婴儿。

2. 特殊配方的婴儿配方奶

一些特殊生理状况的婴儿需要食用经过特别加工处理的婴儿配方食品。此类婴儿配方食品需经医师、营养师指示后，才可食用。

3. 早产儿配方奶

这种配方奶对配方进行了改良，如将乳糖改为葡萄糖聚合物，或以中链脂肪酸油取代部分长链脂肪酸油等，以适合早产儿食用。

二、冲调奶粉的原则

现配现用，避免污染，保证清洁，冲调比例适宜，温度适宜。

职业模块 4　照护孕产妇与新生儿

技=能=要=求

技能　为新生儿冲调奶粉

一、操作准备

材料准备：奶粉、奶瓶、奶嘴、水、量勺、量杯、漏斗。

二、操作步骤

步骤 1　认真清洁双手，取出已经消毒好的奶瓶，如图 4-66 所示。

步骤 2　配方奶配制方法：

（1）奶瓶先预热消毒，如图 4-67 所示。

图 4-66　洗净双手

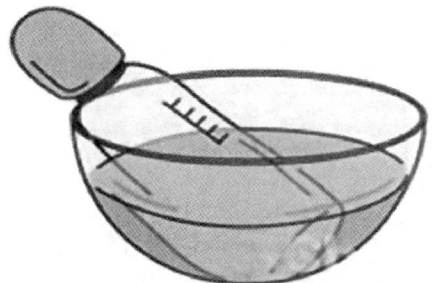

图 4-67　奶瓶预热消毒

（2）用量勺舀奶粉，再用刀背把奶粉刮成平匙，不要刻意压平，如图 4-68 所示。

（3）用量杯测量开水量，把量取好的奶粉添加进去，如图 4-69 所示。

图 4-68　量勺舀奶粉，用刀背刮平

图 4-69　量杯测量开水量，加入奶粉

（4）用漏斗把冲好的奶倒入已经预热好的奶瓶，如图 4-70 所示。

（5）新生儿如果不是立即饮用，应把奶瓶的奶嘴倒放在瓶内，如图 4-71 所示。

图 4-70　把奶倒入奶瓶

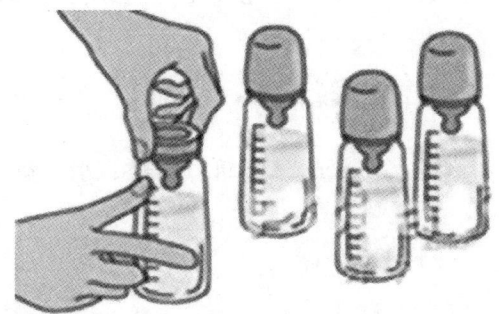

图 4-71　如不是立即饮用，应把奶嘴倒放

三、注意事项

1. 水温不要过高。
2. 应严格按照包装说明浓度冲制奶粉。
3. 现配现食。

学习单元 4　给新生儿喂奶和水

知=识=要=求

一、给新生儿喂奶、喂水的原则

现配现用，定时定量，保证奶具卫生。

二、人工喂养的要点

1. 奶具消毒

新生儿所用的奶瓶、奶嘴、汤勺、奶锅等，必须每次消毒，并放在固定盛器内，最好是带盖的锅中，以保证清洁和消毒质量。

2. 奶液调配时间

牛奶是很好的细菌培养剂，要防止变质，宜根据季节掌握调配方法，现配现喝。

3. 试温

喂奶前需先试温,试温方法只需倒几滴奶于手腕内侧即可,切勿由成人直接吸奶嘴尝试,以免奶嘴受成人口腔内细菌的污染。

4. 喂奶姿势

新生儿最好斜坐在产妇的怀里,产妇扶好奶瓶,慢慢喂哺。从开始至结束,都要保持奶液充满奶头和瓶颈,以免新生儿将空气吸进。喂奶后需将新生儿抱起,轻拍背部,排出吸入的空气,避免新生儿溢奶。

技 能 要 求

技能　给新生儿喂奶和水

一、操作准备

1. 家政服务员要先给新生儿换掉尿湿的尿布。
2. 清洗干净双手,调配好奶、水,并检查奶、水的温度和流速。
3. 要使新生儿保持愉快的心情进食。

二、操作步骤

步骤1　抱起新生儿,找一个相对安静、舒适的场所坐下,将新生儿以坐位形式置于股骨处,使新生儿的头部正好落在家政服务员的肘窝里,同时用前臂支撑起新生儿的后背,使新生儿呈半躺的姿势,但不要让新生儿平躺下来,以保证其呼吸和吞咽安全,如图4-72所示。

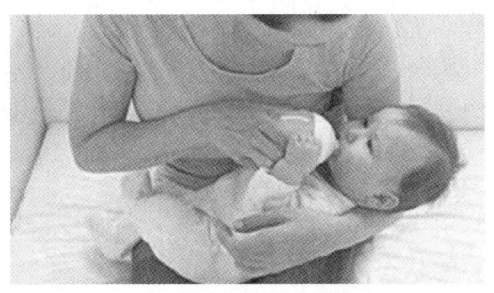

图4-72　喂奶时新生儿的姿势

步骤 2 拿起奶（水）瓶，并用奶（水）瓶嘴轻碰新生儿的嘴，待其张开嘴后顺势将奶嘴轻轻地放进新生儿嘴里。奶嘴不能插得过深，奶（水）瓶与婴儿的脸要形成一个倾斜的角度，以保证奶嘴中始终充满奶（水）。

步骤 3 喂奶过程中要以愉快的心情对待新生儿，应面带微笑，亲切地看着新生儿，边喂边轻轻地对新生儿说说话或唱唱歌，应尽量让新生儿在轻松、自然、愉快的状态下喝奶（水）。

步骤 4 新生儿吃饱后，要将新生儿抱起并轻轻地拍打其后背。每次喂奶（水）后应把新生儿以站立方式抱起来，让其靠在家政服务员的肩膀上，用手轻轻拍打其背部数下，使其能够打一个嗝，使喝奶（水）时吸入的空气被排出，这样可以避免新生儿溢奶。如果吸入空气较多，而又不能排出，则可在其腹部轻揉几分钟，待有气泡在胃里"咕噜、咕噜"作响时，再拍拍新生儿背部，空气就会排出来。喂奶（水）后不要过多晃动新生儿，最好让其以右侧卧位姿势睡一会儿，如图4-73所示。

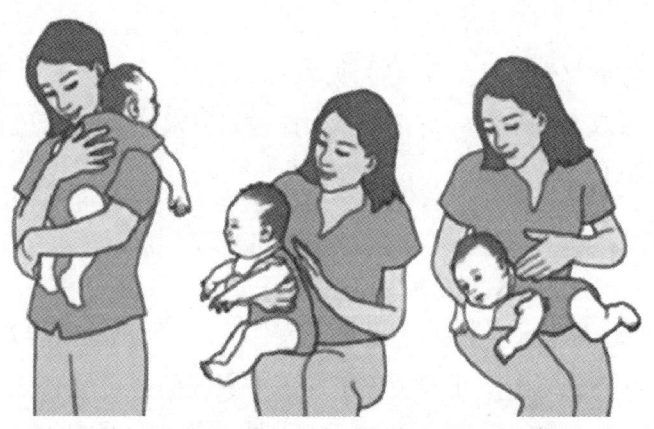

图4-73 新生儿吃饱后，轻拍其后背，使其打嗝

三、注意事项

1. 喂奶（水）时应该注意新生儿的安全，要将新生儿抱紧，防止其滑落。要尽可能让新生儿能够紧贴家政服务员的身体，从而增加新生儿的安全感。

2. 喂奶（水）前要先滴几滴奶（水）在手腕内侧，试一试奶（水）的温度，以感到不烫、不凉的状态喂给新生儿。

3. 奶（水）瓶要倾斜，使瓶颈始终充满奶（水），从而避免新生儿吸入太多空气,并保证其能够充分含吮奶嘴。

4. 奶嘴孔的大小要适当,如果奶嘴孔太小,新生儿吸着会很累;如果奶嘴孔太大,新生儿又会呛着。每分钟能够自然流出3滴奶(水)的速度较为适合新生儿。

学习单元5　托抱新生儿

知=识=要=求

一、正确托抱新生儿的原则

保证新生儿安全,按正确方法托抱,动作轻柔。

二、正确托抱新生儿的要点

1. 要注意托住新生儿的头部及腰臀部。
2. 不要竖着抱新生儿。
3. 多与新生儿交流。
4. 让新生儿紧贴产妇的左胸。

技=能=要=求

技能　托抱新生儿

一、操作准备

1. 洗干净双手。
2. 穿着得体。

二、操作步骤

步骤1　一只手托住新生儿的头颈部。

步骤2　另一只手托住新生儿的腰臀部。

步骤3　将新生儿的头部放在产妇的肘窝处,产妇的另一只手抱住新生儿的腰臀部。

步骤4 将新生儿紧紧靠近产妇的身体。

正确托抱新生儿如图4-74所示。

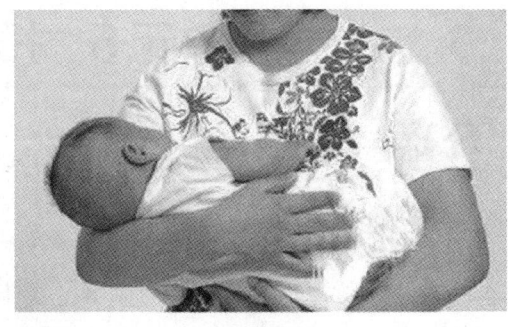

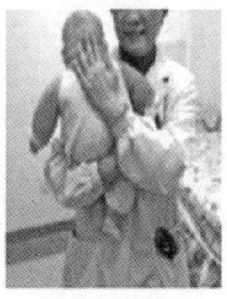

正确抱姿：新生儿期横抱时，一定要让头颅有支撑。　　错误抱姿：新生儿的头颈部没有托住，影响颈部和躯干肌肉发育。　　正确抱姿：3个月内竖抱一定要托住头颈。

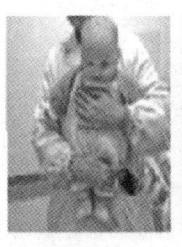

正确抱姿：婴儿满月后就可以竖抱，这样是最佳的抱姿。　　错误抱姿：这样脊柱压力大，对脊柱和胸部发育不好。

图4-74 正确托抱新生儿

三、注意事项

1. 托抱者双手要干燥,避免湿滑。
2. 托抱著动作要轻柔,方法正确。

学习单元6　照护新生儿盥洗、沐浴

知=识=要=求

一、新生儿盥洗、沐浴的意义

1. 新生儿皮肤娇嫩,抵抗力弱,加上各种刺激如大小便、汗液、呕吐物等,极易造成感染。因此,盥洗沐浴可以消除新生儿身上的病菌、病毒,清洁皮肤。盥洗沐浴还可清除身上的污垢,避免污垢堵塞住皮脂腺和汗腺的开口而妨碍它们的机能。

2. 水环境最有利于新生儿发育。因为胎儿习惯了羊水中的生活,胎儿离开母腹以后,又重新回到液体中,其会很舒服,发育得更好。

3. 经常给新生儿盥洗、沐浴可加速皮肤血液循环,保护上皮细胞不受损害,调节机体各系统活动功能,促进新生儿的生长发育。

4. 经常盥洗、沐浴能消除疲劳,提高新生儿对疾病的抵抗力,从而提高新生儿的健康水平。

5. 盥洗、沐浴时还可以全面检查一下新生儿的皮肤有无异常现象,因为许多传染病都是通过出皮疹表现出来的。

二、新生儿盥洗、沐浴的要点

1. 选择新生儿专用沐浴露,因新生儿皮肤娇嫩,使用成人沐浴露容易受到刺激,造成过敏和红肿。
2. 给新生儿洗澡后,可涂少量润肤油。
3. 给新生儿洗脸时要注意保护好眼睛。
4. 洗澡时不要让水流进新生儿的耳朵里。

技=能=要=求

技能 1　照护新生儿盥洗（洗头、手、脚、臀部、会阴）

一、操作准备

新生儿盥洗准备如图 4-75 所示。

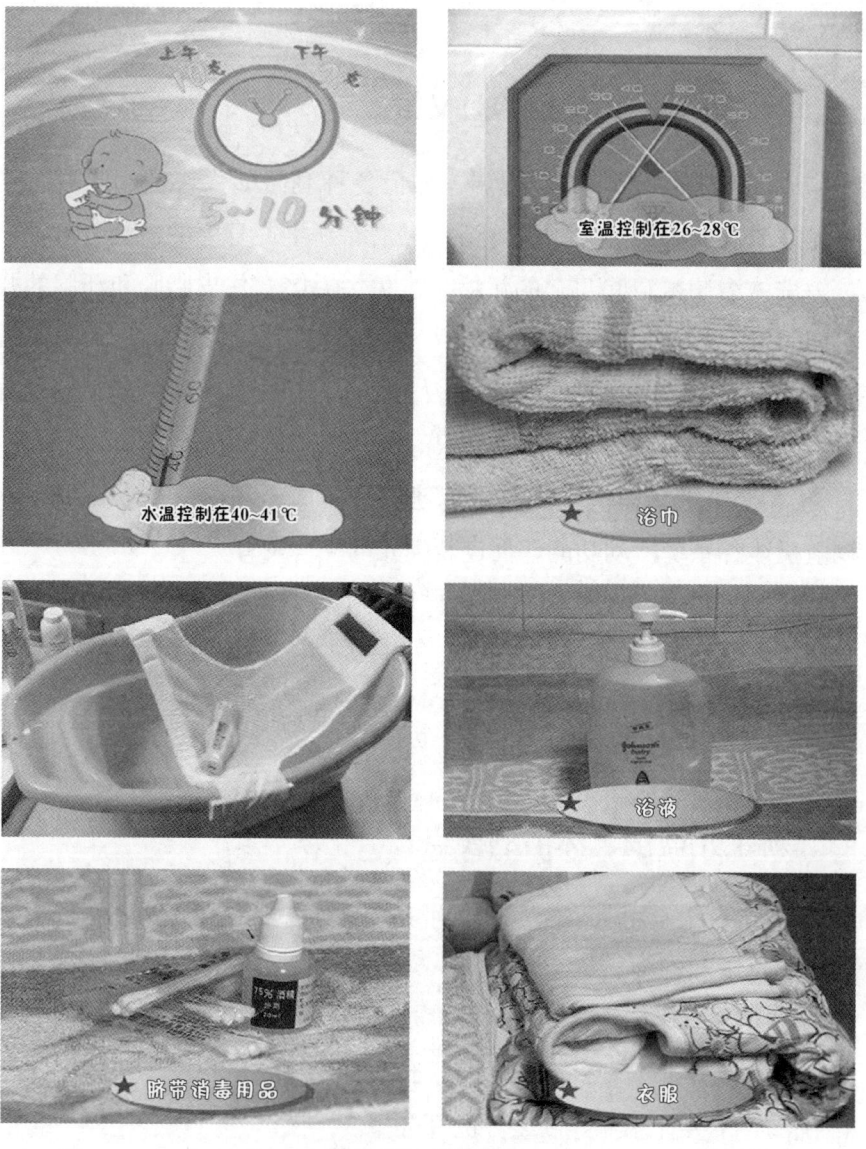

图 4-75　盥洗准备

图 4-75 盥洗准备（续）

二、操作步骤

步骤 1 操作者洗手，如图 4-76 所示。

步骤 2 将毛巾放入温水中，如图 4-77 所示。

图 4-76 洗净双手

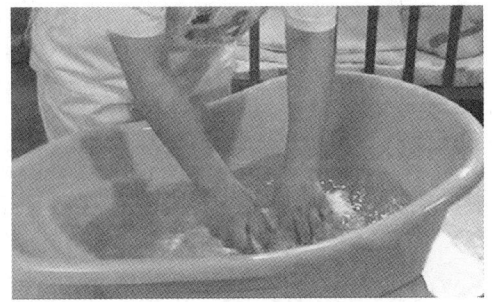

图 4-77 毛巾放入温水

步骤 3 先洗眼部，再洗嘴鼻、面颊、耳朵，如图 4-78 所示。

步骤 4 洗头，如图 4-79 所示。

步骤 5 洗手、洗脚，如图 4-80 所示。

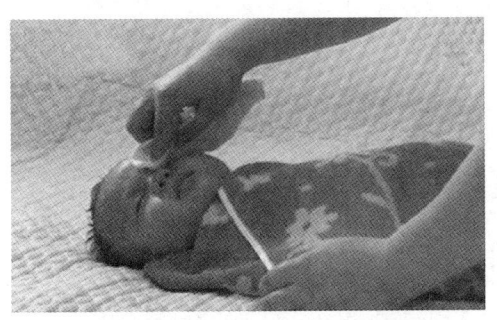

图 4-78 依照顺序给新生儿清洗

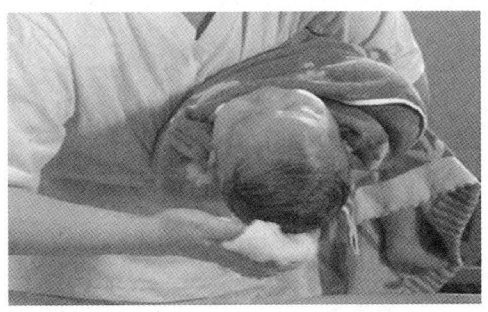

图 4-79 洗头

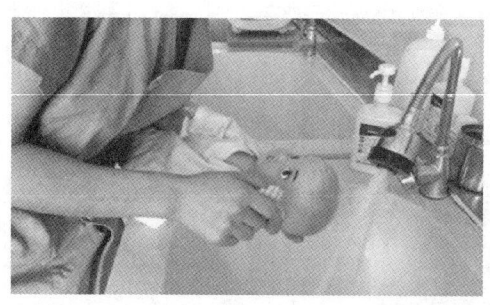 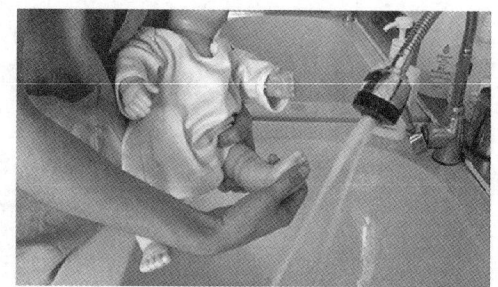

图 4-80　洗手、洗脚

步骤 6　洗臀部，如图 4-81 所示。

步骤 7　洗会阴，如图 4-82 所示。

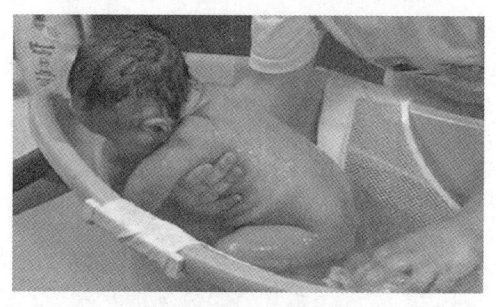 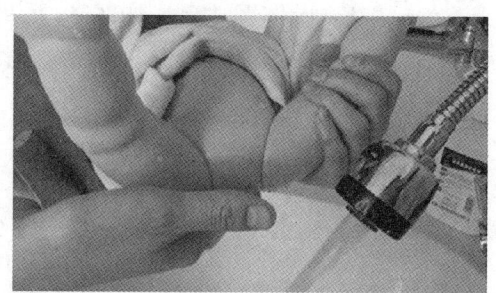

图 4-81　洗臀部　　　　　　　　图 4-82　洗会阴

三、注意事项

1. 要注意清洁，擦不同部位可用毛巾的不同位置。
2. 洗新生儿耳部时，要防止水进入外耳道。
3. 洗涤用品要用无刺激性的婴儿用品，动作要轻柔。
4. 臀部洗后，可用护臀膏。

技能 2　照护新生儿沐浴

一、操作准备

1. 洗澡盆内先放入适量凉水，然后再放入热水，使洗澡水温度保持在 40~41 ℃。

2. 给新生儿脱去衣物。

3. 室温保持在 26~28 ℃。

二、操作步骤

步骤1 洗完脸部后,将新生儿托起放在家政服务员的前臂上,将新生儿臀部夹在家政服务员的腰部,使其头向前,脸向上,托住新生儿的头及肩。

步骤2 用拇指和中指从新生儿的耳后向前轻轻把其耳朵眼堵住,然后用小毛巾蘸温水淋湿头发,开始清洗新生儿的头部。

步骤3 在新生儿的头发上适当涂些婴儿洗发液轻轻搓洗干净,再用温水冲洗干净,擦干即可。

步骤4 新生儿头发清洗干净后,将新生儿放在干净的温水中,用前臂托住其上身,一只手抓住其臀部,使新生儿在盆中呈半坐姿势,然后用另一只手持毛巾蘸温水洗颈部、腋窝、胸腹部、上肢、下肢。将新生儿翻过来,使其趴在家政服务员的前臂上,洗后背和臀部。

步骤5 新生儿全身打湿后,根据需要可在新生儿身上适当涂些婴儿皂或婴儿沐浴液以助清洁,擦洗干净后,用温水将新生儿身上的肥皂沫或沐浴液冲洗干净即可。

步骤6 冲洗干净后将新生儿抱出放在干净的浴巾上,从头到脚迅速擦干,涂抹护肤油,随后迅速穿上尿裤,穿衣包好。

照护新生儿沐浴如图 4-83 所示。

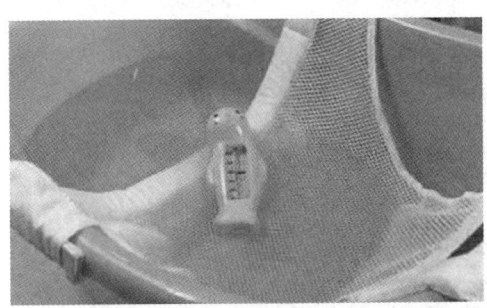 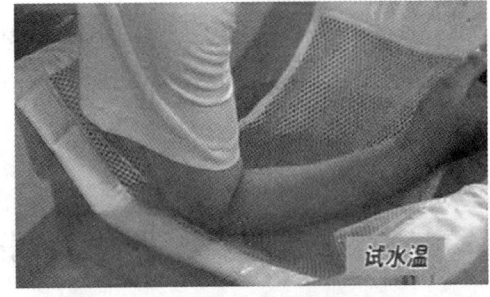
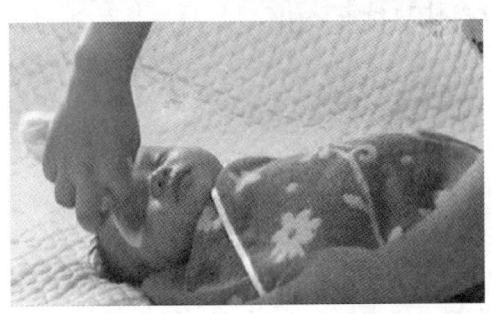 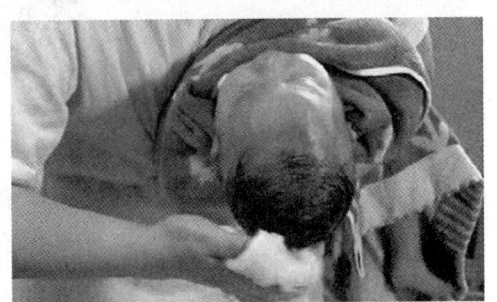

图 4-83 依照顺序给新生儿沐浴

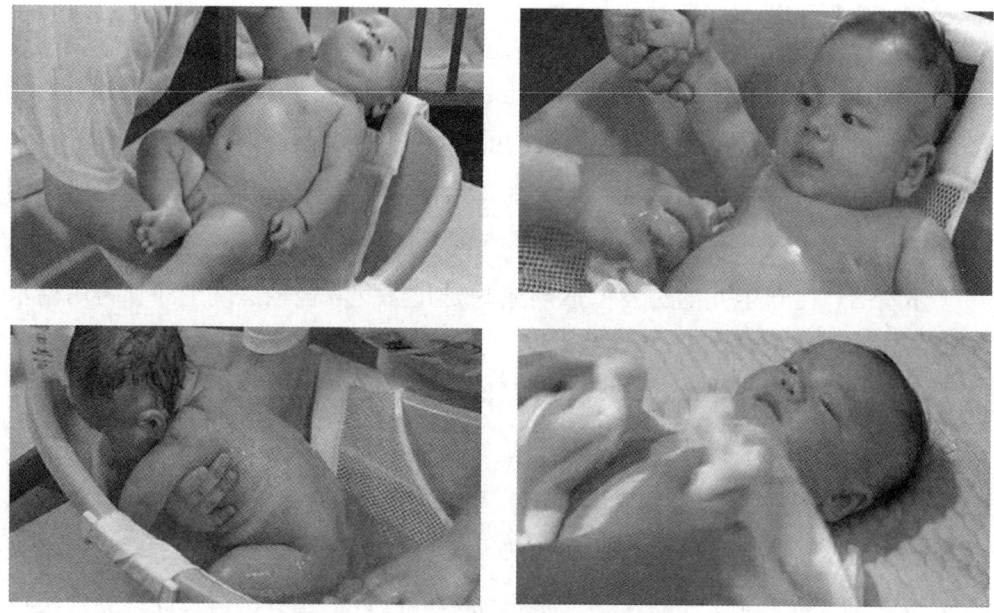

图 4-83 依照顺序给新生儿沐浴（续）

三、注意事项

1. 给新生儿放洗澡水时必须先放凉水，然后再往凉水里加热水，边加热水，边测试水温，必要时可以用温度计测试水温，以防止发生烫伤。

2. 给新生儿洗澡时动作一定要轻柔、迅速；洗澡时应注意观察新生儿全身有无异常，若发现异常应及时就医。整个洗澡过程必须控制在 5~10 分钟。

3. 当新生儿有发热、腹泻、呕吐、烫伤、荨麻疹等病时不宜洗澡，新生儿刚吃完奶或空腹时不宜洗澡，新生儿生病或退热不足两天的不宜洗澡。

学习单元 7　为新生儿穿、脱并洗涤衣服及换纸尿裤

知=识=要=求

一、为新生儿穿、脱并洗涤衣服及换纸尿裤的原则

1. 穿脱原则

动作轻柔，保证新生儿安全，注意保暖。

2. 洗涤原则

及时洗涤，避免化学洗涤物残留。

二、新生儿穿、脱并洗涤衣服及换纸尿裤的要点

1. 新生儿穿、脱衣服的要点

（1）给新生儿穿衣、脱衣时，一定要让新生儿仰面躺在垫子或毛巾上。

（2）家政服务员不要留长指甲，避免在接触时伤害到新生儿。

（3）穿、脱衣服时动作要轻柔。

2. 洗涤衣服的要点

不要用去污力强的洗涤剂，可用普通肥皂或专用洗涤用品，注意一定要用清水漂洗干净，去除残余的洗涤剂。洗后在阳光下晾晒，消毒灭菌。晒干后不宜与樟脑球及其他防腐、防潮、防虫制品同放。

3. 换纸尿裤的要点

（1）型号适宜。

（2）换纸尿裤时，动作要轻柔迅速。

（3）换纸尿裤时，应将新生儿双腿拎起，保证新生儿的安全。

（4）换纸尿裤时，应将纸尿裤的边缘抚平，保证腿部松紧度适宜。

技 能 要 求

技能 为新生儿穿、脱并洗涤衣服及换纸尿裤

一、操作准备

1. 环境准备：温度适宜、光线充足。
2. 物品准备：衣物、纸尿裤、盆、洗涤用品、衣架等。

二、操作步骤

1. 穿脱方法

步骤1 动作要快、轻柔。

步骤2 先将新生儿脏衣服脱下，迅速将干净衣服穿上。

步骤3 操作者一手从新生儿袖口伸入袖笼握住新生儿的小手,轻轻把新生儿的手臂带过来,轻握新生儿的另一手臂送入另一袖笼,然后拉直衣服,扣上门襟。

2. 套衫穿脱方法

步骤1 套衫脱法:先脱新生儿双上肢,然后把衣服往上卷,在衣服领圈处撑一下,从头部脱下,如图4-84所示。

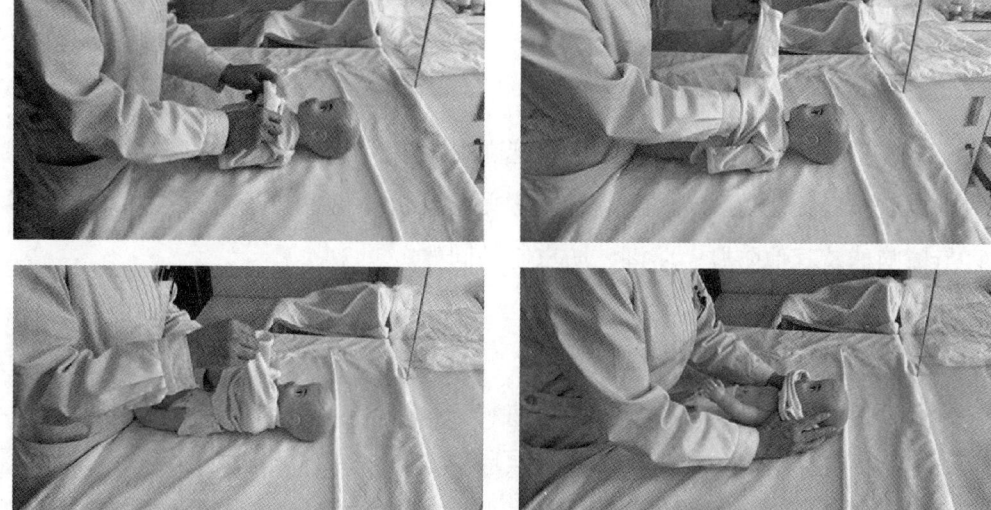

图4-84 套衫脱法

步骤2 套衫穿法:先把套衫收拢成一个圈并用两拇指在衣服的领圈处撑一下,再套过新生儿的头,然后把袖口弄宽,轻轻地把新生儿的手臂牵引出来,最后把套衫往下拉平,如图4-85所示。

3. 洗涤方法

(1)新生儿的衣服必须单独洗涤。
(2)用中性肥皂或洗涤液手工洗涤。
(3)洗衣后立即漂清。
(4)在太阳下晒干。

4. 换纸尿裤

步骤1 打开纸尿裤,有腰围腰贴部分垫于臀下,再将前半段折到肚前,如图4-86所示。

步骤2 拉伸弹性腰围贴,照着正面的数字刻度粘上,如图4-87所示。

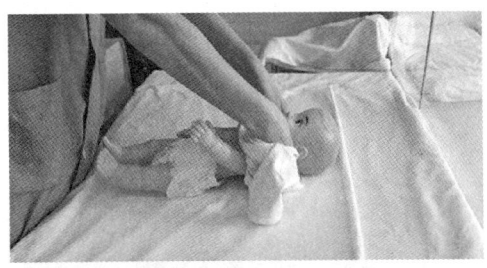
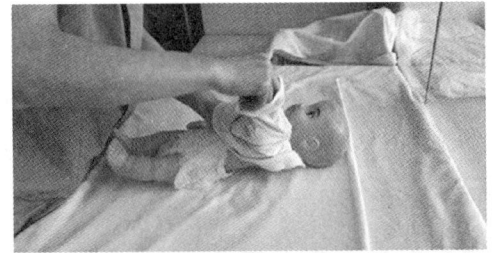
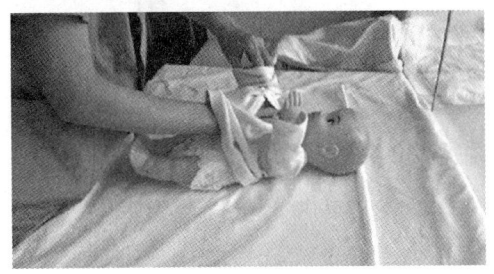
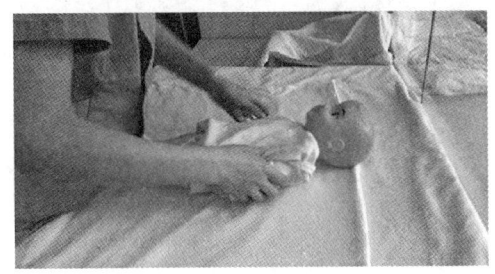

图 4-85　套衫穿法

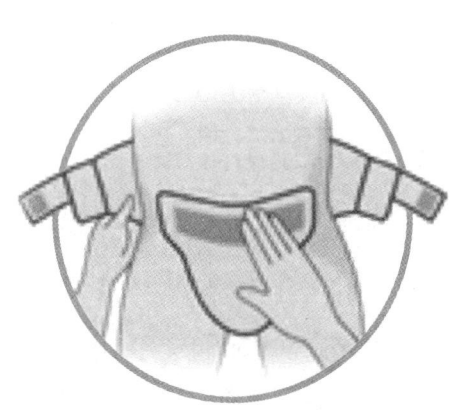
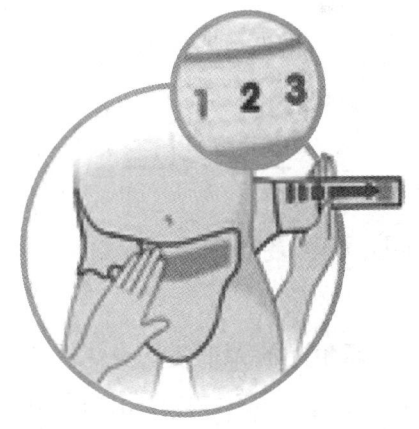

图 4-86　腰围腰贴垫于臀下，前半段折到肚前　　　图 4-87　调整松紧度粘上

步骤 3　腰部松紧以能插入一根手指为宜，如图 4-88 所示。

步骤 4　适当整理腰部和腿部褶边，防止后漏和侧漏，如图 4-89 所示。

三、注意事项

1. 穿、脱衣服动作要轻柔、速度快，注意保暖。

2. 新生儿衣服要使用纯棉的，毛边平、软，袖口要光边，以免纱线缠手。

3. 换纸尿裤前，抚平纸尿裤边缘的弹力部位。

4. 换纸尿裤前，如果是男性新生儿，应把纸尿裤包在脐部以下，以免弄湿脐部。

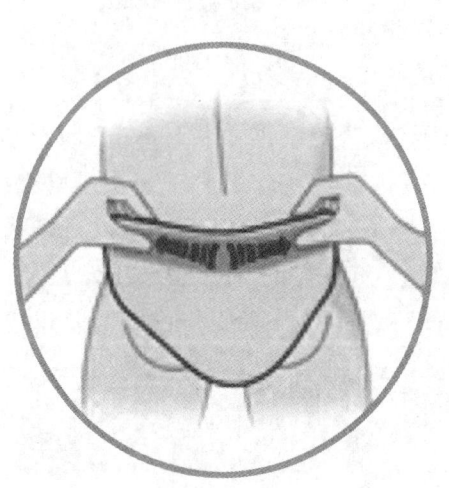

图 4-88　松紧度以能插入一根手指为宜

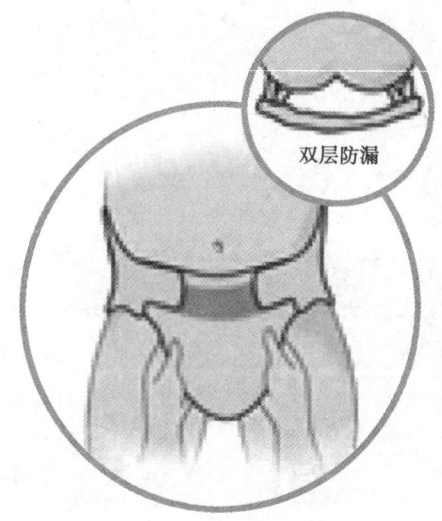

图 4-89　整理腰部和腿部

5. 换纸尿裤时，应注意观察新生儿二便情况。

学习单元 8　为新生儿便后清洁

知=识=要=求

新生儿的大小便是身体健康的晴雨表，很多疾病都是通过大小便的异常表现出来的。仔细观察大小便有利于对新生儿身体健康的把控。因此，对新生儿大小便的观察是家政服务员照护新生儿时每天必不可少的工作。

一、新生儿的大便特点

新生儿出生 24 小时内排出胎粪，胎粪由胃肠分泌物、胆汁、上皮细胞、胎毛、胎脂，以及咽进的羊水等组成，也称为胎便。颜色通常为绿色，呈黏糊状，没有臭味。随后 2~3 天排棕褐色的过渡便，以后转为正常大便。由于喂养条件不同，正常大便也有差异。

1. 正常新生儿大小便的特点

（1）母乳喂养新生儿的大便

1）颜色呈黄色或金黄色。

2）味为酸味，但不臭。

3）形状为黏糊状，有时会呈稀糊状，微带绿色。

4）每天排便 3~6 次。

（2）人工喂养新生儿的大便

1）颜色呈淡黄色。

2）质地略干，偏硬，微臭。

3）有时便内可见奶块。

4）每天排便 1~2 次。

（3）混合喂养新生儿的大便

1）颜色呈黄色或淡褐色。

2）质地较软，有臭味。

3）每天排便 1~3 次。

2. 新生儿大便异常及原因

（1）臭味加浓，表示蛋白质过多，可能为消化不良。

（2）泡沫过多有酸味，表示碳水化合物摄入过多。

（3）外观黄色，油光发亮，呈奶油状，多为脂肪摄入过多。

（4）绿色大便则是受凉或饥饿所致。

（5）大便呈黑色，则考虑胃肠道上部出血或因服用铁剂所致，要加以识别。

（6）大便呈果酱样，可能是肠套叠。

（7）大便带有血丝，多为便秘，大便干燥而导致肛裂，或有直肠息肉。

（8）如大便为脓血便，则考虑肠道感染或细菌性疟疾。

二、新生儿的小便特点

1. 正常新生儿小便特点

（1）尿量

刚出生的新生儿尿量很少，一天的尿量为 10~30 毫升，一周后为 400~500 毫升。

（2）排便次数

新生儿往往在生产过程中排第一次小便，90% 的新生儿在出生后 24 小时内排尿，有的可延至 48 小时内排尿，这均为正常的生理现象。新生儿出生后前几天每天排尿3~4次，6~8天后，随着吃奶量增加而逐渐增加至一昼夜排尿10~30次。

（3）新生儿的尿液一般为透明的淡黄色，但有时尿液会呈红褐色，稍混浊，这是尿中的尿酸盐结晶所致，2~3天会消失。

2. 新生儿小便异常及原因

如果出生后48小时仍无尿，则要考虑有无泌尿系统畸形，可先喂糖水并注意观察。如果多喂水后仍不排尿，应立刻就医。

（1）如果尿液呈红色，则为血尿，多为血液病、肾炎、尿路结石、尿道损伤。

（2）尿液呈混浊脓样，是尿里含有大量的白细胞，多为尿路感染。

（3）尿液呈乳白色，称乳糜尿，多为淋巴液溢入尿路。

技 = 能 = 要 = 求

技能　为新生儿便后清洁

新生儿的臀部皮肤很娇嫩，被大小便刺激后，容易引起红臀，如果大便污染尿道口，还会发生尿路感染，因此，新生儿大小便后要及时清洁臀部，更换尿布。

清洁的重点是会阴部的清洁。清洗男婴臀部时，要用手轻轻托起阴囊，清洗阴茎时，手要轻轻拿着阴茎，注意阴囊的背面、外生殖器的清洗。清洗女婴臀部时，要轻轻撑开女婴的阴唇，由前往后轻擦羁留的污物，以防肛门的细菌进入阴道。

一、操作准备

1. 个人准备：勤剪指甲，洗净双手，脱去外衣。

2. 用物准备：专用小盆、小毛巾（湿纸巾）、清洁盆、冷热水（水温36~37℃）、护臀霜、棉签、污物桶。

二、操作步骤

1. 新生儿的小便清洁

步骤1　解开尿布查看，撤下尿布。

步骤 2 用质地柔软的小毛巾清洁臀部,每次洗后要把毛巾搓洗干净。清洁的重点部位是腹部、腹股沟、大腿根部、男婴的阴囊所有皮肤褶皱部位。

步骤 3 擦洗的顺序是由上向下,从外生殖器、会阴向一侧臀部,再向另一侧臀部,最后擦洗肛门。

步骤 4 擦干水分,检查尿道口。

步骤 5 暴露皮肤片刻。

步骤 6 换上清洁尿布。

2. 新生儿的大便清洁

步骤 1 解开尿布,查看大便有无异常,撤下尿布。

步骤 2 用专用柔润湿纸巾擦干净臀部粪渍,再用小毛巾从上向下洗。先洗尿道处,再洗肛门周围,要防止肛门附近的细菌污染尿道口,这对女婴尤为重要。

步骤 3 擦干水分,暴露臀部。

步骤 4 检查肛周,并在会阴部和肛门周围涂上薄薄的护臀霜,使之在皮肤上形成保护膜。

步骤 5 换上清洁尿布。

三、注意事项

1. 在清洗过程中,要对新生儿面带笑容,语声要轻柔。

2. 清洁阴茎时,要轻轻拿起,千万不要把阴茎皮往上推,避免伤害阴茎皮。

3. 举起新生儿的双腿时,要在两个踝关节之间放上一个手指头。

4. 要注意男婴、女婴的生理特点,以防肛门的细菌进入女婴阴道,引起阴道感染。

职业模块 5
照护婴幼儿

内容结构图

- 照护婴幼儿
  - 照护婴幼儿膳食
    - 婴幼儿生理发育特点
    - 清洁、消毒婴幼儿膳食器具
    - 给婴幼儿冲调奶粉
    - 给婴幼儿喂奶、喂水、喂食
    - 婴幼儿辅食添加
    - 处理婴幼儿呛奶、呛水
  - 照护婴幼儿起居
    - 抱、领婴幼儿
    - 为婴幼儿穿、脱衣服及换纸尿裤
    - 照护婴幼儿盥洗、沐浴
    - 照护婴幼儿二便并换洗尿布
    - 照护婴幼儿睡觉
    - 为婴幼儿测量体温
    - 清洁、消毒婴幼儿玩具与用品
    - 婴幼儿安全照护

培训课程 1

照护婴幼儿膳食

学习单元1 婴幼儿生理发育特点

知=识=要=求

一、呼吸系统（见图5-1）

呼吸系统常以喉部环状软骨下缘为界，分为上呼吸道和下呼吸道。上呼吸道包括鼻、鼻泪管、咽鼓管、喉等，下呼吸道包括气管、支气管、肺、胸廓。

1. 鼻

婴幼儿鼻腔相对短小而窄，鼻黏膜柔嫩且血管丰富，感染时鼻黏膜容易充血肿胀，致使鼻腔狭窄，甚至闭塞，婴幼儿不会张口呼吸，鼻塞会导致其烦躁不安、呼吸困难和拒绝吮乳。

2. 鼻泪管、咽鼓管

婴幼儿鼻泪管短，开口接近于内眦部，其瓣膜发育不全，因而鼻腔感染常易侵入结膜囊而引起眼部炎症。婴幼儿的咽鼓管较宽，并且直而短，呈水平位，而鼻咽腔开口处较低，故咽部炎症易侵入中耳，引起中耳炎。

3. 喉

婴幼儿喉腔窄，声门狭小，软骨柔软，黏膜脆弱，黏膜下组织较疏松，富有淋巴组织和血管，轻度炎症也易发生喉头狭窄而出现呼吸困难、声音嘶哑，严重者可发生窒息。

4. 气管、支气管

婴幼儿的右侧支气管较垂直，因此异物较易进入右侧支气管。气管及支气管管腔较成人狭窄，软骨柔软，缺乏弹力组织，黏膜极柔弱，富有血管。黏液

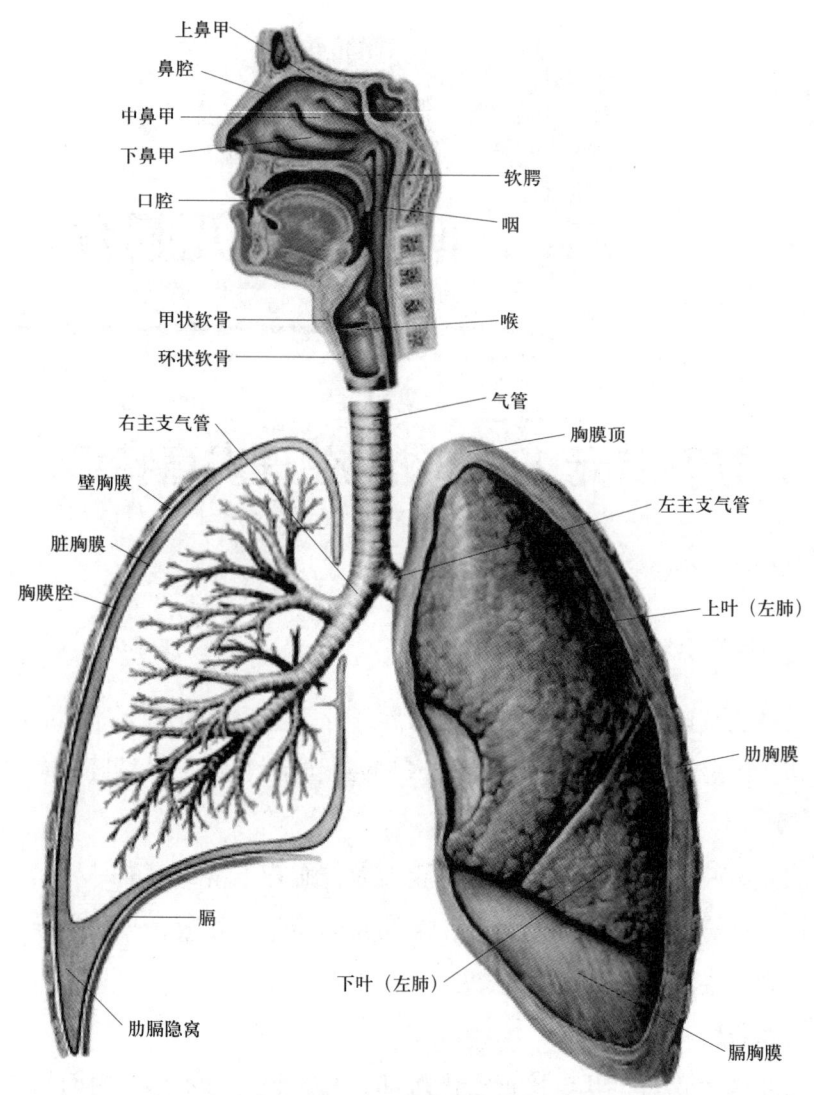

图 5-1 呼吸系统

腺分泌不足而较干燥，黏膜纤毛运动差，不能很好清除微生物及黏液，易发生感染；由于炎症致使管腔变得更窄，易引起呼吸困难。

5. 肺

婴幼儿肺脏富有结缔组织，弹力组织发育差，血管丰富而含血较多，含气较少，肺间质发育旺盛，肺泡数量较少，故感染时易被黏液堵塞引起间质炎症，并易发生肺气肿及肺后下部坠积性淤血等。

6. 胸廓

婴幼儿胸廓较短，前后径相对较长，呈圆筒状，肋骨呈水平位。胸腔较小，肺脏相对较大，几乎填满整个胸腔，加之呼吸肌发育较差，肌张力差，呼吸时胸廓运动不充分，肺的扩张受限制，气体交换不能充分进行。呼吸困难时，不能加深呼吸，只能增加呼吸次数，以改善肺内气体交换不足的状况，但补益不大，易发生缺氧症状。以后随着年龄增长，开始站立、行走，膈肌下降（3岁以后下降至第5肋），肋骨逐渐倾斜，胸部形状才逐渐接近成人。

二、心血管系统（见图5-2）

1. 心脏

婴幼儿心脏与身体的比例较成人大，该比例随年龄的增加而下降。新生儿的心脏质量为20～25克，占体重的0.8%；1～2岁达60克，较新生儿时期增加两倍多，占体重的0.5%。出生后第一年心脏增长速度最快，7～9岁及青春期时增长速度再次加快。

2. 大血管

新生儿大血管的弹力纤维少，故弹力不足，以后血管壁渐厚，弹力纤维增多，12岁时大血管的发育成熟程度与成人相同。

婴幼儿年龄越小，心率及血流速度就越快。婴幼儿血循环周期平均为12秒，学前期儿童需15秒，以后则需18～20秒。

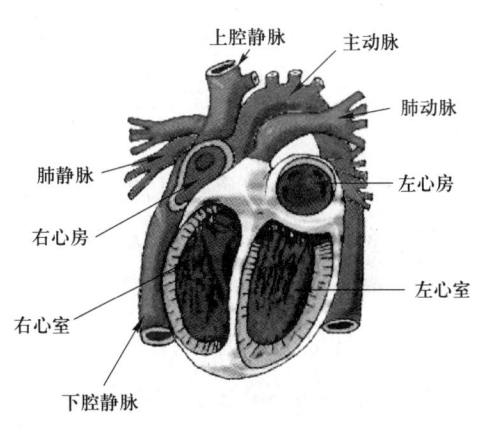

图5-2 心血管系统

三、消化系统（见图5-3）

婴幼儿正处于生长发育阶段，消化器官发育尚不完善，如果胃肠道受到某些刺激，比较容易发生机能失调。

1. 口腔

（1）婴幼儿口腔容量小，齿槽突发育较差，口腔浅，硬腭穹隆较平，舌短宽而厚；唇肌及咀嚼肌发育良好，且牙床宽大，颊部有坚厚的脂肪垫。这些特点为吸吮动作提供了良好条件。新生儿出生时已具有吸吮和吞咽反射。

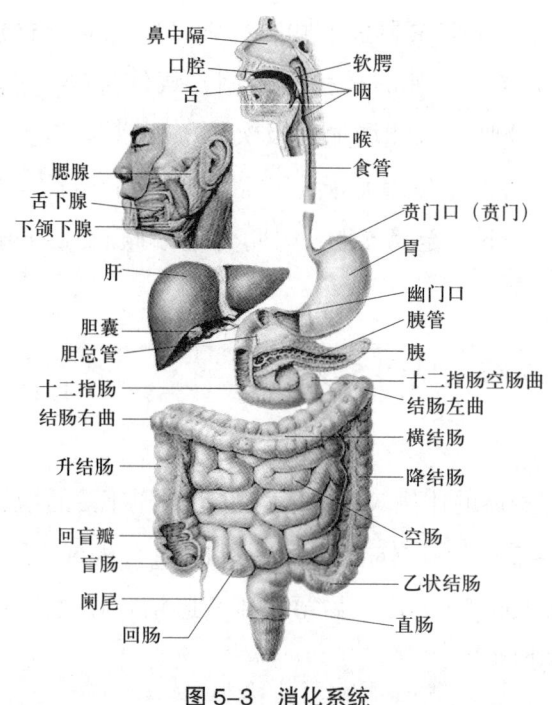

图 5-3 消化系统

（2）婴幼儿口腔黏膜非常细嫩，血管丰富，易受伤，清洁口腔时，需谨慎擦洗。

（3）新生儿唾液腺发育差，分泌量较少，口腔比较干燥。出生后 3~4 个月时唾液分泌开始增加，5~6 个月时显著增多，由于口底浅，故常发生流涎，称为生理性流涎。

（4）婴幼儿牙齿发育变化大，出生时乳牙尚未萌出，不能咀嚼食物，4~10 个月时开始出牙，2 岁左右长齐，共 20 颗。乳牙的生长一般是先从中间的上下两颗开始长出，然后是两侧萌出。乳牙牙釉质薄，牙本质较松脆，容易被腐蚀形成龋齿。一旦发生龋齿，发展很快，在短时间就可穿透牙髓腔，引起疼痛。

2. 食管

婴幼儿的食管呈漏斗状，黏膜纤弱，腺体缺乏，弹力组织及肌层尚不发达，容易溢奶。

3. 胃

婴幼儿胃呈水平位，当开始会走时，其位置逐渐变为垂直。新生儿胃容量为 30~35 毫升，3 个月时为 120 毫升，1 岁时为 250 毫升。由于胃容量有限，故每日喂食次数较年长儿为多。胃平滑肌发育尚未完善,在充满液体食物后,胃会扩张。吸吮时常吸入空气,称为生理性吞气症。贲门张力低,易使婴幼儿发生呕吐或溢奶。

4. 肠

新生儿肠的长度约为身长的 8 倍,婴幼儿肠的长度超过身长 6 倍。肠黏膜细嫩,富有血管及淋巴管,小肠的绒毛发育良好。肠肌层发育差。肠系膜柔软而长,黏膜下组织松弛,易发生肠套叠及肠扭转。婴幼儿肠壁较薄,其屏障功能较弱,肠内毒素及消化不全的产物易经肠壁进入血液,引起中毒症状。

5. 胰腺

胰腺对新陈代谢起重要作用,既分泌胰岛素又分泌胰液,后者进入十二指肠,其中的多种消化酶发挥消化作用。数个月的婴幼儿,其胰腺结构发育尚不成熟,缺少结缔组织,但血管丰富。

6. 肝

新生儿肝脏与身体的比例较成人大,到 10 个月时为出生时质量的 2 倍,3 岁时则增至 3 倍。肝脏富有血管,结缔组织较少,肝细胞小,再生能力强,不易发生肝硬化。

四、泌尿系统(见图 5-4)

泌尿系统包括肾脏、输尿管、膀胱及尿道。肾脏不仅是重要的排泄器官,也是维持机体内环境稳定的重要调节器官和内分泌器官。

1. 肾脏

新生儿肾脏相对较大,出生时双肾重约 25 克(约占体重的 0.8%)。肾表面凹凸不平,呈分叶状,位置较低,故 2 岁以下婴幼儿肾脏容易扪及(尤其是右肾)。肾表面分叶在 2~4 岁时消失,随着躯体长高,肾脏位置逐渐升高,最后到达腰部。

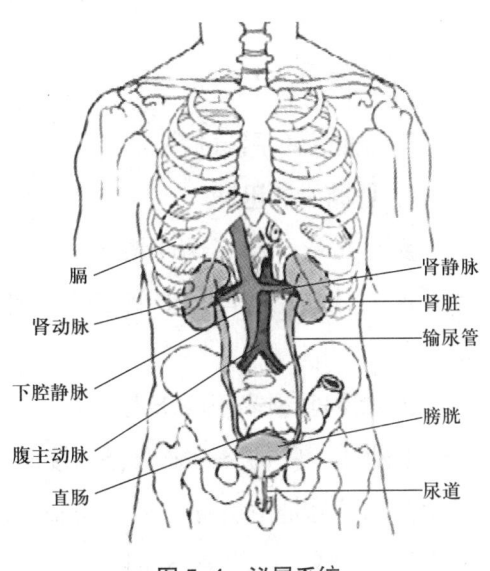

图 5-4 泌尿系统

2. 输尿管

婴幼儿的输尿管较长而弯曲,管壁肌肉及弹力纤维发育不良,容易扩张并易受压及扭曲而导致梗阻,造成尿潴留而诱发感染。

3. 膀胱

婴幼儿膀胱位置较高,尿充盈时易升入腹腔,随年龄增长逐渐下降至盆腔内。膀胱黏膜柔软,肌肉层及弹力纤维发育不良,同时输尿管与膀胱连接处斜埋于膀胱黏膜下的一段输尿管较直而短,故防止尿液反流能力差,膀胱内压力增高时易出现膀胱输尿管反流而诱发尿道感染。随着年龄增长,此段输尿管增长,肌肉发育成熟,抗反流机制也随之加强。

4. 尿道

新生女婴尿道仅长1厘米,外口暴露且接近肛门,易受粪便污染。男婴尿道较长,但常有包茎,积垢时也容易引起细菌上行性感染。

五、内分泌系统

内分泌系统的主要功能是促进和调节人体生长、发育等生理过程。激素是内分泌系统借以调节机体生理代谢活动的化学信使,它们由各种内分泌细胞所合成、储存和释放。在人体内,多数内分泌细胞集中形成特殊的内分泌腺体,如脑垂体、甲状腺、甲状旁腺、胰岛、肾上腺、性腺等。有些内分泌细胞分散于某些脏器或广泛散布于全身组织中。

六、运动系统

婴幼儿运动系统的特点如下。

1. 骨骼生长迅速

婴幼儿处于身高迅速增长的时期,其骨骼不断地长长、加粗。同时,骨骼外层的骨膜比较厚,血管丰富,有利于其骨骼的生长和骨组织的再生和修复。

2. 骨骼数量多于成年人

婴幼儿一些骨骼尚未融合连接成一个整体,如成人的髋骼是一块整骨,而婴幼儿的髋骨是由髂骨、坐骨和耻骨三块骨头连接在一起的,到7岁左右才逐渐骨化融合成为一块完整的骨头。

3. 骨骼柔软易弯曲

婴幼儿骨骼含骨胶原蛋白等有机物较多,骨骼柔软,弹性大,可塑性强。因此,婴幼儿可以做许多成人无法做到的动作,如婴幼儿能吃到自己的脚指头,但同时骨骼也很容易出现变形、弯曲。

4. 头部骨骼尚未发育好

新生儿出生时头部骨头之间有很大的缝隙。在颅顶前方和后方有两处仅有一层结缔组织膜覆盖,分别称前囟和后囟。婴幼儿的骨缝要到 4~6 个月才能闭合,后囟在 2~3 个月闭合,前囟到 1~1.5 岁时才闭合。

5. 脊柱的生理弯曲

新生儿出生时脊柱是直的,弯曲是随着动作发育逐渐形成的。一般婴幼儿在 3 个月左右抬头时出现颈曲,6 个月能坐时出现胸曲,10~12 个月学走路时出现腰曲。7 岁前形成的弯曲还不是很固定,当儿童躺下时弯曲可消失。7 岁后随着韧带发育完善,弯曲才固定下来。

6. 腕骨的钙化

新生儿出生时腕部骨骼均是软骨,6 个月左右才逐渐出现骨化中心,10 岁左右腕骨才全部钙化完成。因此,婴幼儿的手部力量小,不能拿重物。

7. 关节发育不全

婴幼儿关节窝浅、关节韧带松弛,容易发生关节脱臼。

8. 足弓尚未形成

婴幼儿的脚没有足弓,到了站立和行走时,才开始出现足弓。由于婴幼儿的肌肉力度小、韧带发育不完善,长时间站立、行走或负重,或经常不活动可导致脚底的肌肉疲劳,韧带松弛,出现扁平足,影响行走和运动。

9. 肌肉力量小

婴幼儿肌纤维细,肌肉的力量和能量储备少,肌肉收缩力较差,容易产生疲劳,不能负重。

10. 肌肉发育顺序

婴幼儿的肌肉发育是按从上到下、从大到小的顺序进行的,先发育颈部肌肉,然后是躯干,再是四肢。先发展大肌肉群,如腿部、胳膊;再发展小肌肉群,如手部小肌肉。因此,婴幼儿先学会抬头、坐、立、行、跑、跳等大动作,手部的精细动作要到 5 岁左右才能完成。

七、神经系统

1. 婴幼儿脑发育迅速

婴幼儿大脑发育十分迅速,脑质量增长很快。通常,刚出生时新生儿脑质量平均为 350 克,1 岁时可达 950 克,6 岁就接近成人水平,达到 1 200 克(成人是 1 400~1 500 克)。

2. 大脑功能发育不全

婴幼儿的大脑尚未完全建立起各种神经反射,所以在运动、语言、思维等各方面的能力都不及成人。6 岁儿童的大脑在质量上已接近成人水平,但功能仍不完善,需要用大量的信息刺激,来帮助他们建立起各种感觉通道。

3. 神经髓鞘化

髓鞘是指包裹在某些神经突起外面的一层类似电线绝缘体的磷脂类物质,它可以防止"跑电""串电",使人的动作更准确。婴幼儿的神经细胞缺乏髓鞘,因此,他们在做许多动作时不精确。通常,人到 6 岁时完成神经纤维髓鞘化。

4. 大脑容易兴奋、疲劳

婴幼儿大脑皮层发育不完善,兴奋占优势,抑制过程形成较慢。婴幼儿大脑对外界刺激非常敏感,很容易兴奋,因此,婴幼儿容易激动,注意力不能持续集中,不能长时间做一件事,容易疲劳。

5. 小脑发育晚

婴幼儿出生时脑干、脊髓已发育成熟,但小脑发育较晚。3 岁左右时婴幼儿小脑功能才逐渐完善。因此,1~3 岁的婴幼儿平衡能力差,走路不稳,动作协调性比较差,容易摔跤。

6. 植物神经发育不全

婴幼儿植物神经发育不全,表现在内脏器官的功能活动不稳定。如婴幼儿的心跳和呼吸频率较快,节律不稳定;胃肠消化功能容易受情绪的影响。

八、感觉系统

1. 皮肤的发育特点

(1)保护功能差

婴幼儿皮肤细嫩,角质层薄;真皮层的胶原纤维和弹性纤维较少,故容易感染。

（2）代谢活跃

婴幼儿皮肤新陈代谢快，分泌物多，需要经常清洗；如不及时清洁容易长疖。

（3）体温调节能力差

婴幼儿皮肤的散热和保温能力都不及成人，容易受凉或中暑。

（4）皮肤渗透作用强

婴幼儿皮肤薄嫩，渗透作用强，一些有害物质很容易通过皮肤被机体吸收，引起中毒。

2. 眼睛的发育特点

（1）发育不良

5岁前的孩子由于眼睛发育不良，眼球前后径短，物像往往落在视网膜后面，容易造成儿童的生理性远视。

（2）调节能力强

婴幼儿的晶状体弹性好，调节能力强。尽管是生理性远视，但对于较近的物体仍能看得比较清楚。

（3）容易近视

婴幼儿由于远视，看近物时需要收缩睫状体使晶状体突出。长时间看近物，容易造成睫状体疲劳，眼睛调节能力下降，晶状体突度增大，使物像聚焦于视网膜前，看远物不清。

3. 耳的发育特点

婴幼儿听觉包括外耳、中耳、内耳和听神经。听觉正常的前提，还必须有健全的大脑。通过检测发现，婴儿在出生后2小时就有听觉了，而且听觉随着月龄的增长将逐步完善。

（1）耳咽管短、平

人体中耳内有一管道与咽部相通，称为耳咽管。婴幼儿的耳咽管短、管径宽，呈水平位置，上呼吸道的细菌、病毒等病原体十分容易从耳咽管进入中耳，引发中耳炎。

（2）对噪声敏感

婴幼儿对噪声比较敏感，当噪声达到60分贝时，就会影响睡眠和休息。

4. 味觉的发育特点

味觉的感受器是味蕾,主要分布在舌背,特别是舌尖和舌的周围。中医认为世间有五味,而生理学研究认为有酸、甜、苦、咸四味,其他味觉都是由这四味混合而成。一般情况下舌尖对甜味最敏感,舌根对苦味最敏感,舌边对酸味最敏感,同时舌尖和舌边感受咸味很敏感。

5. 嗅觉的发育特点

婴幼儿出生时嗅觉系统就发育成熟了。他们对剧烈的气味反应强烈。哺乳时婴幼儿闻到乳香味就会积极地寻找乳头,并且能对香、酸等怪味加以分辨。家政服务员可以通过闻花的气味、闻生活用品、闻酸味及臭味来训练婴幼儿的嗅觉。

学习单元2　清洁、消毒婴幼儿膳食器具

【知识要求】

一、奶瓶、水瓶、奶具、食具、餐具的消毒方法

1. 煮沸消毒

(1)取较大的不锈钢锅,将需要消毒的器皿放入锅内。

(2)加水至能够漫过清洗干净的奶瓶、奶具、餐具、食具,如果是玻璃器皿,要凉水下锅盖上锅盖,水烧开后煮5~10分钟后关火,如图5-5所示。

图5-5　煮沸消毒

（3）若是塑料奶具、餐具，等水烧开后，再将奶具放入锅内煮沸 3~5 分钟后关火。

（4）等锅内的温度稍凉后，用消毒过的奶瓶夹取出奶瓶、奶嘴、餐具，倒置控干水后备用，如图 5-6 所示。

2. 蒸汽锅消毒方法（见图 5-7）

（1）将所有清洗过的餐具或奶瓶、奶嘴倒置放入蒸汽锅内，打开开关，按下定时器，选择消毒时间为 15~20 分钟，消毒完毕后蒸汽锅会自动断电。

图 5-6　将奶瓶和奶具控干

图 5-7　蒸汽锅消毒

（2）将消毒后的器皿、奶具夹出，放在干净、通风处盖上盖子或纱布备用。

（3）若消毒后 24 小时未使用，继续使用时需重新消毒，防止细菌的滋生。

3. 其他消毒方法

（1）红外线消毒柜等，一般温度都在 120 ℃左右，消毒 15~20 分钟。

（2）化学消毒剂浸泡消毒（过氧乙酸、酒精、新洁尔灭等配比的方法按照说明书操作）。

（3）目前市场上有各种电子消毒柜、消毒锅等，使用简单方便，使用时按照产品说明书操作。电子消毒柜如图 5-8 所示。

二、注意事项

1. 玻璃器皿凉水下锅，防止煮沸时奶具、餐具炸裂。

2. 消毒后待锅内温度下降后用消毒过的奶瓶夹取出器皿，防止烫伤，如图 5-9 所示。

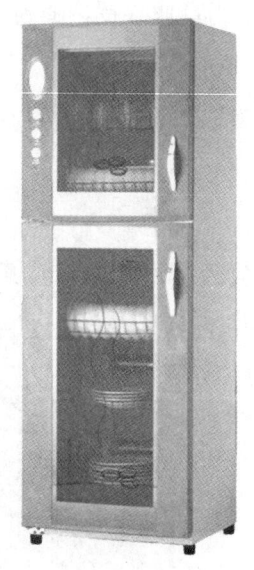
图 5-8 电子消毒柜

图 5-9 奶瓶夹

3. 清洗过器皿的清洗剂可清洗灶台、水槽。

4. 塑料奶瓶、奶嘴或餐具不宜久煮，水开后煮 3~5 分钟即可，时间过长容易使其变形、变质。

技 = 能 = 要 = 求

技能 1　清洁婴幼儿奶瓶、奶具

一、操作准备

洗涤盆，软体圆柱形毛刷大、小各 1 个，洗涤剂，水，需要清洁的奶瓶、水瓶、奶嘴。

二、操作步骤

步骤 1　洗涤盆内按照说明放入洗涤剂，并加入适量的水搅拌均匀。

步骤 2　将奶瓶、奶嘴放到洗涤盆内浸泡 5 分钟左右，如图 5-10 所示。

步骤 3　用大的毛刷先刷洗奶瓶内壁，内壁清洗干净后再刷洗瓶口和外壁，最后清洁奶瓶底部，如图 5-11 所示。

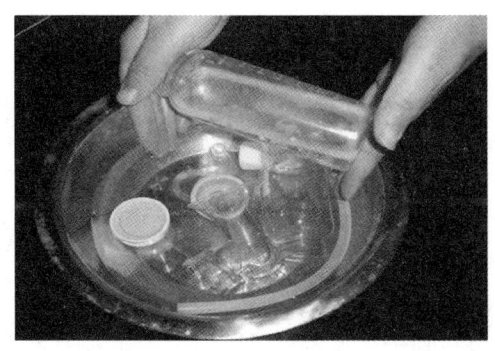
图 5-10　浸泡奶瓶

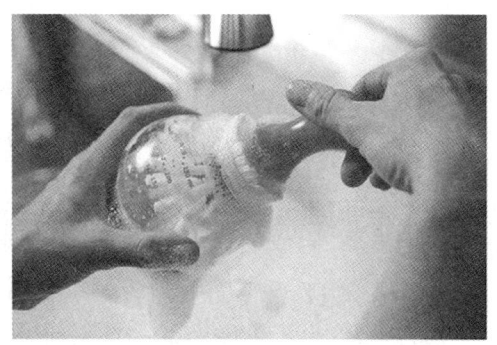
图 5-11　洗涤奶瓶

步骤 4　用小的毛刷清洗奶嘴，先清洗里面，再清洗外面。

步骤 5　用流动水反复冲洗奶瓶、奶嘴中的洗涤剂后控干，将奶瓶、奶嘴放在盆内，倒入开水浸泡 10 分钟，取出自然控干即可。

三、注意事项

1. 清洗奶瓶、奶具要用婴幼儿专用的洗涤剂。
2. 清洗后的奶瓶、奶具要用流动水冲干净。
3. 天气炎热或一天用过数次后，要彻底消毒奶瓶、奶具。

技能 2　清洗盘、碗、筷、叉、勺等餐具

一、操作准备

洗涤盆，清洁布，洗涤剂，水，需要清洁的盘、碗、筷、叉、勺。

二、操作步骤

步骤 1　盆中放洗涤剂，加水调匀，水要能够漫过餐具。冬天可适当加些热水，使餐具容易清洁。

步骤 2　将餐具内的食物残渣倒入垃圾筐内，将餐具浸泡 2~3 分钟后开始清洗。

步骤 3　洗涤餐具时要先洗不带油的后洗油腻的餐具，先洗小件的后洗大件的餐具，先洗碗筷后洗锅盆。

步骤 4　餐具用洗涤剂清洗干净后再用清水冲洗，直至没有洗涤剂残留

为止。

步骤 5　将清洗干净的餐具码放在盆内，用开水烫 10 分钟左右，从而达到进一步清洁、消毒、去除洗涤剂的目的。

步骤 6　倒掉开水，使餐具自然晾凉、控干。

步骤 7　码放餐具时要遵循从大到小、自下而上的原则，最底下放大件的盆或盘子，然后自下而上码放碗筷等小物件。

步骤 8　最后要将水槽、抹布清洗干净，晾干。

三、注意事项

1. 婴幼儿的餐具要单独洗涤、码放。
2. 餐具清洁干净后要让其自然晾干，不要用抹布擦拭，以免再次污染。

学习单元 3　给婴幼儿冲调奶粉

技=能=要=求

技能　给婴幼儿冲调奶粉

一、操作准备

家政服务员洗净双手（见图 5-12），准备好奶粉、消毒后的奶瓶（包括奶嘴、瓶盖）、塑料刮刀、奶粉用勺、量杯、温开水等。

二、操作步骤（见图 5-13～图 5-17）

步骤 1　依据婴幼儿的年龄，在刷洗后的奶瓶中先放入适量 40～50 ℃的温开水。

步骤 2　将一定量的奶粉放到奶瓶中让其自然溶解，如果溶解不均匀可轻轻摇晃奶瓶使其充分溶解。

步骤 3　奶粉用后要及时盖好奶粉瓶（盒）盖或扎好袋口，储藏于避光、干燥的地方。

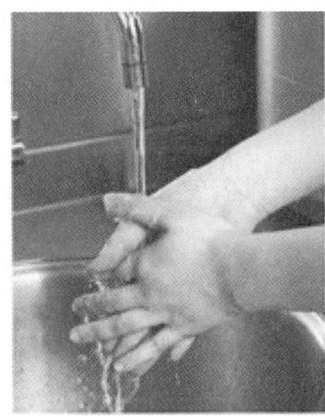 图5-12 家政服务员洗净双手
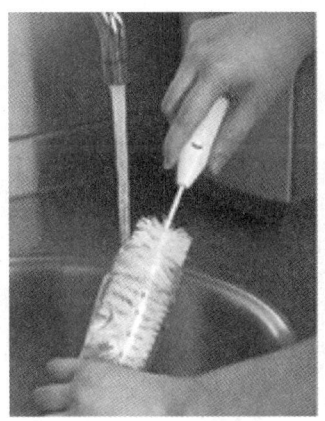 图5-13 刷洗奶瓶
 图5-14 奶瓶中放入40~50℃温水

图5-15 放入奶粉

 图5-16 摇匀奶水
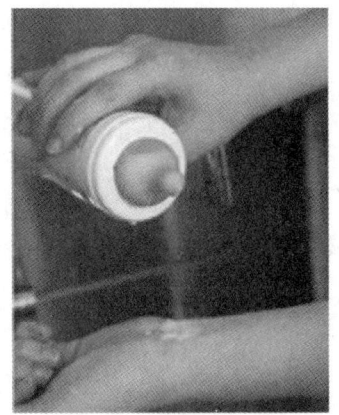 图5-17 测试奶水温度

三、注意事项

1. 操作前双手要清洗干净,调配奶粉的用具要清洁消毒。
2. 调配奶粉要先放水,后放入奶粉。
3. 严格按照奶粉食用说明上要求的水温调配奶粉,一般多在 40～50 ℃,有些品牌的奶粉标注用凉白开冲调。
4. 严格按照奶粉食用说明的要求调配奶粉;一次成品奶液应控制在婴幼儿一次喝奶的奶量;取奶粉时要自然松散地盛入量匙,用刮刀刮平即可,不必挤压奶粉。
5. 奶液调配好后要非常均匀,不能有未溶解的奶块,以防堵塞奶嘴。
6. 奶液调配好后,应尽可能一次吃完,防止储存质变。

学习单元 4　给婴幼儿喂奶、喂水、喂食

技=能=要=求

技能 1　给婴幼儿喂奶、喂水

一、操作准备

冲调好的奶液(水)、围嘴等。

二、操作步骤

步骤 1　确定奶液(水)的温度。

步骤 2　喂奶、喂水前给婴幼儿戴好围嘴,检查确定奶液(水)的温度是否合适。检查温度的方法是将瓶中的奶液(水)向自己手腕内侧的皮肤上滴几滴,感觉不凉不烫才能喂哺婴幼儿,禁止用嘴品尝,以免污染奶嘴,如图 5-18 所示。

步骤 3　要确定流速适宜

(1)检查流速的方法是将奶嘴朝下让奶液(水)自然流出。
(2)如果需要几秒的时间才能流出,说明流速太慢,会使婴幼儿喝得费劲,

容易疲劳。

（3）如果奶液（水）流出时像一条线，说明流速太快，容易呛到婴幼儿，以每秒能自然流出 3~5 滴的速度较为合适。

步骤 4 保证婴幼儿处于合适的喝奶、喝水位置。婴幼儿喝奶、喝水环境应相对安静、舒适，家政服务员取坐位，把婴幼儿放在膝上股骨处，使婴幼儿的头部正好落在家政服务员的肘窝里，同时用前臂支撑起婴幼儿的后背，使婴幼儿呈半躺的姿势而非平躺，以保证其呼吸和吞咽安全，如图 5-19 和图 5-20 所示。

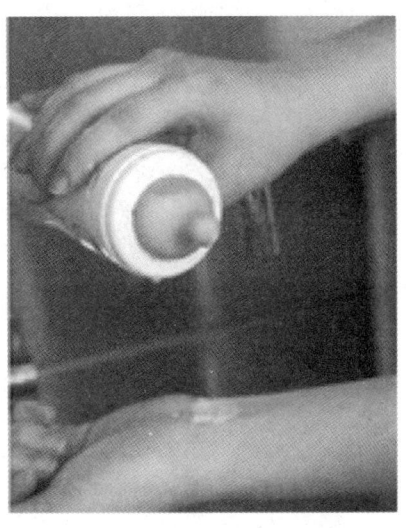

图 5-18 前臂感受奶液温度

图 5-19 抱坐位喂奶

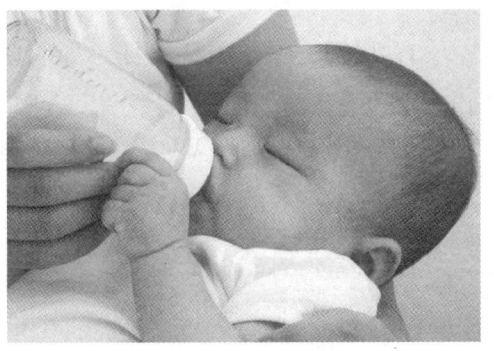

图 5-20 横抱位喂奶

步骤 5 要让婴幼儿拥有愉快的心情进食。喝奶的过程是否愉快对婴幼儿身心发展都有影响。家政服务员应面带微笑、亲切地看着婴幼儿，边喂边轻轻地对其说说话或唱唱歌，应尽量让婴幼儿在轻松、自然、愉快的状态下喝奶。

步骤 6 喂奶、喂水后要轻轻拍打婴幼儿后背。奶、水喝完后轻轻地拿出奶瓶，然后将婴幼儿竖着抱起或让婴幼儿趴在家政服务员肩部，轻拍其背部使其打出一个嗝，排出吸入的空气，避免溢奶，如图 5-21 所示。喂奶后不要晃动婴幼儿，让其以右侧卧位姿势睡觉，如图 5-22 所示。

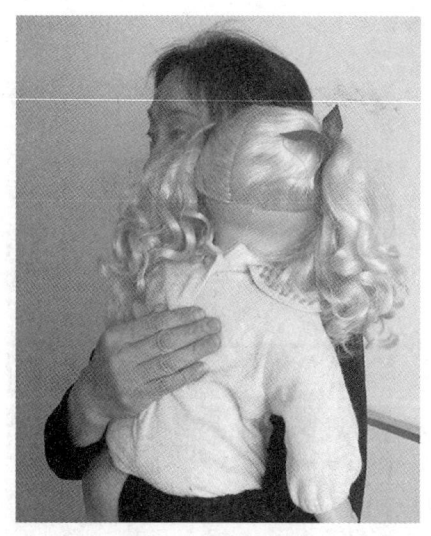
图 5-21 抱起拍嗝

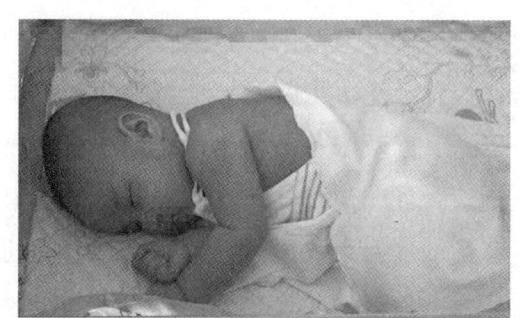
图 5-22 婴幼儿右侧卧位

三、注意事项

1. 喂奶、喂水时应该注意婴幼儿的安全,要将婴幼儿抱紧,防止其挣脱出去。要尽可能让婴幼儿紧贴家政服务员的身体,从而增加其安全感。

2. 奶瓶要倾斜45°,使瓶颈始终充满奶液(水),避免婴幼儿吸入太多空气。

3. 奶嘴孔的大小要适当,如果奶嘴孔太小,婴幼儿吸着会很累;如果奶嘴孔太大又会呛到婴幼儿。如果奶嘴孔过小可用缝衣针在火上烧红穿过奶嘴将孔加大;如果洞孔太大,则要更换洞孔较小的奶嘴。

4. 不能让婴幼儿独自一人躺着用奶瓶吃奶,以免奶嘴堵塞婴幼儿呼吸道造成呛奶或窒息。

5. 不能因调配的奶液多就强迫婴幼儿一定要喝完,这样会造成婴幼儿吐奶。

6. 家政服务员不可以边看电视或手机边给婴幼儿喂奶。

技能2 给婴幼儿喂食

一、操作准备

婴幼儿专用碗、勺、围嘴、小毛巾、婴幼儿专用的座椅等。

二、操作步骤

步骤 1 给婴幼儿洗手,将婴幼儿放在专用餐椅上(见图 5-23),戴好围嘴。

步骤 2 碗内盛少量温度适宜的粥,用儿童专用的勺子舀一小勺,轻轻放在婴幼儿的两唇间,待其张嘴后顺势把勺轻轻伸进去。

步骤 3 待婴幼儿咽下后,继续喂哺,不要催促快吃,让其细嚼慢咽。

图 5-23 木制婴幼儿专用餐椅

步骤 4 喂哺的同时要与婴幼儿有交流,可以叫婴幼儿的名字,告诉婴幼儿"米粥、张嘴、真棒、吃一大口"。

步骤 5 待婴幼儿吃完最后一口,方可离开座位,用完餐后让其漱口(若不会漱口,可以在吃完饭后喝一点儿白开水,清洁口腔、保护牙齿)、洗手、擦干净嘴,然后解下围嘴。

步骤 6 收拾清理餐桌、椅及餐具。

三、注意事项

1. 注意食物的温度,避免过凉、过烫。
2. 每一勺不要盛得太满,喂食速度不要过快,吃饭时不要逗婴幼儿笑,防止发生气管异物堵塞。
3. 抓紧饭碗,防止婴幼儿将碗扒洒。
4. 应避免边吃边玩,避免不定时间、不定地点、不定量进餐。
5. 如果婴幼儿能自己吃,应鼓励其自己吃,锻炼其手、眼、口的配合及协调能力。

学习单元5 婴幼儿辅食添加

知=识=要=求

一、辅食添加的原则

1. 添加辅食时机

即使母乳充足，也要按时添加辅食。但是，每个婴幼儿发育有差异，因此，选择添加辅食时机要符合婴幼儿生理特点。过早添加不适合消化的辅食，会造成婴幼儿的消化功能紊乱，过晚添加辅食，会使婴幼儿营养缺乏。同时不利于日后培养婴幼儿进食固体食物的能力。

2. 添加辅食品种

每次只添加一种辅食，从每日一次起，由一种到多种，先试一种辅食，过3天至1周后，如婴幼儿没有消化不良或过敏反应再添加第二种辅食。天气过热和婴幼儿身体不适时，暂缓添加新辅食，以免引起消化功能紊乱。

3. 添加辅食数量

由小量开始，待婴幼儿对一种食品耐受后，由少到多，逐渐增加量和次数，以婴幼儿大便正常为判断标准。

4. 辅食喂养时间

新增加的辅食，最好在喂奶之前和婴幼儿饥饿时喂食，或在与父母进餐时喂食，这时，婴幼儿容易接受新的食物。如果婴幼儿拒绝，要增加尝试次数。

5. 辅食制作要求

婴幼儿的辅食要单做，不能用成年人的饭菜代替婴幼儿辅食。制作要精细，从细到粗、从稀到稠。从流质开始，过渡到半流质，再逐步到固体食物。辅食应以软、烂、稀、碎，有利于消化为制作准则。糖类食物不宜多，1岁以内不能喂食蜂蜜。不要添加味精等调味品，特别是1岁以内婴儿的辅食，以食物的天然原味为主。食物营养搭配要丰富合理。

二、辅食添加顺序

1. 主食

从米汤、稀粥、米糊、粥、烂面、稠粥、面条等，逐渐到成人食品。

2. 菜品

从菜水、果汁、蛋黄液等汁液类,到菜泥、果泥、肉泥(鱼泥、肝泥等)和菜末、肉末、碎菜、碎肉等细碎菜类。

辅食添加可参照表5-1。

表 5-1　　　　　　　　　辅食添加参照表

月龄	添加辅食品种	餐数 主餐	餐数 辅餐	喂食技能要点
6~7	1. 粉糊、麦粉糊、烂粥等淀粉类 2. 蛋黄、鱼泥、动物血、肝泥、大豆蛋白粉、豆腐花、嫩豆腐等蛋白物 3. 菜汁、果汁、叶菜泥、水果泥等维生素食物 4. 鱼肝油	6次奶	1餐饭、1次水果	用小勺喂,训练吞咽功能
7~9	1. 稠粥、烂饭、饼干、烂面条、面包、小馒头等食物 2. 鱼泥、肝泥、动物血、碎肉末、豆制品、婴儿专用奶粉等蛋白类食物 3. 蔬菜泥、水果泥等维生素食物 4. 鱼肝油	4次奶	1~2餐饭、1次水果	学用杯和碗,训练咀嚼功能
10~12	1. 稠粥、软米饭、饼干、面条、面包、花卷、馒头、小馄饨等食物 2. 鱼块、肝、动物血、碎肉末、婴幼儿专用奶粉、豆制品等蛋白类食物 3. 碎菜、水果等维生素食物 4. 鱼肝油	2~3次奶	2~3餐饭、2次水果	抓食,训练婴儿自己用勺,开始与成人共同进餐

三、不同咀嚼吞咽时期的婴幼儿配餐要求

1. 吞咽期(4~6个月)

婴儿开始有吞咽非流质食物的能力,开始出牙,在这个阶段单靠乳类不能满足婴儿生长的需要,因此除坚持乳类喂养外,还应及时补充体内所需的营养素,逐渐添加辅食。

4~6个月婴儿每日参考食物:

乳类:800~1 000毫升。

谷类:2~3匙(20~30克)。

蛋类:12~25克。

豆类:10克。

水果：100毫升。

蔬菜：100毫升。

2. 舌碾期（7～9个月）

这是婴儿练习咀嚼的最佳期，在此期间，除坚持乳类喂养外，可以给婴儿吃些烂面条、杂粮煮的烂粥，也可以吃些烤馒头片、饼干，以促进牙齿生长，锻炼咀嚼能力，促进消化，有利于头面骨骼肌肉的发育，对日后的语言发展起到重要的作用。

7～9个月婴儿每日参考食物：

乳类：600～800毫升。

谷类：50～80克。

鱼肉类：20～50克。

豆类：20克。

蛋类：1个（50克）。

蔬菜：100克。

水果：50克。

3. 咀嚼期（10～12个月）

这个时候的婴儿胃肠功能增强，活动量增大，逐渐减少喂奶次数，多食入各种营养丰富的食物。

10～12个月婴儿每日参考食物：

乳类：450～500毫升。

谷类：60～80克。

鱼肉类：50克。

豆类：30克。

蛋类：1个（50克）。

蔬菜：100克。

水果：50～80克。

4. 过渡期（1～2岁）

这个时期是幼儿从断奶到普通膳食的过渡阶段：由于幼儿的活动范围扩大，运动量加大，体内所需的能量、各种营养素也增多。但此时幼儿的消化系统还未发育成熟，消化能力较弱，因而1岁半前的幼儿应以每日三餐两点为宜，1岁半以后应以每日三餐一点为宜。要避免给幼儿食用有刺激性、过油腻、过硬、过粗、过大及油炸、黏性、过甜、过咸的食物。坚持每日喝奶,豆浆可与奶交替食用。合理安排幼儿一日各餐能量的分配比例,早餐占25%、午餐占35%、午点占5%、晚餐占25%。

1~2岁幼儿日参考食物:

乳类:450毫升。

谷类:100~150克。

鱼肉类:50克。

豆类:30克。

蔬菜:150~200克。

水果:100克。

其他:紫菜、木耳、芝麻、花生、蘑菇适量。

5. 正常期(2~3岁)

2岁后的幼儿的肠胃功能发育基本成熟,运动量也更加增大,对食物营养要求更多。所以,这时的幼儿饮食构成及制作要求基本为普通膳食,应以每日三餐一点为宜。

2~3岁幼儿日参考食物量:

乳类:400毫升。

谷类:150~200克。

鱼肉类:50克。

豆类:50克。

蔬菜:200克。

水果:100克。

其他:紫菜、木耳、香菇、海带、花生、芝麻适量。

技=能=要=求

技能1 制作菜水

一、操作准备

新鲜的芹菜(或油菜、白菜、胡萝卜、甜玉米)、不锈钢锅或搪瓷锅。

二、操作步骤

步骤1 菜清洗干净,控干水分,绿叶蔬菜最好用手撕成小段。

步骤2 锅内水烧开后将菜放入沸水中,加锅盖,煮沸2~3分钟关火。

步骤3 温度适宜时滤去菜叶即可食用(可用消毒后的纱布、小漏网)。

三、注意事项

1. 煮菜水时禁用铁锅、铝锅。
2. 一次仅可选择1~2个品种蔬菜煮水。
3. 随吃随煮,长时间放置维生素C会流失,同时也会腐败变质。
4. 菜水中不宜加糖、加盐。

注:煮熟的胡萝卜既可直接喂养较大的婴幼儿,也可以碾成泥炒熟(详见技能3)。

技能2 煮制水果水

一、操作准备

新鲜的苹果(或梨、柚子)、不锈钢锅或搪瓷锅。

二、操作步骤

步骤1 新鲜水果清洗干净后去皮,切成滚刀块,如图5-24所示。

步骤2 锅内水烧开后将切好的水果放入开水中加锅盖,煮沸5~10分钟关火。

步骤3 温度适宜时水果水即可食用(可用纱布、小漏网过滤)。

三、注意事项

1. 煮水果水时禁用铁锅、铝锅。
2. 水果要新鲜,腐烂变质的水果不能用于加工水果水。

图5-24 水果去皮、切块

3. 时间不宜过长，长时间煮沸会破坏维生素 C。

4. 随吃随煮，长时间放置会导致水果水腐败变质，水果水中不宜加糖。

5. 一次仅可选择 1~2 种同类水果加工水果水。

技能 3　制作胡萝卜、土豆、南瓜、芋头、红薯泥

一、操作准备

新鲜的胡萝卜、土豆、南瓜、芋头、红薯、山药，蒸锅、炒锅、食用油、碗、勺子（食物料理机）等。

二、操作步骤

步骤 1　选择新鲜的胡萝卜、土豆、南瓜、芋头、红薯、山药等（选择 1~2 种即可），清洗干净去皮，去掉上面的根、须。

步骤 2　准备蒸锅，放入适量的水，将胡萝卜、土豆、南瓜、芋头、红薯、山药放入锅中蒸熟，取出后碾碎成泥，也可用食物料理机把食材打成泥。

步骤 3　炒锅中放少量油，油热后加入上述蒸好的菜泥炒熟，加入少许调味品促进脂溶性胡萝卜素的吸收和利用。

步骤 4　可直接喂食，也可放入煮好的粥、面条、面片中食用。

三、注意事项

1. 选用新鲜、大小适中的食材。

2. 胡萝卜、土豆、南瓜、芋头、红薯、山药蒸熟后碾碎时所用工具要清洁，防止二次污染。

3. 锅内放少量植物油烧热后将菜泥放入锅内急炒片刻即可（也可以直接喂哺）。

4. 如果一次做的量较大，喂食时用干净勺子盛出，剩下的可放在冰箱冷藏储存一天，第二天喂食时要加热。

5. 喂食时注意食品的温度及与主食的配比。

技能 4　制作龙须面

一、操作准备

面条 50 克、鸡蛋 1 个、高汤（水）200 毫升、酱油 5 克、香油 5 克、蔬菜少量（菠菜、油菜、番茄任选一种）。

二、操作步骤

步骤 1　将鸡蛋打散（见图 5-25），蔬菜洗净、切碎。

步骤 2　锅内高汤（水）烧开后放入面条煮九成熟时，加入碎菜后加入打散的鸡蛋，如图 5-26 所示。

步骤 3　捞出后加入少许酱油（可以不加）和香油。

图 5-25　鸡蛋打散

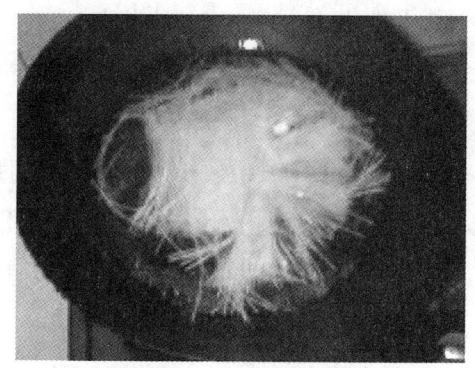

图 5-26　加入面条

三、注意事项

1. 煮面条时注意掌握火候，防止溢锅。
2. 面条一定要煮熟，防止硬夹心。
3. 蔬菜可以事先用开水焯一下。

技能 5　制作摊鸡蛋软饼

一、操作准备

面粉 50 克、鸡蛋 1～2 个、白糖 5 克、精盐 2 克、植物油 20 克、绿叶菜适量、平底锅、水等。

二、操作步骤

步骤 1 把鸡蛋打散放在面粉中，放入白糖、精盐和水，放入剁碎的绿叶菜，调匀呈稀糊状，如图 5-27 所示。

步骤 2 平底锅内放少量植物油，涂均匀后烧热。

步骤 3 取适量调好的鸡蛋面粉糊倒入平底锅内，转动平底锅使面糊均匀摊开，如图 5-28 所示，摊成软饼（不宜过厚），如图 5-29 所示，烙透即可出锅，可连续做几张。

图 5-27 加入配料和面糊

图 5-28 面糊倒入平底锅摊开

图 5-29 鸡蛋软饼成品

三、注意事项

1. 注意面粉和绿叶菜的比例，过稀、过稠都会影响效果。
2. 面糊倒入平底锅后要迅速旋转平底锅，使面糊均匀摊开。

技能 6　制作什锦炒饭

一、操作准备

熟米饭适量，鸡蛋、火腿肠、胡萝卜、黄瓜各 20 克，植物油 20 克，精盐适量，葱适量。

二、操作步骤

步骤1 把火腿肠、胡萝卜、黄瓜切成小丁，如图 5-30 所示，葱清洗干净切成末。

步骤2 鸡蛋打散备用，如图 5-31 所示。

图 5-30 火腿肠、胡萝卜、黄瓜切成小丁

图 5-31 打散鸡蛋

步骤3 锅中放油，烧热，如图 5-32 所示。

步骤4 把鸡蛋炒成碎丁盛出，如图 5-33 所示。

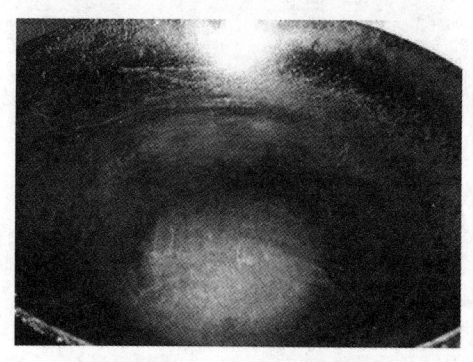

图 5-32 锅放油烧热

图 5-33 鸡蛋炒成碎丁

步骤5 锅中加油烧热，爆香葱末，如图 5-34 所示。

步骤6 倒入胡萝卜翻炒，炒出红油，如图 5-35 所示。

步骤7 倒入熟米饭，在米饭上均匀撒上盐继续翻炒，直至把米饭炒散，如图 5-36 所示。

步骤8 加入炒好的鸡蛋碎，继续翻炒，如图 5-37 所示。

步骤9 加入火腿丁和黄瓜丁，翻炒均匀即可，如图 5-38 所示。

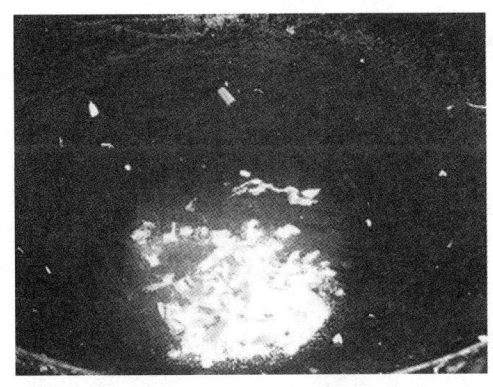
图 5-34 爆香葱末

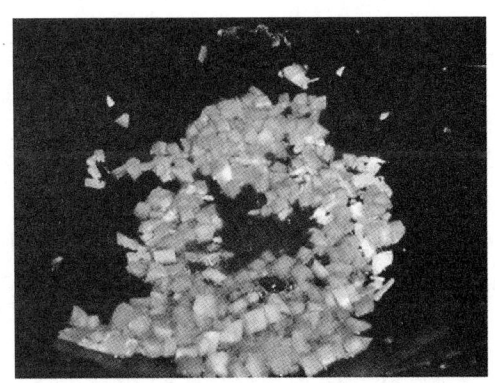
图 5-35 胡萝卜翻炒

图 5-36 倒入米饭

图 5-37 加入炒好的鸡蛋碎

图 5-38 火腿丁和黄瓜丁炒熟即可

三、注意事项

1. 米饭放到锅里后要不断地均匀翻炒,以免煳锅。
2. 待快出锅时再放入少量精盐搅拌均匀。

学习单元6　处理婴幼儿呛奶、呛水

知=识=要=求

婴幼儿的生理特点使其在喂养过程中容易呛奶、呛水。婴幼儿的胃在解剖学上和成人有区别，它是水平位；胃和食道相连处叫贲门，贲门的肌肉很松弛；胃和肠道相连处叫幽门，此处肌肉力量较强，就造成了进入胃内的奶易返回食道，而进入肠道相对困难一些。婴幼儿进食、吸吮乳汁或水后经口、食道、胃、肠、肛门排出。如果在进食过程中稍有不慎就会呛入气管、支气管、肺，甚至造成吸入性肺炎，还会危及生命，造成死亡。

一、发生呛奶、呛水后的急救

1. 当发现婴幼儿吃奶、喝水时突然剧烈咳嗽、呕吐、呼吸困难、躁动、面色发青时，应立即进行急救。

2. 急救方法

（1）立即将婴幼儿面向下，取头低位，拍打肩胛中部，如图5-39所示。

（2）如果是婴儿，让婴儿趴在家政服务员的腿上，头向下悬垂，家政服务员一手托胸，一手拍打后背，如图5-40所示。

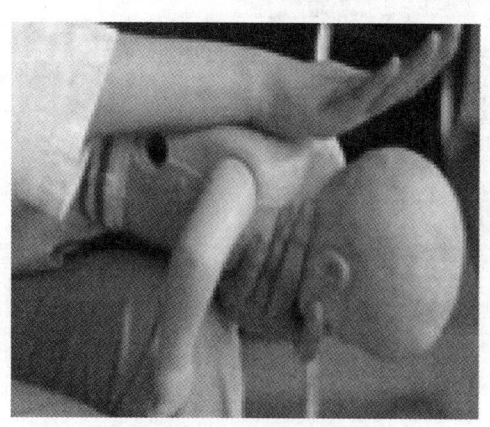

图5-39　拍打肩胛中部

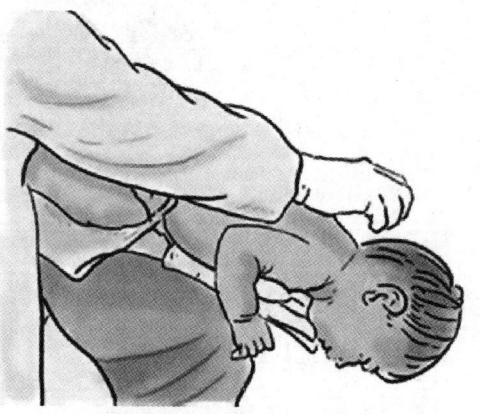

图5-40　婴儿趴在腿上

（3）让婴儿仰卧在家政服务员的腿上，家政服务员一只手支撑婴儿背部，另一只手手指向内向上按压，如图5-41所示。

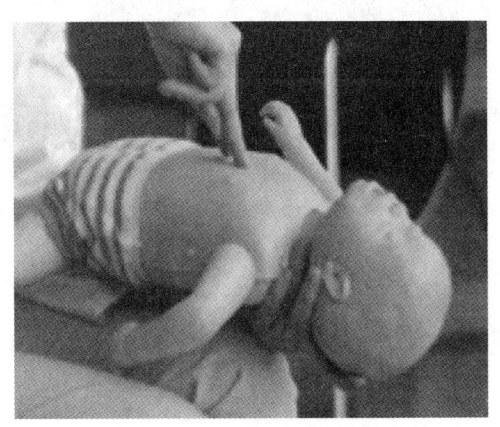

图5-41　手指向内向上按压

3. 若以上方法无效，要赶快将婴幼儿送去医院救治。

二、喂养过程中的注意事项

1. 婴幼儿吃奶、喝水过急，吞入较多气体，或边吃边说笑，或一顿吃得过多时都容易溢奶。大量溢出的奶容易堵住口鼻部，在吸气时将奶吸入气管会造成意外。

2. 喂奶、喂水瓶子的孔不可开得过大，喂奶时奶嘴内要充满奶，不要有空气，这样可避免婴幼儿因吸入过多空气而溢奶。

3. 养成良好进餐习惯，防止过度喂食，防止喂养时嬉戏、逗笑，避免边吃边玩，喂食时不要引逗婴幼儿。

4. 每次喂奶后将婴幼儿竖抱起来，让婴幼儿头部靠在家政服务员的肩膀上，用一只手托住其腰及臀部，另一只手轻拍后背5~10分钟，待婴幼儿打嗝，吐出吞入的气体后再将其右侧卧位放在小床上，这样就可以避免呛奶。

培训课程 2

照护婴幼儿起居

学习单元1 抱、领婴幼儿

知=识=要=求

一、抱婴幼儿

抱婴幼儿的过程有抱起、抱住、放下。这一过程中的每一个环节都应特别小心,以免弄疼、弄伤、失手摔伤婴幼儿。

1. 抱起

先将一只手轻轻插入婴幼儿的颈后,以支撑起婴幼儿的脑袋,另一只手放在婴幼儿的背和臀部,以托起下半身;然后双手要同时轻柔、平稳地把婴幼儿抱起,使得家政服务员和婴幼儿脸与脸相对、目与目相视。

2. 抱住

把婴幼儿抱起后,一般是顺势将婴幼儿托在胳膊臂弯处,以抱住婴幼儿。

(1)横抱的具体方法(见图5-42)

1)将婴幼儿的脑袋放在肘弯处,使婴幼儿的脑袋略高出身体的其他部位。

2)双手在婴幼儿背及臀部叠在一起,交叉至腕部。

3)这种姿势既可以抱住婴幼儿,又便于与婴幼儿说话及哄逗婴幼儿。

(2)竖抱的具体方法(见图5-43)

1)一只手伸出托住婴幼儿的头、颈、后背。

2)另一只手托住婴幼儿的臀部。

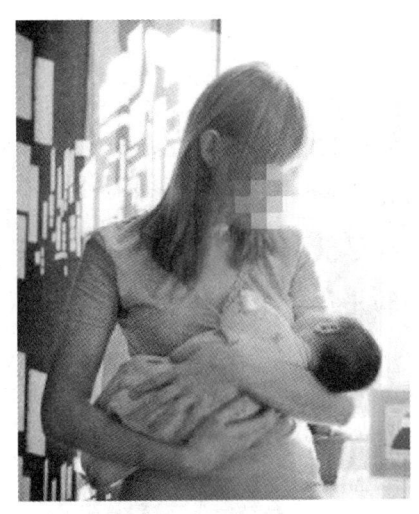
图 5-42 横抱婴幼儿

图 5-43 竖抱婴幼儿

3）将婴幼儿全身贴在家政服务员的身上，将婴幼儿搂紧抱住。

3. 抱稳

7~8个月后，婴幼儿的腰部肌肉发育成熟，此时不用人扶就能坐直。此期抱婴幼儿的姿势可用直立式，即让婴幼儿面对着家政服务员，臀部坐在一侧前臂上（通常为左侧），让婴幼儿的头俯在家政服务员的左肩，用右手护住婴幼儿的腰背。或采用侧立式，姿势基本同直立式，只是让婴幼儿的身体转向一侧，家政服务员用右手扶住婴幼儿的腋部，这样婴幼儿的姿势既稳当又舒适。

4. 放下

放下婴幼儿的姿势与抱起婴幼儿时的方法基本一样，要轻柔、平稳。当婴幼儿能较好地控制自己的头时，就可以把双手放在婴幼儿的腋下抱起来，然后用一只手臂弯曲托住婴幼儿的臀部，另一只手扶住婴幼儿的背部，将婴幼儿立着靠在自己的肩上，或者将另一只手插入婴幼儿的腋下扶住其肩膀。

5. 注意事项

家政服务员抱起或放下婴幼儿时，动作要轻柔、平稳、缓慢。抱0~3个月婴儿时应注意扶好头。抱3个月以上婴幼儿时应注意扶住背部。同时要抱紧婴幼儿，严防婴幼儿突然发力从家政服务员怀中蹿出去。抱婴幼儿时还要注意婴幼儿后面的家具等，防止婴幼儿后仰时头部撞到家具。禁止抱着婴幼儿从高处向下看景色，尤其不能抱着婴幼儿站在窗前并打开窗子向下看，以免婴幼儿突然发力而掉落。

二、领婴幼儿

当婴幼儿开始学着自己走路,上、下楼梯时,为避免摔倒,家政服务员领婴幼儿时要注意拽住婴幼儿的全手掌而不是几个手指头,要尽量顺着婴幼儿的步幅和速度走,而不是让婴幼儿紧跟家政服务员的步伐,如图 5-44 所示。

三、抱、领婴幼儿的注意事项

1. 抱婴幼儿时不管哪种抱法都要抱住,尤其是夏天汗液多,容易打滑,应防止失手让婴幼儿摔下来。

图 5-44　牵领婴幼儿

2. 领婴幼儿上电梯时最好将婴幼儿抱起,防止电梯的门或门的缝隙夹住婴幼儿;更要防止将婴幼儿一人领进电梯,自己又回身取东西,造成家政服务员与婴幼儿分离,发生危险。

3. 领婴幼儿行走或上、下楼梯时不能过分牵拉婴幼儿的胳膊或突然间使劲拽婴幼儿的胳膊,否则可能会使婴幼儿的关节脱臼。

4. 家政服务员的步幅要小,速度要慢,要与婴幼儿走路姿势与步伐相适合,以免使婴幼儿疲劳或受到伤害。

学习单元 2　为婴幼儿穿、脱衣服及换纸尿裤

技=能=要=求

技能 1　为婴幼儿穿、脱衣服

一、操作准备

准备好要更换的衣服,按穿脱的先后顺序摆放好,关好门窗,避免对流风吹到婴幼儿。

二、操作步骤

步骤1 脱上半身的开襟衣物

（1）让婴幼儿坐在家政服务员的腿上，先脱下一侧衣袖，然后将衣服从婴幼儿的身后转到另一侧脱下。

（2）让婴幼儿躺在床上，先脱下一侧衣袖，然后将婴幼儿侧翻转至另一侧，然后将衣服塞到婴幼儿的身下，再将婴幼儿翻转过来脱下另一侧袖子。

步骤2 脱裤子

（1）婴幼儿坐在家政服务员的腿上脱裤子。一只手从婴幼儿的背后环绕至婴幼儿胸前，将婴幼儿轻轻托起；另一只手松开婴幼儿的腰带，轻轻地将裤子拽下即可。

（2）站立脱裤子。让婴幼儿趴在家政服务员的肩上，一只手将婴幼儿环抱住，同时用肩膀之力将婴幼儿轻轻托起，使其脚稍微离开地面；另一只手解开婴幼儿的腰带，然后拽住裤腰轻轻将裤子脱下。

（3）婴幼儿坐着脱裤子。先让婴幼儿站起来，解开腰带，将裤子脱至臀下，让婴幼儿坐下，一只手从婴幼儿后背环绕到婴幼儿胸前扶稳婴幼儿，然后抓住裤腰将裤子轻轻脱下。

（4）婴幼儿平躺在床上脱裤子。解开婴幼儿的腰带，抓住裤腰将裤子脱至婴幼儿的臀部，然后一只手将婴幼儿的臀部托起，另一只手拽住裤腰将裤子脱到臀下；放下婴幼儿的臀部，拽住裤脚轻轻将裤子脱下。

三、注意事项

1. 整个过程动作要轻柔，避免弄伤、弄疼婴幼儿。

2. 脱衣服时要先脱鞋子，再脱下半身的裤子和尿布，然后为婴幼儿穿上干净的尿布和裤子，再脱上半身的外衣、内衣等，最后穿上衣。

技能2　给婴儿换纸尿裤

一、操作准备

准备好纸尿裤（按婴幼儿的体重选择大小、号型合适的纸尿裤）、湿纸巾、护臀霜（如凡士林、氧化锌软膏）、毛巾、温水、婴儿皂。

二、操作步骤

步骤1 婴幼儿平躺在床上,取出一片纸尿裤打开后,将防漏护围调整至站立状,并将贴片一端放置于后腰部。

步骤2 将纸尿裤铺于婴幼儿的腰下,前片向上拉至腹部。

步骤3 撕开粘贴片,对称贴在纸尿裤前片相对应的数字或图案上,防止不对称,向内侧轻拉,使其粘贴牢固,防止将腰贴粘在婴幼儿的皮肤上。

步骤4 整理大腿内侧防漏护围,防止发生侧漏。

步骤5 将换下的纸尿裤污物面向内卷起,用粘贴片粘紧放入污物桶内。

给婴幼儿换纸尿裤的步骤如图5-45所示。

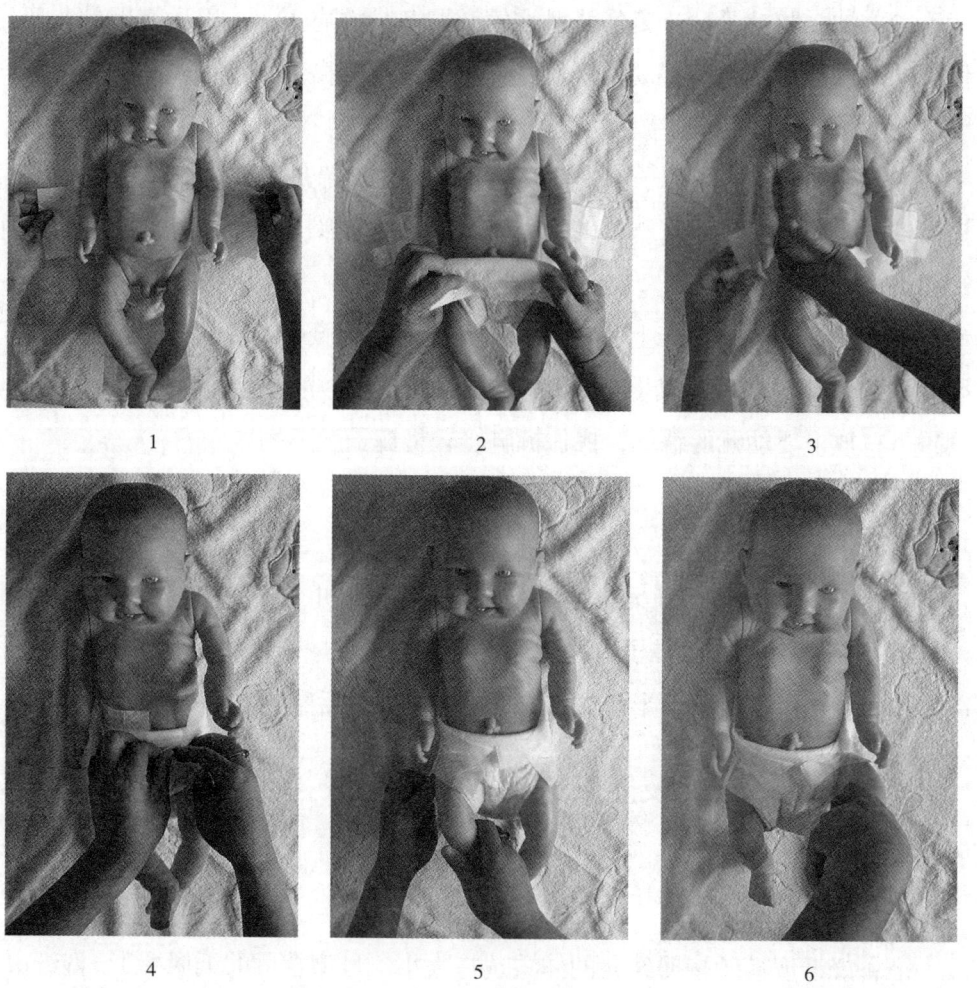

图5-45 给婴幼儿换纸尿裤步骤

三、注意事项

1. 更换纸尿裤时，如发现婴幼儿排便，需用温水、婴儿皂、毛巾将婴幼儿的下半身清洗干净，然后擦干，涂上凡士林或氧化锌软膏，再换上新的纸尿裤。

2. 尽量不使用爽身粉，以免婴幼儿排泄导致爽身粉湿润，不利于保持干爽，同时也避免婴幼儿吸入粉末损害健康。

3. 纸尿裤应该勤更换。最好使用吸收量大、吸收效果好的产品，这样婴幼儿的皮肤才会干爽、健康。

4. 开封后的纸尿裤放在干燥、通风处，用一片拿一片，防止造成二次污染。

技能 3　洗涤婴幼儿衣物

一、操作准备

洗衣盆、水、婴幼儿衣物专用洗涤剂、衣物柔顺剂等。

二、操作步骤

步骤 1　洗涤婴幼儿衣物时应将衣物按照质地、颜色、内外衣的不同进行分类，并要用温水先浸泡 15 分钟左右。

洗涤婴幼儿衣物的步骤如图 5-46 所示。

步骤 2　婴幼儿的衣物最好用手洗，先洗内衣，再洗浅色衣物，最后洗外衣裤。要选用婴幼儿专用洗涤剂并且一定要漂洗干净，保证衣物上没有残留的洗涤剂，否则会对婴幼儿的皮肤造成损害。

步骤 3　衣物漂洗干净后，对含化纤的衣物最好用衣物柔顺剂浸泡 5 分钟后再进行晾晒。晾晒婴幼儿衣物时最好将衣物的里面翻向外，晒衣物的里面，这样既可使衣物穿着舒服，防脱色，也可以起到杀菌的作用。

步骤 4　婴幼儿换下的衣物要及时清洗、消毒、晾晒。

步骤 5　收纳婴幼儿的衣物时不要放樟脑丸和卫生球。

图 5-46　洗涤婴幼儿衣物的步骤

三、注意事项

1. 婴幼儿的衣物要单独洗涤，不要与成人的衣物混在一起洗涤，因为成年人出入公共场所，其外衣容易沾染细菌，如与婴幼儿的衣物混合洗涤会引起交叉污染。

2. 不要把沾有大、小便的衣物与其他衣物混放在一起，要先将粪便、尿液除去再洗涤。

3. 尿布要单独清洗，并先用水浸泡洗去大便、尿液后再按正常程序洗涤，洗后还要用开水烫一遍，每隔3～5天进行一次煮沸消毒。

学习单元3　照护婴幼儿盥洗、沐浴

知=识=要=求

婴幼儿日常盥洗主要包括晨起盥洗和晚间盥洗。盥洗内容主要包括刷牙、洗脸、洗手、洗头、洗脚和洗臀部。

一、刷牙

婴幼儿长牙后,每次喂奶或吃完带颜色的水果、蔬菜后,尽量让婴幼儿喝几口白开水,起到清洁口腔和牙齿的作用。幼儿到了两岁半,20颗乳牙都萌出后,就可以教其刷牙。3岁左右时应让幼儿养成早晚刷牙、饭后漱口的习惯。

刷牙前,家政服务员要为婴幼儿准备好牙刷、牙膏、漱口杯、清洁盆、毛巾等物品。对于较大的幼儿,如果自己能够刷牙,家政服务员应指导其采取正确的方法刷牙,如指导其挤牙膏、用漱口杯接水、拿牙刷的方法、刷牙的基本程序等。要指导婴幼儿刷牙力度要恰当,不能过于用力,以免牙龈受损。刷牙时牙刷进入口腔不能过深,以免触及会厌部导致恶心或呕吐。正确的刷牙方法是采取竖刷法,先里后外,上下、左右都要刷到。

二、洗脸

对于能够自己洗脸的幼儿,家政服务员要为其准备好洗脸毛巾、洗脸水,让其自己清洗即可。如果天气较冷要使用温水,调配温水时,应先在脸盆里倒好凉水,再加开水,边加边用手测试水温,感到温暖但不烫手即可,这样可以避免发生烫伤类意外事件。

对于较小的婴幼儿,家政服务员要帮助其洗脸,洗脸的基本顺序是毛巾清洗干净,拧至不再向下滴水,先擦洗婴幼儿的眼睛,随后将洗脸毛巾清洗干净,再依次擦洗嘴巴、耳朵、耳郭、耳道周围、脖子等部位。

清洗干净后根据季节的不同为婴幼儿使用护肤品;夏季可给婴幼儿颈部适当拍些爽身粉,脸部则无须再抹护肤霜类产品;其他季节每次洗完脸后均应酌情给婴幼儿脸部、颈部抹些儿童护肤霜类产品。

注意事项:给婴幼儿清洗眼睛时动作一定要轻柔,且注意力要集中,一定要保证安全。另外,婴幼儿洗脸不必使用香皂,以免刺激婴幼儿的皮肤;清洗眼睛时更不能使用香皂。婴幼儿的洗脸盆与毛巾要单独使用,不可与成人混用,毛巾用后最好放在太阳下晒干,并要定期消毒。

三、洗手

给婴幼儿洗手时要先用清水将婴幼儿的双手全部浸湿,然后取适量肥皂或洗手液涂抹于婴幼儿双手上,并让其充分揉擦30秒左右,至泡沫覆盖整个手掌、手指和指间,尤其是手指与手指之间的缝隙处和指甲缝,这些部位最容易藏污纳垢,应重点清洗。

给较小的婴幼儿洗手时,家政服务员应将毛巾放在40 ℃左右的温水里清洗干净,然后将毛巾拧至不再往下滴水再为婴幼儿擦洗。如婴幼儿手较脏,可先将肥皂或洗手液涂在手心,然后为婴幼儿搓洗双手,尤其要将手指与手指之间的缝隙处和指甲缝等部位清洗干净。婴幼儿双手搓洗干净后再用毛巾蘸清水将其手上的泡沫清洗干净,最后将毛巾清洗并拧干或另用干毛巾将婴幼儿手擦干即可。

四、洗头、洗脚

给婴幼儿洗头前准备好婴儿洗发液、洗脸盆、毛巾、棉球、40～45 ℃的温水、小凳子等。在脸盆中放入适量的温水。家政服务员抱起婴幼儿,坐在脸盆旁的凳子上;将婴幼儿托起置于左前臂上,用肘部将婴幼儿臀部夹于腰部;婴幼儿头向前,脸向上,托住婴幼儿的头及肩,用拇指和中指将婴幼儿的双耳向前盖住耳朵眼或用棉球轻轻堵住耳朵眼,然后用小毛巾蘸温水淋湿婴幼儿的头发,涂上婴儿洗发液轻轻搓洗干净;再用温清水冲洗干净婴幼儿头发上的泡沫,最后擦干即可。

注意事项:一定要将婴幼儿托住、夹紧,但又不能伤到婴幼儿;要避免婴幼儿从怀中蹿出;要严格控制水温,防止婴幼儿烫伤;清洗动作既要轻柔又快,不能用手拍打婴幼儿头部。另外,家政服务员手指甲要剪短,防止刮伤婴幼儿,如果婴幼儿头上有乳痂,不可以强行抠、揭,以免损伤头皮,造成感染。

在给婴幼儿洗脚前应准备洗脚盆、温水、肥皂、小毛巾、小凳子等。洗脚盆内放入温水,水面达到婴幼儿脚踝部位即可。较小的婴幼儿可以抱着让其站在水盆里,较大的婴幼儿可以让其坐在凳子上;脱去鞋、袜,将婴幼儿双脚放在水里浸泡2～3分钟;涂抹肥皂后依顺序洗净婴幼儿脚心、脚背、脚趾缝;最后用毛巾擦干即可。

五、洗臀部

清洗前准备好盥洗盆、45 ℃左右的温水、小毛巾、婴儿浴液、5%的鞣酸软膏或护臀霜、爽身粉、小凳子或椅子。盥洗盆内倒入温水，小毛巾放到水里；将婴幼儿裤子脱到膝盖处，家政服务员坐到凳子或椅子上，抱起婴幼儿使其躺在怀里，一只手臂托住婴幼儿的大腿并用手抓住，向上抬起婴幼儿的大腿，使其臀部在前臂下露出，置于水盆上；另一只手持小毛巾蘸温水擦洗婴幼儿臀部，先擦洗婴幼儿两侧大腿内侧，然后擦洗外阴部，再清洗肛门周围；必要时可在上述部位涂婴儿浴液轻轻擦洗，然后用温清水将婴幼儿臀部冲洗干净，再用毛巾将婴幼儿臀部水分擦干；根据需要可给婴幼儿臀部涂些5%的鞣酸软膏或护臀霜，为婴幼儿兜好尿布或纸尿裤、裤子即可。

注意事项：动作要轻柔，尤其是清洁会阴部时，要先擦洗婴幼儿两侧大腿内侧，然后擦洗外阴部，最后擦洗肛门周围。给女婴洗臀部时要先清洗会阴部，再洗肛门部位，从前往后洗。清洗男婴阴茎时，可轻轻将包皮往上捋，露出阴茎头，将污垢洗去，然后清洗肛门部位。婴幼儿的盥洗盆与毛巾要单独使用，不可与成人混用，毛巾用后最好放在太阳下晒干，并要定期消毒。

技能要求

技能　给婴幼儿盆浴（淋浴）

一、盆浴、淋浴的准备

调节好浴室温度，使浴室温度达到 26～28 ℃，干净衣物、尿布、尿垫、浴巾、小毛巾、婴幼儿洗发液、婴幼儿皂或沐浴液、婴儿用洗澡盆、防滑垫、玉米热痱粉、5%的鞣酸软膏或护臀霜、拖鞋、玩具、椅子等物品全部要准备好。

二、操作步骤

步骤1　洗澡盆内先放入适量凉水，然后再放入热水，使洗澡水保持在 37～40 ℃（夏天室温、水温可略低些）。

步骤2　如果婴幼儿能够自己坐着洗澡，可在洗澡时给其一些能在水中玩的玩具，如干净的小鸭子玩具、海绵、小水杯、小鱼玩具等，既增加婴幼儿的洗澡兴趣，又能帮助婴幼儿进一步认识各种物体的特性。

步骤3 脱去婴幼儿身上的鞋、袜、衣物，观察婴幼儿全身皮肤、四肢活动情况，及早发现问题。

步骤4 6个月以上的婴幼儿可坐在澡盆里洗澡，澡盆底部要放置防滑垫。如果澡盆较大，家政服务员要将手从婴幼儿的腋下穿过将婴幼儿轻轻地环抱在怀里，以防婴幼儿滑倒。

步骤5 用小毛巾蘸温水将婴幼儿的头发充分淋湿，然后在婴幼儿的头发上适当涂些婴幼儿洗发液轻轻搓洗，再用温清水冲洗干净，擦干头发。

步骤6 将婴幼儿放在干净的温水中，家政服务员用前臂托住其上身，一只手抓住其臂部，使婴幼儿在浴盆中呈半躺姿势，然后用另一只手持小毛巾蘸温水洗颈部、腋窝、胸腹部、上肢、下肢；然后再将婴幼儿翻过来，使其趴在家政服务员的前臂上，洗后背和臀部。必要时可在婴幼儿身上适当涂些婴幼儿皂或沐浴液清洗，清洗干净后，再用温水将婴幼儿身上的肥皂沫或沐浴液冲洗干净。

步骤7 将婴幼儿从水中抱出放在干净的浴巾上，从头到脚迅速擦干。如果是冬天可以给婴幼儿身上适当涂抹一些润肤露，如果是夏天可以在婴幼儿身上，尤其是皮肤皱褶处拍些玉米热痱粉。婴幼儿肛门周围可适当抹些5%的鞣酸软膏或护臀霜。需要穿尿裤的婴幼儿应先将尿裤穿好，随后迅速穿上上衣、裤子。

步骤8 给能站立淋浴的婴幼儿洗澡时，需选用防滑的拖鞋，可取站立位或准备一把小椅子，让婴幼儿坐好，先洗头，再洗全身。不管哪种姿势，家政服务员始终要抓住婴幼儿的一只胳膊，防止其滑倒。

三、注意事项

1. 给婴幼儿放洗澡水时必须先放凉水，然后再往凉水里加热水，边加热水，边测试水温，必要时可以用温度计测试水温，以防止发生烫伤。

2. 稍大些的婴幼儿洗澡前要与其讲清道理，取得婴幼儿的配合，如果怕浴液进入婴幼儿的眼睛，可给婴幼儿戴一个浴帽。

3. 婴幼儿需要盆浴时，如果室温低需要用浴霸加热时，注意给婴幼儿洗澡前先加温，洗浴时关掉，不可以开着浴霸让婴幼儿躺在水中直视浴霸。

4. 洗澡时动作一定要轻柔、迅速。洗澡时应注意观察婴幼儿全身有无异常，若发现异常立即停止洗浴，必要时送医院就医。整个洗澡过程必须控制在20分钟以内。

5. 洗澡时注意婴幼儿的手指、脚趾缝，耳朵，脖子，腋窝，大腿内侧等部位，一定要清洗干净。

6. 婴幼儿在水里时，家政服务员一定要用手抓紧婴幼儿，一刻也不能离开，绝对保证婴幼儿的安全。

7. 洗澡时要防止水和肥皂液（沐浴液）进入婴幼儿的耳、鼻、眼等处。如婴幼儿鼻或眼内浸入了洗发液或沐浴液，可以用清洁的水小心冲洗干净，可用干净的棉棒轻轻旋转擦出进入耳道的水。

学习单元4　照护婴幼儿二便并换洗尿布

知─识─要─求

一、婴幼儿二便的特点

婴幼儿需要摄入足够的营养进行新陈代谢，也需要及时排泄代谢产生的废物，这主要通过大小便进行。小婴儿排泄大小便只是一种非条件反射，如同吃奶一样不需要任何训练，生下来就会。但婴幼儿良好的排尿、排便习惯是要经过训练，建立条件反射，逐渐培养成的。"吃完就拉"是婴幼儿大便的典型特点，特别是母乳喂养的婴幼儿此特点更明显。因此，如果在婴幼儿喝完奶或吃过饭后就让其自己坐盆，一般比较容易排出便。

1. 婴幼儿大便的颜色、次数、气味和形状，因喂养方式不同而有差别。一般情况下，母乳喂养的婴幼儿，大便呈黄色或金黄色，膏状，略带不太难闻的酸性气味。在出生头几周每天大便数次，甚至每次吃奶后都要大便一次，以后大便的次数逐渐减少为每日2～4次。

人工喂养的婴幼儿大便比较干燥，常有少量奶瓣，呈淡黄色或棕黄色，有腐臭味。起初往往一天大便1～4次不等，逐渐大便次数会减少到每天1～2次。

混合喂养的婴幼儿大便与成人相似，呈暗褐色，臭味较重，形状与次数介于母乳喂养与人工喂养的婴幼儿之间，每天1～2次。

2. 婴幼儿对小便的控制晚于对大便的控制。婴幼儿一般是先能控制大便，以后逐渐能控制白天的小便,最后才能控制夜间的小便。

3. 要培养良好的排尿习惯。要培养婴儿在夜间少尿或不尿的习惯。临睡前尽量不喂水,睡前把一次尿。把尿时,家政服务员嘴里可发出"嘘、嘘"的声音,作为一种信号,即条件刺激,这样反复之后,每当有人做这种动作和发出这个声音,婴幼儿就知道要尿尿了。把尿实际上是一种建立排尿条件反射的过程。要细心观察及掌握婴幼儿的排尿规律,如婴幼儿每天大约尿几次,都在什么时间尿。一般来讲,婴幼儿醒后或临睡前都应训练把尿,按时把尿,使之形成习惯。当婴幼儿会坐以后,可以训练坐盆。习惯的养成需要一个过程,家政服务员要有耐心。婴幼儿养成好的排便习惯对皮肤的保护和冬季的保暖都十分有利。

4. 训练排便同排尿一样,先要观察婴幼儿大便的规律,婴幼儿在便溺前也会发出一定的信号,可表现为面色发红、双手攥拳、瞪眼凝视、踹腿等,或突然停下来正在做的事情发愣,哭喊,不停地打嗝等。这些需要悉心观察、仔细辨别才能确定。

如果发现这些可能要大便的表现,应立即把大便。家政服务员可发出"嗯、嗯"的声音,最好每天能按固定的时间做,这样逐渐形成条件反射,使婴幼儿到时就大便。正常情况下,婴幼儿每日便溺还是有一定规律的。

5. 一岁左右的婴幼儿可以开始坐盆排便,坐盆也是一种刺激,需逐渐形成条件反射。冬天在便盆内先放些温热水,防止太凉,不良的刺激会抑制婴幼儿排便。不要养成边拉、边玩的坏习惯,坐盆时间不宜过长。

婴幼儿不注意养成规律性的排便习惯,就容易发展为便秘。直肠的功能是储存大便,同时吸收水分。大便积存时间越长,积粪就越干,排出越困难,甚至可能撑破肛门引起肛裂,造成疼痛。许多婴幼儿在这种情况下会惧怕并拒绝排便。另外,干燥的大便堵在肠子里会引起食欲不振,婴幼儿会出现腹胀、呕吐。大便干燥排出困难,则易引起肛裂、出血,感染后形成肛瘘。长时间下蹲用力大便,又可造成痔疮、脱肛等。便秘还可使肠内菌群失调,引起慢性中毒或过敏反应。为杜绝便秘的发生,应让婴幼儿从小养成良好的排便习惯,使其受益终身。

二、照料婴幼儿二便

传统的护理婴幼儿排便的方法是把便,但是从心理学的角度不建议把便。

过度把便会给婴幼儿心理造成不良影响。一般当婴幼儿达到2~4岁时便会逐渐控制大小便，此时帮助婴幼儿形成良好的生活规律是非常有益的。

1. 在婴幼儿睡醒后而尿布未湿时，喂奶、喂水10分钟后，或上次排尿1.5个小时左右，可以引导婴幼儿坐便盆，同时发出"嘘、嘘"的声音。

2. 从婴儿5~6个月开始，可在其喝完奶后让其坐盆，同时发出"嗯、嗯"的声音或"嘘、嘘"的声音。这样天天坚持、反复进行，就可逐步使婴儿形成定时排便的习惯。

3. 大便后及时清洗，用专用小毛巾蘸温水擦洗婴幼儿肛门，擦干净后，将毛巾清洗干净、拧干后将婴幼儿臀部擦干。

4. 如婴幼儿臀部有潮红可适当抹些5%的鞣酸软膏，涂抹均匀后穿好尿布、裤子即可。

5. 倒便盆并将便盆清洗干净。

三、注意事项

1. 尿布要备足，避免不够用。
2. 训练婴幼儿大小便不能操之过急，不要对婴幼儿提出过高的要求。
3. 不要在大街上或人群聚集的地方随意大、小便。

技 能 要 求

技能1　为婴幼儿换尿布

一、操作准备

长方形尿布1~2块、松紧带、手纸、湿纸巾、护臀霜、污物袋等。

二、操作步骤

步骤1　将长方形尿布叠成长条状，如图5-47所示。

步骤2　一只手抓住婴幼儿的两踝，轻轻向上抬高臀部，撤下脏尿布，放入盥洗盆内。

步骤3　如果有大便，可用手纸、湿纸巾将大便擦掉后扔进污物袋。

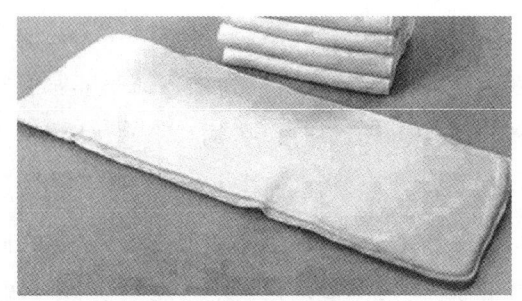

图 5-47　长条尿布

步骤 4　擦干后涂些护臀霜。把长方形尿布骑裆摆放，将长出部分放在男婴前面，从腹部折下；女婴则放在后边从腰部折下垫在臀部。在婴幼儿腰部系一条扁平的松紧带。松紧带的松紧以尿布不掉下来为度，不可过紧。尿布两头穿过松紧带翻折过来即可。

步骤 5　整理好婴幼儿上衣，保持其平整、舒服。

三、注意事项

1. 擦婴幼儿臀部时，女婴要从前往后擦，切忌从后往前，因为这样容易使粪便污染外阴，引起泌尿系统感染。给男婴擦时，要看看阴囊上是否沾有大便。

2. 换尿布要事先做好准备，动作要轻、稳、准、快，冬季应该先将尿布放在暖气上烤热，家政服务员用手搓暖和后再给婴幼儿换尿布。

技能 2　清洗婴幼儿尿布

一、操作准备

水盆、中性肥皂或婴儿专用洗涤液、刷子、水等。

二、操作步骤

步骤 1　沾有尿液的尿布用肥皂搓洗干净后再用清水漂洗干净。

步骤 2　如果尿布的颜色深浅不一要分开清洗。

步骤 3　若尿布上有粪便，先用专用刷子去除，然后放进清水中，用中性肥皂或婴儿专用洗涤液进行清洗，再用清水冲洗干净，用开水泡 10 分钟后晒干。

步骤 4 尿布清洗干净后最好能在阳光照射下晒干,达到除菌的目的。

步骤 5 晒干的尿布要叠放整齐,按种类放在一起备用。同时要注意防尘和防潮。

三、注意事项

1. 尿布最好用浅颜色的纯棉布、旧棉毛衫和旧床单制作,透气且不易引起过敏,利于观察婴幼儿尿液的变化。

2. 尿布清洗后,一定用清水漂洗干净,防止洗涤剂残留。

3. 尿布尽量准备得多些。

4. 清洗过的尿布要尽量在阳光下暴晒、消毒。

学习单元 5　照护婴幼儿睡觉

知=识=要=求

一、婴幼儿的睡眠特点

1. 良好、充足的睡眠是促进婴幼儿生长发育的关键。家政服务员应在其生长发育过程中掌握其睡眠的规律和特点,帮助其养成良好的睡眠习惯。

2. 表 5-2 是婴幼儿睡眠的一般规律,但不是每个婴幼儿都按此规律作息,其中存在个体差异。2 个月的婴儿平均睡 18 小时,也有睡 10 小时和 22 小时的。只要婴幼儿各方面发育良好,清醒时眼睛明亮、情绪好,体重增长正常,就不要过于担心。

表 5-2　　　　　　　　　婴幼儿睡眠的一般规律

年　龄	白　天		夜间 (小时)	共　计 (小时)
	次数	持续时间(小时)		
2 个月	4	1.5~2	10.5	16.5~18.5
3 个月	3	2~2.5	10	16~18
6 个月	2~3	2~2.5	10	14~15
1 岁	2	1.5~2	10	12.5~13
1 岁半	1~2	2~2.5	10	12~13

二、促使婴幼儿较快入睡的方法

1. 尽量让婴幼儿在固定时间睡觉。要使婴幼儿有正常的睡眠,应尽量安排婴幼儿在相对固定的时间睡觉。经常在一定的时间内睡眠,就形成了动力定型,只要到了睡眠时间,婴幼儿就会产生困意而想睡觉。

2. 根据气候的不同适当调整,如冬季可缩短午睡的时间,早上起床推迟一些,晚上提前 0.5~1 小时入睡,以利于天气暖和时增加户外活动时间;夏季天气炎热午睡时间可延长 1 小时。

3. 即使父母还有工作要做,也一定要等婴幼儿入睡之后再做。不要让婴幼儿一起熬夜,使婴幼儿也成为"夜猫子",这样不利于其养成好的睡眠习惯。

4. 晚饭要清淡、少盐,且要营养全面,在保证营养需要的同时不宜吃得太饱,一般达到八成饱即可;不要喝太多液体,以免夜间小便次数多,影响睡眠。

5. 睡前不吃或吃少量零食,食后要刷牙或漱口。

6. 养成睡前洗脸、洗脚、洗屁股的习惯。睡觉时穿着要宽松,不宜过多。

7. 临近睡觉前半个小时必须停止一切会导致婴幼儿兴奋的活动和游戏;停止观看动画片,禁止让婴幼儿观看恐怖片;临近睡觉前不要给婴幼儿讲会导致婴幼儿兴奋和恐惧的故事。

8. 不要用逼迫、威胁、吓唬的办法促使婴幼儿入睡,否则会使婴幼儿睡不安稳,容易惊醒。

三、创设适宜的睡眠环境

1. 使卧室温度适宜,空气新鲜,保持室温在 18~22 ℃,睡前半小时应开窗通风换气;夏天也可打开门窗睡觉,但必须保证安全且必须保证婴幼儿不会被对流风吹到。

2. 婴幼儿卧具要干净、柔软、床单、枕巾及内衣都应是纯棉的。

3. 保证睡眠环境相对安静,尽量没有嘈杂声,光线要暗,不要开灯睡觉。

学习单元 6　为婴幼儿测量体温

技=能=要=求

技能　为婴幼儿测量体温

婴幼儿腋下体温为 36～37 ℃，腋下体温在 38 ℃以下是低热，38～39 ℃是中等热，39 ℃以上是高热。

一、操作准备

水银温度计（见图 5-48）或电子温度计（见图 5-49）或额温枪测温计（见图 5-50）一支、毛巾、75%的酒精。

图 5-48　水银温度计

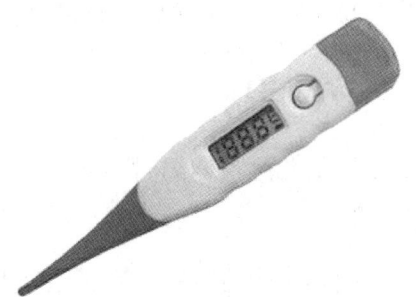

图 5-49　电子温度计

二、操作步骤

步骤 1　测试体温时婴幼儿取坐位、卧位或横托抱位。

步骤 2　解开婴幼儿衣服，用毛巾擦干腋下。

步骤 3　如使用水银温度计，测体温前用拇指、食指握紧体温计上端，手腕急速向下向外甩动，将水银柱甩到 35 ℃以下，甩时注意不要碰到周围的物品。将体温计甩到 35 ℃以下后，将水银头夹在婴幼儿腋窝处，屈臂于胸前。

步骤 4　扶住婴幼儿的手夹紧 5 分钟取出来，如图 5-51 所示。

步骤 5　取出体温计，横拿体温计上端，背光站立，使表刻度与眼平行，缓慢转动体温计，就可以清晰地看到水银柱上的刻度数，读取、记录数据。

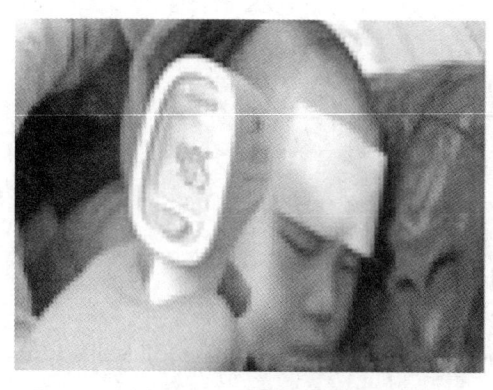

图 5-50 额温枪测温计

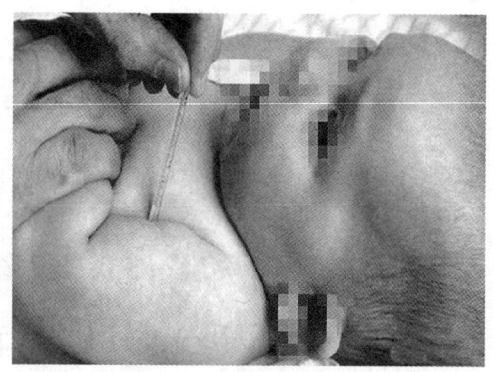

图 5-51 腋下测量体温

步骤 6 测量完体温要用冷水及肥皂清洗体温计或用 75% 的酒精消毒,擦干后插入表套中存放。切忌用热水冲洗,以免损坏。

电子体温计的使用方法同水银温度计。电子体温计按下开关按钮,体温计显示 Lo 后,夹在婴幼儿腋下,当听到"滴滴"的声音后取出,屏幕上显示测得的温度,关机,擦拭干净放入收纳盒。

三、注意事项

1. 给婴幼儿测量体温时不要离开婴幼儿,扶住婴幼儿的胳膊使其夹紧,防止体温计滑落。

2. 要防止婴幼儿咬碎水银温度计或测量后忘记取出致体温计破碎伤害婴幼儿。

3. 测体温还可使用耳温测量计(见图 5-52)、额温枪测温计、红外体温计、额温贴等,使用前查看产品说明书。

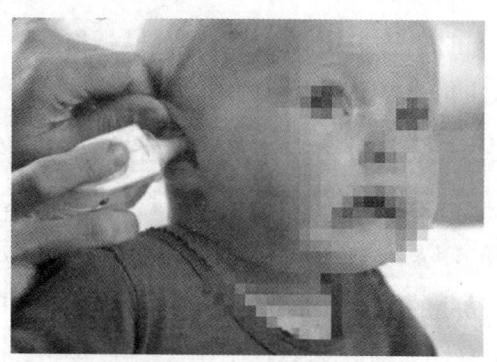

图 5-52 耳温测量计

学习单元7　清洁、消毒婴幼儿玩具与用品

技 能 要 求

技能　清洁、消毒婴幼儿玩具与用品

一、操作准备

将要清洁的玩具集中起来，准备清洁盆、清洁剂、水、清洁布、75%的酒精、棉球等。

二、操作步骤

步骤1　清洁盆内倒入温水，放入清洁剂搅拌均匀。
步骤2　将玩具放在调配好的液体中浸泡10分钟左右。
步骤3　用清洁布擦洗玩具或用手搓洗玩具内外污物。
步骤4　清洗干净后，用清水清洗2~3遍，去除水分，晾干即可。
步骤5　一些不宜用水清洗的玩具可用棉球蘸75%的酒精擦拭后晒干。

三、注意事项

1. 清洗玩具时一定要将污物彻底清除干净，避免形成积垢，导致最后难以清除。
2. 能够放在太阳下暴晒的玩具，尽量放在阳光下晒干，以达到消毒的目的。
3. 电子玩具如果长时间不用要将电池取出。

学习单元 8　婴幼儿安全照护

知=识=要=求

意外伤害是威胁婴幼儿家庭幸福的一个严重问题。看护婴幼儿的首要任务是保证其安全，其次才是吃、喝、玩、休息、学习等。以下介绍婴幼儿的安全看护常识。

一、婴幼儿容易发生意外伤害的时间

1. 婴幼儿疲劳、饥饿或不舒服时。
2. 家政服务员忙碌或精神不集中时。
3. 婴幼儿进入新环境、处于兴奋中或外出游玩时。

二、衣物的安全

1. 婴幼儿衣、裤、袜子切忌带有长带子及线头，以避免缠绕身体、颈部、四肢或脚趾（小婴儿的袜子可以反着穿）。
2. 定期检查衣服上的纽扣，要确保牢固。
3. 婴幼儿衣物在穿着前要检查，颈、手臂、腿、腰、胸等部位的松紧要合适。
4. 婴幼儿衣物要选用纯棉织物。

三、玩具的安全

1. 婴幼儿玩具不可以是尖锐、容易破碎、裂开或小得可以吞下的。
2. 婴幼儿玩具应结实，部件不脱落，缝线不开线，不能带有长线或长绳，必须避免缠绕。
3. 婴幼儿玩具应无毒并容易清洗消毒。
4. 木制玩具必须表面光滑、无棱角、周边圆钝。
5. 不能让婴幼儿玩长发的娃娃或填塞物可能会被婴幼儿掏出的玩具。
6. 不能让婴幼儿玩能发出高噪声的玩具，以免惊吓到婴幼儿，甚至造成婴幼儿听力损伤。

7. 不能让婴幼儿玩内部有铁丝、长钉或灌有液体物质的玩具。

8. 不能让婴幼儿玩抛射的玩具，如标枪、飞盘等，以免伤其眼睛。

9. 婴幼儿玩具不可太重、太大，以防不小心砸伤婴幼儿。

10. 婴幼儿玩耍后要认真洗手。

四、家庭宠物的安全

1. 不可以让婴幼儿单独和宠物玩，不要让宠物与婴幼儿一起睡觉。

2. 不要让婴幼儿喂食宠物，宠物的食品、碗盘、便器要放在婴幼儿触摸不到的地方。

3. 宠物身上若有跳蚤或有病不能让婴幼儿接触。

4. 鱼缸、鸟笼、鼠笼等要放置于婴幼儿触摸不到的地方。

五、戏水的安全

1. 任何情况下，都不能让婴幼儿独自戏水。

2. 禁止婴幼儿到户外戏水，禁止带婴幼儿在近水处嬉戏。

3. 禁止年龄较大的小孩独自戏水游戏。

4. 若带婴幼儿到泳池玩耍，一定选择正规的场所。

5. 若家中有泳池，要确定泳池及救生圈的安全。婴幼儿戏水时，家政服务员应保持关注，确保其安全。

六、游戏区的安全

1. 婴幼儿进入游戏场所前，家政服务员要检查是否安全，是否有锐利物突出，检查井盖、池塘、蓄水池、变电箱等。

2. 应检查游戏区是否有碎玻璃、杂物碎片、可入口小件物品等。

3. 应检查游戏器械是否安全可靠，是否适合婴幼儿玩耍。

4. 当婴幼儿游戏时，家政服务员必须随时保持警惕，不让婴幼儿离开自己的视线，注意安全，防止丢失。

七、庭院的安全

1. 室外所有的电插座及电线要架高到婴幼儿无法触及的地方。

2. 随时检查草坪与游戏区域，确保这些场所无危险物品。

3. 检查整理庭院的工具、农药、肥料，保证其均处于对婴幼儿无危害的区域。

4. 消灭庭院中昆虫的巢穴。

5. 注意婴幼儿企图吃草、树叶、泥土、蠕虫等杂物的动作。

八、公共场所的安全

1. 进入公共场所后，家政服务员要随时牵牢婴幼儿的手，绝对不能让其自己过马路，保证婴幼儿时刻不离左右。

2. 用婴儿车推婴幼儿过马路时，必须先将婴儿车靠近人行道，等到交通信号灯显示可以通行时，再推婴幼儿过马路。

3. 以身作则，用行动培养婴幼儿的公共道德。过马路时，即使马路上一辆车没有，只要是红灯，都要等到绿灯亮时再带婴幼儿通过，且必须走人行横道、地下通道或过街天桥。

4. 要教育婴幼儿不随便捡拾物品，要远离污染区、危险区。

5. 在乘坐电梯、公共汽车、火车、地铁等的时候，一定要牵住婴幼儿的手或抱着婴幼儿，禁止其在座位上跳来跳去。

6. 严禁将婴幼儿独自留在公共场所中游戏，更不能把婴幼儿托付给陌生人看管。

九、居家的安全

1. 所有房间的电插座都要加防护罩，电线要固定在婴幼儿摸不到的地方。各种电器的电源线、导线要固定好，使婴幼儿无法牵动。取暖或加热器、炉灶等均要装设安全防护措施。

2. 婴儿床及各种家具要固定牢固，尤其是桌、椅、板凳，要避免婴幼儿爬上后摔伤。家具的边角要光滑，最好是圆角，否则应在角上包上海绵等物。婴儿床要安放在远离电插座的地方，同时要远离灯具、窗户、电器、暖气等，婴儿床上方不能有悬垂物。

3. 无成人陪伴时，婴幼儿床上最好不放枕头、被子、床单、围巾等，更不能将宠物放进婴儿床或摇篮里。

4. 禁止将婴幼儿放在无安全防护设施的高处，窗户、阳台栏杆要密且高，住高层建筑的禁止抱婴幼儿从阳台、窗户向楼下观望。

5. 开关门窗要小心，避免夹到婴幼儿。各种家具抽屉用后要上锁，冰箱在不用时要随时锁住，以防夹伤婴幼儿。

6. 各种药品、婴儿爽身粉、洗头膏（水）、洗涤剂、消毒剂、开水或盛开水的容器、各种引火器具，以及一些较为贵重物品等，一定要存放于婴幼儿够不到的地方。

7. 绝对禁止婴幼儿独自一人进食花生、瓜子、带核果品、带刺（骨）食品及各种豆类。

8. 室内地面要防滑，要确保无活动的地板砖、地毯，装饰物最好不使用玻璃制品或带有尖角的。

9. 严禁在窗前码放桌子、桌子边码放椅子（凳子），形成阶梯，以防婴幼儿爬上窗台后发生危险。

十、厨房的安全

1. 教育婴幼儿不可以独自去厨房，厨房门要加锁。
2. 煮东西时，最好把烹具的手柄向内摆置，以免碰翻后伤及婴幼儿。
3. 检查烤箱、微波炉绝缘层的性能，保证不会导热或导电，此类用具用完后要随时切断电源，并加以保护。刚从烤箱中拿出来的烤盘以及电磁炉、电熨斗等千万不可以放在婴幼儿可摸到的地方。
4. 厨房中各种刀具、烹饪用具及相关尖锐器具、易碎器具要存放于高处，避免婴幼儿触摸到它们。
5. 各种洗涤剂、去污剂要存放于高处，水槽下、低矮的储物柜要加锁。厨房中的杂物要随手清理。
6. 桌巾、盘、碗、碟、塑料包装等，用后要随时丢掉或存放于安全处，切不可让婴幼儿摸到。
7. 厨房中切忌存放各种有毒物品或药品等。
8. 家政服务员不可以当着婴幼儿的面使用刀、剪等锐器，防止婴幼儿模仿。

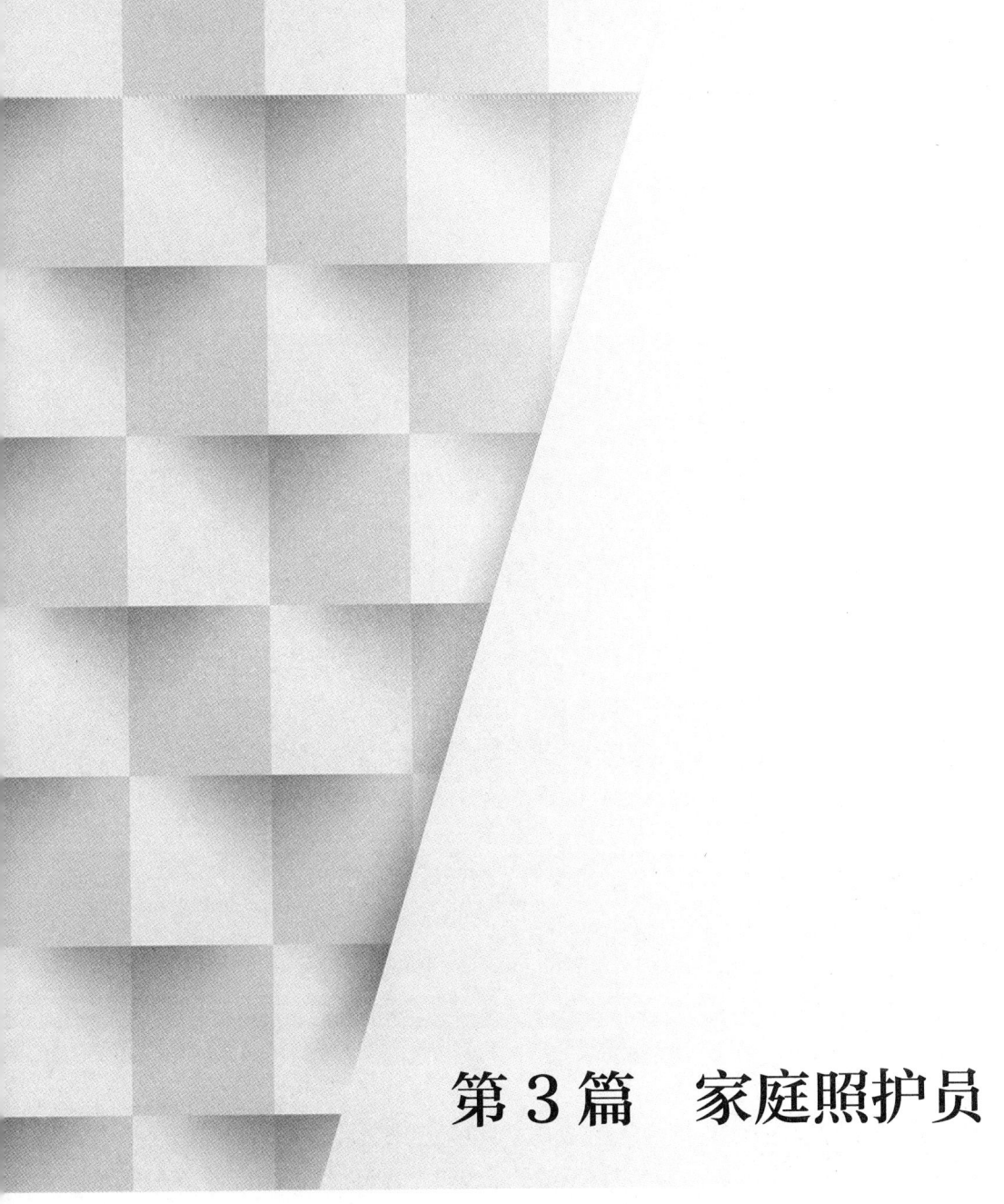

第 3 篇　家庭照护员

职业模块 6 照护老年人

内容结构图

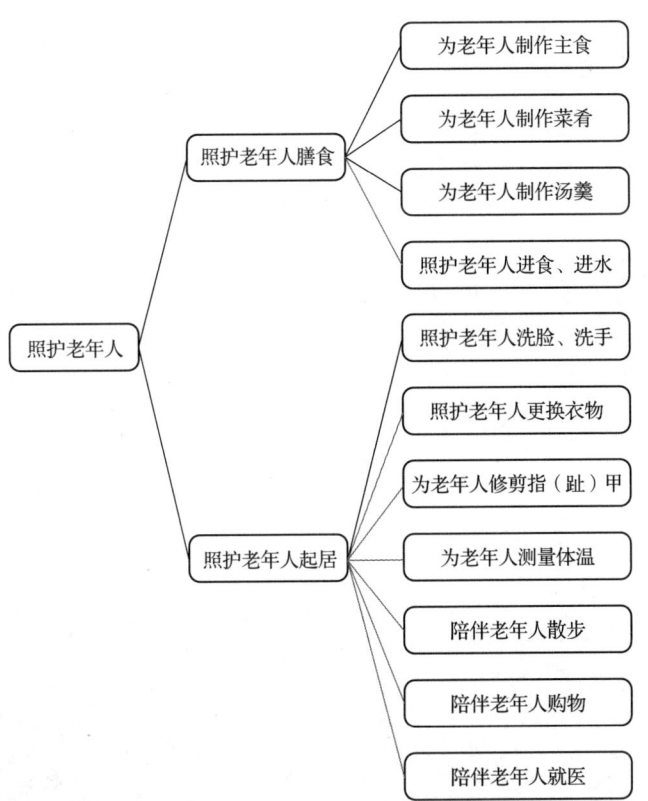

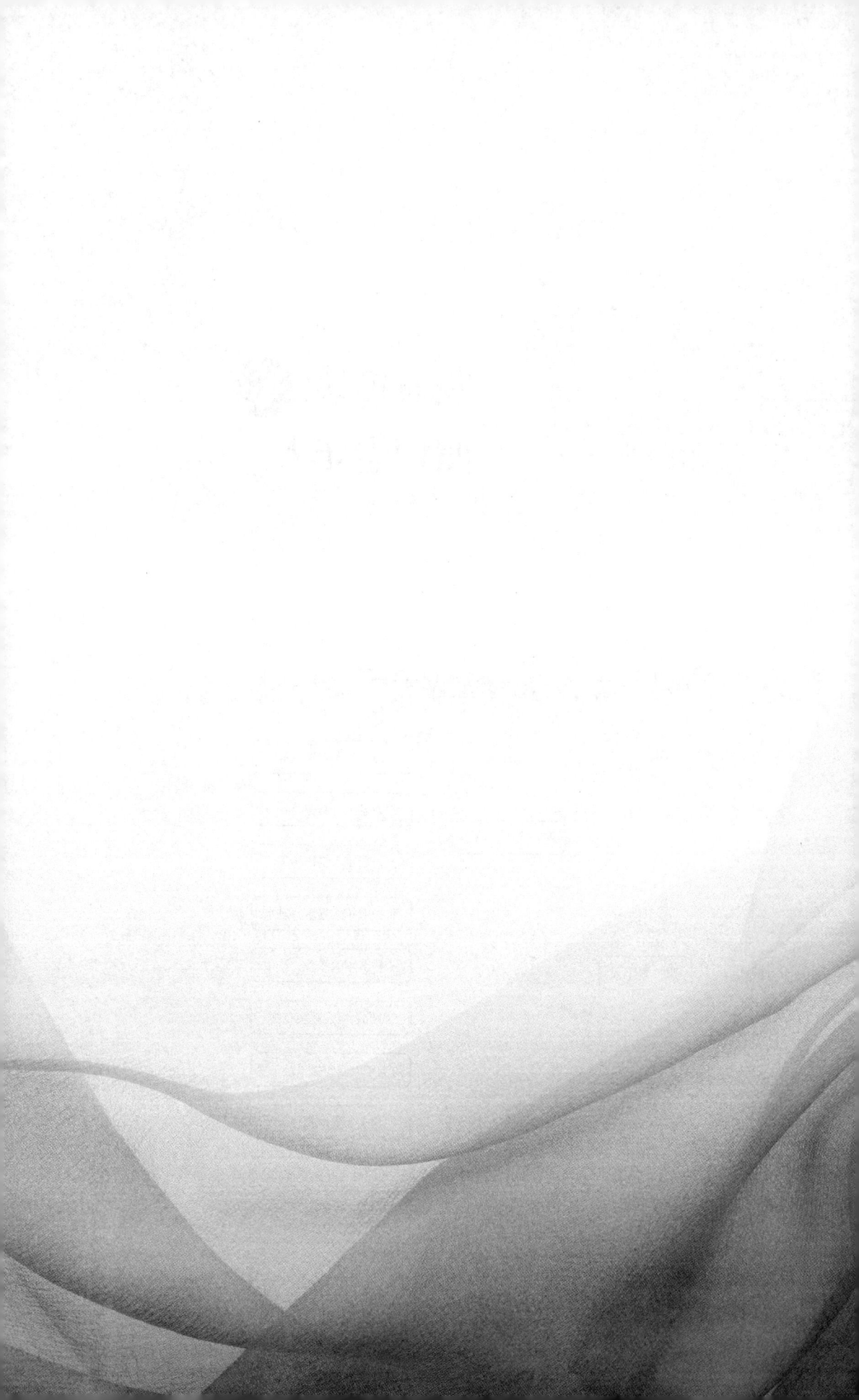

随着年龄的增长，老年人的各项身体机能出现退行性改变，生活自理能力逐渐降低，因此，照护老年人就成了应对老龄化社会的必然要求。家政服务员应根据老年人身体和心理的实际情况，在日常生活中给予相应的帮助，使老年人感受到贴心的照顾，提高老年人的生活质量。本模块通过对老年人膳食、起居等相关知识和技能的介绍和学习，提升家政服务员为老年人服务的能力。

培训课程 1

照护老年人膳食

人类的生存需要依赖食物，食物中的糖、脂肪、蛋白质、维生素、水、无机盐等是人类必需的营养素。经过机体的消化吸收，营养素被利用，促进机体的健康。由于老年人身体器官机能减退，咀嚼、消化能力降低，吸收利用食物中营养物质的能力下降，抵抗力下降，易影响老年人的健康。因此，家政服务员在照护老年人的膳食方面不仅要保证食物符合老年人的口味、口感，还要注意在协助老年人进食时，要让其保持恰当的进食体位，并注意观察进食后情况，避免意外的发生。总之，家政服务员要给予老年人全面周到的膳食照护。

学习单元1 为老年人制作主食

知=识=要=求

一、老年人的生理特点

一般来讲，人进入老年后，各种生理机能都进入衰退阶段，生理上会表现出新陈代谢放缓、抵抗力下降、生理机能下降等特征。

1. 老年人表现出明显的生理功能衰退的趋势，储备能力减少，全身组织器官退化。例如，运动时机体不能及时提供能量，老年人因此难以应对由运动带来的重负荷或应付意外事件。

2. 适应能力减弱。老年人机体多种生理功能的减退，往往导致体内环境的稳定性失调，进而出现各种功能障碍。例如，短期内改变老年人的生活环境，可能会导致老年人水土不服、肠胃不适、睡眠不佳等现象。

3. 抵抗力下降。随着生理功能特别是免疫功能的衰退与紊乱，老年人的抵抗力也明显跟着下降，很容易患上某些疾病。

4. 自理能力降低。随着机体的衰老，体力逐渐减退，老年人往往动作迟缓、反应迟钝，行动多有不便，容易出现意外事故，如容易摔倒或被利器割伤等。

自然衰老是一种生理性的、缓慢的、退行性的变化，是不可抗拒的生物规律。毋庸讳言，老年是人生由成熟走向衰落的阶段。随着身体的逐渐衰老，老年人的生存、生活、参与及创造能力也会逐渐减弱，这是难以抗拒的自然规律，任何人都避免不了。但是，衰退并不等同于疾病，我们不应该"谈老色变"，更不应把所有老年人都看作是"疾病缠身"的人。随着经济的发展和科学技术的进步，今天的老年人，特别是中、低龄老年人，很大一部分都是身体健康的，只是由于机体的衰老，使得他们表现出特有的生理特点，需要社会给予关爱和帮助。

二、老年人主食的特点

老年人胃肠功能减退，咀嚼能力降低，味觉功能下降，所以家政服务员在制作主食时要了解老年人主食的特点：柔软、易咀嚼、易吸收；粗加工，保留食物营养；多种食物配合，维护老年人胃肠蠕动功能；种类多样，调整口味；温度要适宜。

三、老年人主食的制作要求

1. 主食的种类丰富多样，它们所含的氨基酸、维生素、无机盐的种类和数量各不相同，因此单一的食物是不能保证老年人身体健康的，在制作适宜老年人的主食时,精制米、面应与豆类、玉米面等粗粮搭配,主食中除去五谷外,还可以适当加入蔬菜、肉类等,保证足够的营养。

2. 在食材的选择上,应该选择含水量丰富、质软、易于咀嚼和吞咽的食物。在制作手法上也要注意应以软烂为主,例如,熬粥时将杂粮、豆类等事先用清水浸泡,使食材尽量易于咀嚼。

技 能 要 求

技能1　蔬菜杂粮糕

蔬菜杂粮糕如图6-1所示。

图6-1　蔬菜杂粮糕

一、操作准备

1. 主料准备:糯米100克、黄米100克、红豆100克、熟豆面100克。

2. 辅料与调料准备:生菜50克、香瓜50克、胡萝卜50克、白糖20克、精盐5克、香油10克。

二、操作步骤

步骤1　将糯米、大黄米、红豆洗净,浸泡8小时左右。

步骤2　生菜洗净,香瓜、胡萝卜去皮切成碎粒,加入白糖、少许精盐备用。

步骤3　锅里注水,将生菜垫在蒸锅屉上,铺上一层糯米,撒上红豆、香瓜、胡萝卜粒,再撒上熟豆面,最后铺上黄米,盖上锅盖,大火烧开改小火蒸30分钟出锅,切成方块即可食用。

技能 2 蔬菜粥

蔬菜粥如图 6-2 所示。

图 6-2 蔬菜粥

一、操作准备

1. 主料准备：粳米 100 克、黄米 50 克。

2. 辅料与调料准备：香菇 2 个、培根 100 克、菠菜 100 克、鹌鹑蛋 10 个、香葱 10 克、姜末 10 克、精盐 5 克、香油 10 克。

二、操作步骤

步骤 1 将粳米和黄米洗净。香菇去根洗净，切成小碎丁。菠菜去叶，洗净，切段。培根切成丝。

步骤 2 清水烧开，放入粳米、黄米、香菇、姜末，开锅后改小火煮至粳米开花，加入鹌鹑蛋、菠菜、培根丝、精盐，点入香油，撒上香葱即可食用。

三、注意事项

1. 烹饪主食前应对老年人的身体情况（如胃肠功能、咀嚼功能等）做好评估。

2. 注意主食的多样性和美观性，从而刺激老年人味蕾，增加老年人食欲。

学习单元2　为老年人制作菜肴

知=识=要=求

一、老年人菜肴的特点

老年人生理功能退化，消化吸收能力下降，活动量也相应减少，饮食总量减少，容易出现营养不足甚至缺乏的现象。因此，其膳食构成必须符合适量、优质的要求。家政服务员在菜肴的选择和制作上要加以注意。以下是老年人菜肴的特点。

1. 烹饪宜软烂，可根据需要将肉类加工成肉丝或肉饼，鱼类宜刺少，蔬菜应切小块，取嫩叶。

2. 调味宜清淡少盐，老年人容易胆固醇高或患高脂血症，菜肴最好清淡、少油、少盐，少刺激性调味品。

3. 口味宜多样，菜肴最好采用多种食材，提供老年人所需要的各种营养素，刺激老年人味蕾，增强食欲。

4. 控制脂肪、糖和盐摄入量，适当摄入高纤维蔬菜，减少食物中脂肪、胆固醇的吸收，但也应控制粗纤维蔬菜的使用量，避免咀嚼困难和腹部不适。

二、老年人菜肴的制作要求

1. 切肉的要求

（1）牛肉要横切，这样才能切断筋腱。

（2）羊肉要剔膜，否则炒熟后肉烂筋硬。

（3）猪肉要斜切，这样使肉既不破碎，又不塞牙。

（4）鸡肉要顺切，只有顺着纤维切才能使肉不碎，入口有味（老母鸡肉除外）。

（5）鱼肉要快切，刀口斜入，顺着鱼刺切得干净利索为好。

2. 炒菜的要求

一般，炒菜时先用大火把锅烧热，倒入油，晃锅，使锅壁均匀地涂上一层油，然后倒入要炒的菜，进行烹饪。

3. 肉类的制作要求

（1）炒肉片、肉丝、猪肝、腰子时，下锅前先用淀粉、酱油拌一下，这样可使维生素和蛋白质少受破坏，同时鲜嫩可口。

（2）放盐的时间。如果先放盐往往使肉汁外渗，盐分进入肉中，肉块体积缩小变硬，不宜烧酥，吃起来口味也差，所以烧肉应该在即将煮熟时放盐。

（3）为沥去肉上的血污，可先把肉或排骨切成大小适当的块，在凉水中泡10分钟，待血水渗透后捞出放入锅中，加清水烧开。当水快开时，肉上的血污便随之浮起。此时用漏勺将浮沫捞出，使汤清澈。这样不但可以保持肉固有营养，而且色、香、味俱全。

（4）在炖肉时，要使肉块口味鲜美，应先将水烧开再放肉，使肉表面的蛋白质凝固，内部大部分油脂和蛋白质留在肉内，肉味就比较鲜美。如果需要美味肉汤，则将肉与冷水同时下锅，用文火慢煮，这样肉汁、脂肪、蛋白质从肉的内部渗出，则汤味鲜美，肉香浓郁。

（5）炖肉或排骨、肘子时，加点醋可使骨中钙、磷等析出，使人体容易吸收。要使肉烂得快，可在锅内放几个山楂或几片萝卜，但不能放盐，盐要放得迟些，否则肉不易烂。烧肉过程中，不要中途加水，否则肉遇冷收缩，肉中的营养成分不易渗出。

（6）要想炒肉菜不粘锅，炒菜前先把锅洗净，再放到旺火上，将锅底烧热，倒入凉油，迅速涮锅后倒出。再重新加入适量的油，将锅放在旺火上，此时将浆过的肉倒入锅中，快速翻炒，待其表面的蛋白质和淀粉逐渐受热舒展开，再加入调料、配料一起炒。

4. 鱼类的制作要求

在烹制鱼类菜肴时，最重要的是去除腥味。先将鱼洗净，擦干水分后再用料酒、醋、葱、姜和精盐在鱼肉上涂匀，使其入味。在烹调时先用油煎一下，再加入调料烹制，便可制作出美味的鱼类佳肴。

在煎鱼时常常会出现粘锅的现象，注意以下几点便可解决：（1）锅洗净，烧热后放油，油热后放鱼，待鱼皮煎成黄色时再翻动；（2）将鸡蛋打碎倒入碗中，搅匀，再将鱼放入碗中，使鱼裹上一层蛋汁，然后放入热油中煎；（3）用鲜姜在热锅底部涂抹,然后放油,待油热后将鱼投入煎制。

技=能=要=求

技能 1　蘑菇什锦蒸

蘑菇什锦蒸如图 6-3 所示。

图 6-3　蘑菇什锦蒸

一、操作准备

1. 主料准备:杏鲍菇 2 个、香菇 5 个、平菇 5 个、口蘑 10 个。

2. 辅料与调料准备:鸡汤 50 毫升、培根 100 克、葱段 10 克、姜片 10 克、黄酒 20 克、精盐 5 克、香油 10 克、水淀粉 20 克。

二、操作步骤

步骤 1　将杏鲍菇、香菇、平菇、口蘑择洗干净,切成小块。将培根切成丁。

步骤 2　将切好的杏鲍菇、香菇、平菇、口蘑装在小盆中,加入鸡汤、培根、葱段、姜片、黄酒、精盐,上屉蒸 20 分钟取出。

步骤 3　炒锅烧热,倒入汤汁,调入水淀粉勾芡,点入香油,浇在杏鲍菇、香菇、平菇、口蘑上即可。

技能 2　南煎豆腐

南煎豆腐如图 6-4 所示。

图 6-4　南煎豆腐

一、操作准备

1. 主料准备：北豆腐 500 克、瘦猪肉馅 200 克。

2. 辅料与调料准备：鸡汤 50 克、鸡蛋 2 个、冬笋 100 克、香菇 10 个、熟芝麻适量、葱花 10 克、姜末 10 克、鲜酱油 20 克、黄酒 20 克、精盐 5 克、香油 15 克、水淀粉 50 克。

二、操作步骤

步骤 1　将豆腐切成同等大小的正方形厚片。将冬笋、香菇洗净切成小碎粒。将鸡蛋打散。

步骤 2　将瘦肉馅加入冬笋、香菇粒，再加入葱花、姜末、鲜酱油、黄酒、精盐调成馅料。

步骤 3　将豆腐片从中间划开，加入馅料，裹上蛋液，下平底锅煎至两面金黄盛出。

步骤 4　将煎好的豆腐摆放到盘子中，加入适量鸡汤，上屉蒸 15 分钟取出。炒锅烧热，倒入汤汁，调入水淀粉勾芡，点入香油，浇在豆腐上，撒上熟芝麻即可。

三、注意事项

1. 炒菜时油量适宜，避免油腻。

2. 菜肴要软烂，但要避免煳锅和营养流失。

学习单元3　为老年人制作汤羹

知=识=要=求

一、老年人汤羹的特点

老年人消化吸收能力下降，容易出现营养不足甚至缺乏的现象。因此，家政服务员在汤羹的制作上要掌握以下特点。

1. 汤羹应清淡，宜少盐。
2. 制作原料宜多样。
3. 尽量选择优质蛋白和蔬菜。
4. 注意微量元素的摄入。

二、老年人汤羹的制作要求

各类汤因选用材料不同和想要实现的口味不同，有许多制作方法，较常用的制汤方法有炖、煲、氽、煮等。

1. 炖

炖汤即采用隔水加热法，把食材与清水放在砂锅里，盖上锅盖，置于一大锅内（锅内的水量低于砂锅，以水沸时不溢进砂锅为宜）。制作要求如下。

（1）要选用质地较老、富含蛋白质的主料，如鸡、鸭、羊肉、鱼等，在正式加工前应先将主料用开水烫，去血污并洗净。

（2）加入的调料、汤水量要一次加够，不可中途再加。

（3）将主料和葱、姜、料酒等调料放入后，要先用旺火烧开，然后撇去汤面浮沫，改用小火炖3~4小时，出锅前放入精盐、味精调味，也可再放些胡椒粉、麻油、香菜等。

2. 煲

煲汤即将原料用大火烧开，转小火煲3小时左右，制作方法比较简单，但是最好不要在中间加水，不然会破坏整个汤的口感。制作要求如下。

（1）煲汤所选的主料一般体积较大，如整鸡、整鸭，且所用辅料品种也较多样。主料的选用以动物类为主，牛、羊、猪、鸡、鸭都是不错的材料，但一定要新鲜的、质地较老的。

（2）主料在正式加工前应先用开水氽烫一下再放入锅内，一次性加足汤水。

（3）先用旺火烧开，撇去汤面浮沫，改用小火煲3小时左右，出锅前加入精盐调味。

3. 氽

氽汤即把食物放到沸水中煮一下，以防食物养分因高温烹调而流失，或食物本身变老、变黄。制作要求如下。

（1）主料要选用鲜嫩、脆滑的，如海螺、冬笋、鱼片等。

（2）切成的片、丝要厚薄、粗细、大小一致，以保证成汤后熟度均匀。

（3）用旺火烧开，一烫即熟，保证主料的特征，力求鲜嫩、脆滑。

（4）放入精盐、味精、麻油等调料调味，在调味时注意口味要清淡。

4. 煮

煮汤即把主料放于多量的汤汁或清水中，先用大火烧开，再用中火或小火慢慢煮熟，类似煲汤。制作要求如下。

（1）选用新鲜、少腥膻且蛋白质丰富、老韧的主料，如干丝。

（2）正式加工前主料应先经开水烫或过油处理，主料放入锅中，要一次性加足水。

（3）正确把握火候，需要清汤就用小火，需要浓汤就用旺火。

（4）出锅前加入精盐、味精、麻油、酱油等调料调味，口味以咸鲜为主，调料用量一般较少。

技 能 要 求

技能 1　粟米南瓜羹

粟米南瓜羹如图6-5所示。

图 6-5 粟米南瓜羹

一、操作准备

1. 主料准备：粟米 50 克。

2. 辅料准备：南瓜 100 克、甜玉米粒 50 克、椰果 50 克、鸡蛋黄 1 个、牛奶 100 毫升、水淀粉 50 克、水 500 毫升。

二、操作步骤

步骤 1 粟米淘洗干净，加水，放入煮锅煮至粟米开花。

步骤 2 将南瓜削皮去籽，切成小块，连同鸡蛋黄、牛奶放入粉碎机中搅成南瓜蓉。

步骤 3 锅中放入南瓜蓉，加入甜玉米粒烧开，用适量水淀粉勾芡，最后放入椰果即可。

技能 2　银耳雪梨羹

银耳雪梨羹如图 6-6 所示。

图 6-6　银耳雪梨羹

一、操作准备

1. 主料准备：雪梨 200 克。
2. 辅料准备：银耳 100 克、椰果 50 克、菠萝 50 克、鲜椰浆 50 克、炼乳 20 克、清水适量。

二、操作步骤

步骤 1 将雪梨削皮切片，银耳泡发择洗干净撕成小朵，菠萝去皮切成小丁。

步骤 2 取干净炖煮锅加入清水、银耳、菠萝大火烧开，改中小火炖至银耳软烂黏稠，放入少许鲜椰浆、椰果即可，适当加入一些炼乳，味道更佳。

技能 3 海鲜豆腐羹

海鲜豆腐羹如图 6-7 所示。

图 6-7 海鲜豆腐羹

一、操作准备

1. 主料准备：海参 30 克、虾仁 20 克、鱿鱼 20 克。
2. 辅料与调料准备：南豆腐 50 克、鸡汤 500 毫升、培根 50 克、葱 10 克、姜 10 克、精盐 5 克、香油 5 克、水淀粉 20 克。

二、操作步骤

步骤 1 将海参、虾仁、鱿鱼洗净，切成小粒，南豆腐切成小方丁，培根切成碎粒。

步骤 2 取干净煮锅加入鸡汤，放入海参、虾仁、鱿鱼、葱、姜煮开，撇去浮沫，下入南豆腐丁、少许精盐，调入适量水淀粉勾芡，撒上培根碎粒，点上香油即可。

三、注意事项

1. 在烹饪汤羹前，要对老年人的味觉功能做出评估。
2. 要对烹饪原料的卫生标准进行严格把关。
3. 既要注意调味，也要注意调料使用适当。

学习单元 4　照护老年人进食、进水

知=识=要=求

一、老年人的饮食种类

1. 普通饮食

普通饮食指一般易消化、无刺激性的食物，要求营养平衡、美观可口，适用于不需要特殊饮食的老年人。

2. 软质饮食

软质饮食是在普通饮食的基础上，使食物更软烂，易于咀嚼和消化，如软饭，面条，切碎煮烂的菜、肉等，适用于消化不良、咀嚼不便、低热、术后恢复期阶段的老年人。

3. 碎食饮食

碎食饮食指食物烹饪宜碎烂，如肉末、碎菜叶等，适用于无咀嚼能力和不能吞咽大块食物的老年人。

4. 半流质饮食

半流质饮食介于软质饮食和流质饮食之间，呈半流体状，易于消化和吸收，如粥、面条、蒸鸡蛋、馄饨、豆腐等，适用于发热、体弱、消化道疾患、口腔疾患、手术后、消化不良、吞咽困难的老年人。

5. 流质饮食

流质饮食呈液体状，不用咀嚼，易于消化和吞咽，如乳类、豆浆、稀藕粉、米汤、果汁等，适用于病情严重、高热、吞咽困难、口腔疾患、手术后、急性消化道疾患的老年人。

二、老年人的进食、进水注意事项

1. 针对老年人消化系统的变化，家政服务员要帮助老年人养成健康的饮食习惯，在日常饮食中做到"六宜"和"四忌"。

（1）"六宜"

1）宜缓。进食要细嚼慢咽。

2）宜软。食物要熟、烂、软。

3）宜温。食物不可过热或过凉。

4）宜早。早餐不可少，晚餐要及早。

5）宜少。每餐掌握七八成饱，可少吃多餐。

6）宜淡。食物清淡可口，不宜过咸、过甜或过腻。

（2）"四忌"

1）忌偏食。长期偏食会造成体内营养成分失调。

2）忌暴食。过量的食物会给胃部造成负担，易诱发胆管或胰腺疾病。

3）忌烫食。过烫的食物或水易造成口腔溃疡，甚至损伤食道。

4）忌快食。吃饭过快会使体内已衰退的消化功能雪上加霜，诱发肠胃疾病。

2. 家政服务员协助老年人摆好进食、进水体位前，应做好评估。

3. 要保证餐具的卫生和完好状态。

4. 老年人进餐后不宜立即活动或平卧，以防止食物返流引起呛咳。

5. 老年人进食中如发生呛咳、噎食等现象，应立即急救并通知医护人员或其家属。

6. 对不能自理的老年人每日分次定时喂水。

技 = 能 = 要 = 求

技能 1　为老年人调整进食体位

一、操作准备

1. 环境准备：就餐环境整洁，温湿度适宜，无异味。

2. 家政服务员准备：服装整洁，洗净双手。

3. 老年人准备：询问老年人进食前是否需要大小便，根据需要协助排便，协助老年人洗净双手。

4. 物品准备：根据需要准备轮椅或床上支具（靠垫、枕头、床具支架等），准备餐具（碗、筷、汤匙）、食物、围裙或毛巾、手帕或纸巾、小桌、清洁口腔用物。

二、操作步骤

步骤1　沟通

向老年人说明进食时间和本次进餐的食物，征求老年人意见，询问老年人是否有其他要求。

步骤2　摆放体位

家政服务员根据老年人自理程度及病情选择适宜的进食体位。

（1）轮椅坐位（适用于下肢功能障碍或行走无力的老年人）

将轮椅推至床边，与床呈30°角，固定轮子，抬起脚踏板。家政服务员叮嘱老年人用双手环抱家政服务员脖颈，家政服务员双手环抱老年人的腰部或腋下，协助老年人坐起，双腿垂于床下，双脚踏稳地面，再用膝部抵住老年人的膝部，挺身带动老年人站立并旋转身体，使老年人坐在轮椅中间，后背紧贴椅背，将轮椅的安全带系在老年人腰间。

（2）床上坐位（适用于下肢功能障碍或行走无力的老年人）

家政服务员按照上述环抱方法协助老年人在床上坐起，将靠垫或软枕垫于老年人后背及膝下，保证体位稳定舒适。在床上放置餐桌。

（3）半卧位（适用于完全不能自理的老年人）

使用可摇式床具时，家政服务员将老年人床头摇起，抬高至与床具水平面呈30°~40°角。使用普通床具时，可使用棉被或靠垫支撑老年人背部，使其上身抬起。采用半卧位时，应在老年人身体两侧及膝下垫软枕以保证体位稳定。

（4）侧卧位（适用于完全不能自理的老年人）

使用可摇式床具时，家政服务员将老年人床头摇起，抬高至与床具水平面呈30°角。家政服务员双手分别扶住老年人的肩部和髋部，使老年人面向家政服务员侧卧，在肩、背部垫软枕或楔形枕。一般宜采用右侧卧位。

技能 2　协助老年人进食

一、操作准备

家政服务员为老年人穿戴好围兜，或在颌下及胸前垫好毛巾，准备进餐。

二、操作步骤

步骤 1　协助进餐

将准备好的食物盛入老年人的餐具中，并摆放在餐桌上。

（1）鼓励能够自己进餐的老年人自行进餐。叮嘱老年人进餐时细嚼慢咽，不要边进餐边讲话，以免呛咳。

（2）对于不能自行进餐的老年人，由家政服务员喂饭。家政服务员要估计食物温热程度，等老年人完全咽下后再喂食下一口。

（3）对于有视力障碍但能自己进餐的老年人，家政服务员将盛装温热食物餐具放入老年人手中，告知食物种类，叮嘱老年人缓慢进食。

步骤 2　整理

家政服务员协助老年人进餐后漱口，并用毛巾清理嘴角水痕，叮嘱老年人进餐后不能立即走、躺等，保持进餐体位休息 30 分钟后再活动。家政服务员清理用餐现场，清洗餐具并放回原处。

技能 3　协助老年人饮水

一、操作准备

1. 环境准备：环境整洁，温湿度适宜，无异味。

2. 家政服务员准备：整理服装，洗净双手。

3. 老年人准备：协助老年人取坐位或半卧位，洗净双手。

4. 物品准备：开水晾温，准备茶杯、吸管、汤匙及小毛巾。

二、操作步骤

步骤 1　沟通

提醒老年人饮水，征求老年人意见，并询问有无特殊要求。

步骤 2　协助饮水

鼓励能够自己饮水的老年人自行饮水。根据老年人的身体状况,让其手持水杯或借助吸管饮水。叮嘱老年人饮水时身体坐直或微微前倾,小口饮用,以免呛咳。出现呛咳时,应稍事休息再饮用。

步骤 3　整理用物

清理物品并放回原处。家政服务员用小毛巾擦干老年人口角水痕,整理床铺。叮嘱老年人保持体位 30 分钟再躺下休息。必要时,要根据老年人身体情况,记录饮水次数和饮水量。

培训课程 2　照护老年人起居

老年人是一个特殊的社会群体,家政服务员在对老年人进行日常起居照护时应注意老年人的生理和心理需求,在清洁、就医、活动等方面给予老年人全面的生活照顾,为老年人创造清洁、美观、安静、舒适、有序的日常环境,协助老年人享受健康快乐的晚年生活。

学习单元 1　照护老年人洗脸、洗手

知 = 识 = 要 = 求

一、与老年人相处的技巧

1. 不让老年人孤独

要经常陪伴老年人聊天或外出活动,注意顺着老年人的话题谈论事情,让老年人保持心情愉快。

2. 理解老年人的心态

老年人顺心时，精神愉快，即使家中有了问题，大事可以化小；老年人不顺心时，心情烦躁，看什么都不顺眼。与年轻人相比，他们比较保守、固执、爱唠叨，家政服务员对老年人的这种心态必须给予充分理解，千万不要斥责、讥笑。

3. 尊重老年人的个性

尊重老年人多年养成的生活规律和习惯，不要试图改变其生活喜好与性格。不要勉强老年人做不愿意做的事情。

有的老年人个性喜欢安静，那就尽量不要去打扰他，不要做出声响大的动作，音响设备音量不要太大；有的老年人生性喜欢热闹，精力旺盛，那就多陪他聊聊天，做些他喜欢的活动，如逛公园、玩宠物等。

4. 关注老年人健康

要经常问寒问暖，对于老年人的身体健康状况要随时随地予以特别关注，发现病情及时治疗，根据季节变化和老年人具体情况做好保健工作。

5. 照顾好老年人饮食

根据老年人的饮食习惯，提供足够的营养，进行科学合理的膳食搭配，尽可能符合他们的口味要求。

6. 妥善解决矛盾

在日常生活中一旦发生矛盾，无论如何不要当面顶撞老年人，要宽容忍耐，必要时通过其他家庭成员的协助解决矛盾。

7. 时刻保持微笑

在与老年人相处过程中，家政服务员要时刻面带微笑，这样能够给老年人一种亲和感，拉近彼此之间的距离，可以更好地相处。

8. 说话要简洁明白

由于老年人存在着听力下降的问题，所以在交流中，家政服务员要充分考虑他们的信息接收能力，说话要清楚明白，尤其不能使用别人听不懂的方言。另外，动作语言是一种很有用的交流方式，在与老年人相处中，要学会运用眼神或是手势来表达想法。

9. 避免使用老年人反感的词语

家政服务员在日常与老年人相处时，要注意说话方式，一定要避免使用让老年人反感的语句，如命令式、说教式、争辩式、批评式、分析式、逃避式、责问式等。

10. 要具有高度忍耐力

即使老年人唠叨、挑剔过分时，也不要急于发作，可以说些"很抱歉""对不起"等客气话，待其心情平静了，再给予必要的解释。

11. 行为光明磊落，避免猜疑

与爱猜疑的老年人相处时，家政服务员应做到光明磊落，做事的时候最好有老年人本人或第三人在场，让老年人清楚了解自己的所作所为。

二、为老年人洗脸、洗手的注意事项

1. 尽量鼓励有自理能力的老年人自己洗脸、洗手。

2. 为了避免将家政服务员手上的污垢、细菌和油脂沾到老年人脸上、手上，在正式开始给老年人洗脸、洗手前，家政服务员要先清洗自己的双手。

3. 老年人皮脂腺相对萎缩，故洗脸水温宜控制在 18~30 ℃，过冷会造成血管收缩，对有糖尿病、冠心病的老年人十分不利。冬天一般不要用冷水洗脸，防止发生"面瘫"。但长期坚持用冷水洗脸的老年人另当别论。

4. 将香皂或其他洁面产品在手心上打出适量泡沫涂于老年人面部，轻轻打圈按摩 8~10 下，以促进面部血液循环。不要使用碱性肥皂，否则会加快皮肤老化。洁面产品在脸上停留的时间不要超过 1 分钟。

5. 清洗时不要用手或硬毛巾硬擦面部，应用湿毛巾在脸上反复轻轻拍揉。

6. 清洗完毕后要检查一下，看看发际周围是否还有残留的香皂泡沫。

7. 反复交替搓揉手心、手背、指缝，不留死角。

8. 擦干时，用干净、柔软的毛巾或纸巾轻轻拍揉，毛巾专人专用。

技=能=要=求

技能　照护老年人洗脸、洗手

一、操作准备

1. 家政服务员准备：服装整洁，洗净双手。

2. 老年人准备：老年人取坐位或卧位。

3. 物品准备：洗脸盆（内装 2/3 盆温水）1 个、大毛巾 1 条、小毛巾 1 条、洁面乳 1 瓶、香皂 1 块、润肤油 1 瓶、床旁椅子 1 把。

二、操作步骤

步骤 1　沟通

携带用物至老年人旁边，将洗脸盆放在椅子上。向老年人说明，以取得合作。

步骤 2　协助洗脸

（1）将大毛巾围在老年人颌下。

（2）试水温后把小毛巾浸湿，把毛巾挤干对折四层。一只手扶住老年人肩部，一只手持毛巾由内眼眶向外眼眶擦洗眼睑。然后，将毛巾清洗后擦洗额部、鼻翼、脸颊、耳郭、耳后至颌下。

如需使用洁面乳或香皂，在完成上述程序后，可将适量洁面乳或香皂在湿毛巾上涂匀，按顺序再次擦洗，然后多次清洗毛巾，反复擦洗面部各部位，直至清洗干净。

步骤 3　协助洗手

牵拉老年人一只手臂于脸盆上，用水打湿，涂擦香皂，充分揉搓，直至泡沫覆盖整个手掌和全部手指，反复多次用水将老年人手臂上的皂液洗净并擦干。换洗另一只手臂并擦干。

步骤 4　护肤

依老年人喜好，在老年人面部及双手均匀涂擦润肤油。

步骤 5　整理

整理床单或轮椅。倾倒污水，撤去用物，放归原位。清洗毛巾，晾干备用。

学习单元 2　照护老年人更换衣物

知=识=要=求

一、老年人穿衣要点

老年人穿衣要以暖、轻、软、宽大、简单为原则。穿衣时要特别注意身体重要部位的保暖，上半身要注意背部和上臂的保暖，下半身要注意腹部、腰部和大腿的保暖。老年人的贴身衣服最好用棉布或棉织品。

二、照护老年人更换衣物的注意事项

1. 动作轻柔、快捷，避免老年人受凉。
2. 协助卧床老年人翻身时，注意安全。
3. 不可以生拉硬拽，以免损伤老年人皮肤、筋骨。

技=能=要=求

技能1　为卧床老年人更换开襟衣服

一、操作准备

1. 环境准备：环境整洁，温湿度适宜。
2. 家政服务员准备：衣着整洁，洗净双手。
3. 老年人准备：老年人平卧于床上。
4. 物品准备：洁净的老年人开襟上衣。

二、操作步骤

步骤1　沟通

家政服务员为老年人选择合适的开襟上衣，向老年人说明，以取得配合。

步骤2　更换开襟上衣

（1）掀开盖被，一只手扶住老年人肩部，另一只手扶住腰部，协助老年人翻身侧卧，脱去一侧衣袖（遇老年人一侧肢体不灵活时，应卧于健侧，患侧在上，先脱患侧）。

（2）取洁净开襟上衣穿好一侧（或患侧）的衣袖，将上衣的其余部分和被更换的上衣平整地铺在老年人身下。

（3）协助老年人取平卧位，从老年人身下拉出洁净的和被更换的上衣。脱下被更换的上衣，穿好洁净上衣另一侧衣袖（或健侧），扣好纽扣。

步骤3　整理上衣

拉平老年人上衣的衣身、衣袖，确保身下衣服无褶皱。整理衣领。

步骤4　整理床铺

为老年人盖好被子，整理床铺。

技能2　为卧床老年人更换套头衣服

一、操作准备

1. 环境准备：环境整洁，温湿度适宜。
2. 家政服务员准备：衣着整洁，洗净双手。
3. 老年人准备：老年人平卧于床上。
4. 物品准备：洁净的老年人套头上衣。

二、操作步骤

步骤1　沟通

家政服务员为老年人选择合适的套头衣服，向老年人说明，以取得配合。

步骤2　脱下套头衫

（1）协助老年人取坐位。

（2）将老年人套头衫的下端向上拉至胸部，一只手托起老年人头部，一只手从背后向前脱下衣身部分。一只手扶起老年人肩部，一只手拉住近侧袖口，脱下一侧衣袖，采用同样的方法脱下另一侧衣袖。

步骤3　穿上套头衫

（1）辨别套头衫前后面，一只手从袖口处伸入至衣身开口处，握住老年人的手腕，将老年人的手臂拉入衣袖，采用同样的方法穿好另一侧。

（2）一只手托起老年人头部，一只手握住衣身背部的下开口至领口部分，套入老年人头部。

（3）将老年人套头衫衣身向下拉平，整理平整。

步骤4　整理

协助老年人取舒适卧位，确保身下衣服平整无褶皱，盖好被子，整理床铺。

技能3 为卧床老年人更换裤子

一、操作准备

1. 环境准备：环境整洁，温湿度适宜。
2. 家政服务员准备：衣着整洁，洗净双手。
3. 老年人准备：老年人平卧于床上。
4. 物品准备：洁净的老年人裤子。

二、操作步骤

步骤1　沟通

家政服务员向老年人说明，以取得配合。

步骤2　脱下裤子

（1）家政服务员为老年人松开裤带、裤扣，协助老年人身体左倾，将裤子右侧部分向下拉至臀部，再协助老年人身体右倾，将裤子左侧部分向下拉至臀下。

（2）叮嘱能够配合的老年人屈膝，两手分别拉住老年人两侧裤腰部分向下褪至膝部，抬起一侧下肢，褪去一侧裤腿。用同样方法褪去另一侧裤腿。

步骤3　更换裤子

（1）家政服务员取洁净裤子辨别正反面。左手从裤管口套入至裤腰开口，轻握老年人的脚踝，右手将裤管向老年人的大腿方向提拉。用同样方法穿上另一条裤管。

（2）家政服务员两手分别拉住两侧裤腰部分，向上提拉至老年人臀部。

（3）家政服务员协助老年人身体左倾，将右侧裤腰部分向上拉至腰部，再协助老年人身体右倾，将裤子左侧部分向上拉至腰部，系好裤带、裤扣。

步骤4　整理

协助老年人盖好被子，整理床铺。

学习单元3　为老年人修剪指（趾）甲

技 能 要 求

技能　为老年人修剪指（趾）甲

一、操作准备

1. 家政服务员准备：衣着整洁，洗净双手。

2. 老年人准备：老年人取坐位或卧位，自行或在家政服务员协助下洗净双手、双脚。

3. 物品准备：弧形指甲刀、指甲锉、纸巾等。

二、操作步骤

步骤1　沟通

携用物至老年人身旁，向老年人说明，以取得合作。

步骤2　修剪指（趾）甲

（1）在老年人手（或足）下铺垫纸巾。

（2）家政服务员左手握住老年人一只手（或足）的手指（脚趾），右手持指甲刀，将较长的指甲（趾甲）逐一剪掉。指甲修剪的长度以与指端平齐或稍短一些为宜。指甲圆剪，趾甲平剪。

步骤3　锉平指（趾）甲边缘

用指甲锉逐一锉平指（趾）甲边缘毛刺。

步骤4　整理

（1）协助老年人穿好袜子，以免脚部受凉。

（2）用纸巾包裹指（趾）甲碎屑并丢入垃圾桶内。

三、注意事项

1. 老年人沐浴后指（趾）甲较软，容易修剪。

2. 遇老年人指（趾）甲较硬时，可用温热毛巾包裹片刻，再进行修剪。

3. 修剪指（趾）甲时，要避免损伤皮肤。

4. 修剪完毕的指（趾）甲边缘要光滑，不可有毛刺。

学习单元 4　为老年人测量体温

知=识=要=求

一、体温计的使用方法

本学习单元介绍的是腋下测温法，此方法不易发生交叉感染，是测量体温最常用的方法。

测量方法：检查体温计是否完好，将水银柱甩至 35 ℃以下；擦干腋窝汗液，将体温计的水银端放于腋窝深处并紧贴皮肤，防止脱落，5~10 分钟后取出，读取体温数。

正常范围：36~37 ℃。

二、注意事项

1. 体形过于消瘦、腋下出汗较多及腋下有炎症、创伤或手术者不宜用腋表。

2. 偏瘫者应在健侧测量体温。

3. 测量前 15~30 分钟应避免剧烈运动、进食过冷过热食物、洗澡等。

4. 甩动体温计时，应注意勿触及他物，以防破碎。

5. 体温计与皮肤之间不能夹有内衣、被单等，以免影响测量结果。

6. 测量过程中，应叮嘱老年人如果发生体温计滑落或脱位应保持原体位不动，及时告知家政服务员。家政服务员应耐心寻找，避免体温计破碎误伤老年人。

7. 一旦体温计破碎，水银外流，家政服务员应立即采取安全的方法处理。

8. 体温计用后应按要求及时消毒。

技·能·要·求

技能　为老年人腋下测温

一、操作准备

1. 环境准备：环境安静整洁，温湿度适宜。
2. 家政服务员准备：衣着整洁，洗净双手。
3. 老年人准备：老年人在测量体温前避免喝热饮或冷饮、剧烈运动、情绪激动或洗澡，安静休息30分钟以上，取坐位或卧位。
4. 物品准备：体温计1支、老年人自用干毛巾1条。

二、操作步骤

步骤1　评估沟通

评估老年人的身体状况，确定老年人在30分钟内没有影响实际体温的因素。向老年人解释操作的目的，以取得老年人的配合。

步骤2　检查体温计

家政服务员检查体温计，确定无破损，甩动体温计使水银柱在35 ℃以下。

步骤3　测量体温

（1）家政服务员协助老年人解开胸前衣扣，用老年人自用干毛巾帮助擦干腋下汗液。

（2）将体温计水银端放在老年人腋窝深处并贴紧皮肤，协助老年人曲臂过胸，用上臂将体温计夹紧，以免脱位或掉落。测量时间为5~10分钟。

步骤4　读取体温

计时结束，家政服务员协助老年人取出体温计，读取体温值：一手横握体温计尾部，即远离水银端，使视线与体温计刻度保持同一水平，然后慢慢地转动体温计，从正面看到较粗的水银柱时读取相应的体温值。

步骤5　整理及记录

（1）帮助老年人系好衣扣，整理床单。

（2）洗手后及时记录，如老年人体温异常应及时报告，并协助给予物理降温。

（3）按要求对体温计进行消毒，放回原位备用。

学习单元5　陪伴老年人散步

知=识=要=求

一、老年人外出基本常识

1. 乘坐公共交通工具时要注意乘车安全，避免上下班高峰期。早晨7：00—9：00、中午11：30—12：30、傍晚16：30—18：30等高峰期尽量避免乘坐公共交通工具出行。上车前引导老年人按规定排队等候，车辆进站后不要与人拥挤，避免撞伤、挤伤。上车后安排老年人坐好，若没有座位要搀扶老年人站稳扶好。

2. 老年人随着年龄的增长，机体功能衰退，很容易跌倒，所以家政服务员要了解照顾老年人外出常走道路的情况，出行时要避开过陡、有积水和破损的道路。老年人出行时，要尽量慢走，可以利用拐杖、助行器帮助老年人节省体力，减少跌倒情况的发生。

3. 外出注意保暖或防中暑，穿上舒适的鞋子。老年人机体功能下降，对于寒冷和高温抵抗能力弱，在夏季外出时要带上遮阳伞、水、防中暑药物等，冬季外出要穿上保暖外套，戴好帽子、口罩、围巾、手套等。老年人外出时，还要穿上舒适方便的鞋子，如外出散步应穿上适宜走动的运动鞋，防止跌倒、扭伤等情况的发生。

二、老年人外出注意事项

1. 注意记清行走路线及沿途的标志和方向，避免迷路。
2. 避免走坑洼或过陡的道路，走路应慢走。
3. 要合理安排老年人的散步时间，合理规划路线，避免时间过长。

技 能 要 求

技能　陪伴老年人散步

一、操作准备

1. 知识准备：掌握所陪伴的老年人的基本身体状况，掌握老年人外出注意事项等知识。

2. 物品准备：家政服务员准备好自己的外出用品，如手机、零钱、月票、门卡、卫生纸等。

二、操作步骤

步骤 1　查看天气状况

家政服务员需要了解最近的天气状况，选择在天气状况良好的时候陪老年人外出散步，要避免在雨天、寒冷、大风、雾霾等恶劣天气外出散步。

步骤 2　确定出行时间

家政服务员要了解老年人的作息习惯，选择合适的时间陪老年人外出散步。如在早饭之后、午休之后陪老年人到公园散步，晚饭之后在住家附近散步，但要注意老年人饭后至少要休息 15~30 分钟再外出活动。

步骤 3　准备外出用品

（1）运动鞋。外出时鞋要轻便、防滑。最好穿透气性好的运动鞋或平底布鞋，鞋底厚度以 1.5~2 厘米为宜。

（2）联系卡。联系卡上写清老年人的姓名、住址、联系人电话及疾病史、服药史，一旦迷路或发生意外，别人可以及时施救并联系家属。

（3）方便药盒。为防患高血压、冠心病的老年人出现突发情况，应随身携带一个小药盒，里面装上硝酸甘油片、速效救心丸等急救药品，并附上小标签和服用说明，以便在发生危险时及时救治。

（4）拐杖。视力和关节不好、平衡力差的老年人，以及中风患者，外出时最好拄一根拐杖，不但可以防跌倒，还能用来探知前方障碍物。拐杖底端一定要有橡胶垫，保证着地时又轻又稳。

（5）老年人专用手机。准备好一个屏幕显示简单清晰、字体大、声音大的手机，设置好子女、医疗救护、报警等紧急号码快捷键，方便老年人使用。

（6）坐垫。老年人体质较弱，不适合长时间走动，需要随时休息。随身携带轻便的海绵坐垫能防止老年人休息时身体受凉，保护老年人的骨骼。

（7）帽子。夏天戴凉帽，遮阳避暑；冬天戴毛线帽，防止着凉。帽子不要太紧，帽檐不能太长，尤其不能完全遮住耳朵，以免干扰视线和听力。

（8）手表。戴块手表可以避免因忘了时间仓促赶回家而发生意外。有些智能手表可以测量老年人的脉搏、心跳等数据，遇到紧急情况时还会发出求助警报。

（9）零钱。老年人容易疲劳，带些零钱以备走累时坐公交车、打车，或购买食物、水等。

（10）老花镜、助听器。老年人上了年纪，很可能看不清地上的障碍物，听不见车鸣声，这时，老花镜和助听器就可以帮上忙。

步骤4　出门安全检查

准备好物品后，在出门前，家政服务员应检查家中的水、电、燃气的开关是否关好，门窗是否锁严，要确保无火源，防止意外情况的发生。

步骤5　陪伴老年人散步

家政服务员在陪老年人散步时，要给予老年人适当的搀扶，防止老年人摔倒。随时注意观察老年人的状态，如发现老年人疲惫或不舒服，要及时或就地休息。

步骤6　结束工作

陪老年人散步结束，回到家中，家政服务员应先安排老年人休息并适量饮水，再将出行携带的物品放置到相应位置，方便下一次使用。老年人用的拐杖放回老年人习惯和方便拿取的地方。

学习单元6　陪伴老年人购物

知=识=要=求

1. 购物前与老年人沟通，确定购物清单，以免遗漏。
2. 出门前关好水、电、燃气，关好门窗。

3. 提醒老年人保管好随身物品,必要时可经过老年人同意代为保管。

4. 选购商品时要尊重老年人的意见,同时注意查看商品的保质期、生产时间等,避免买到过期或伪劣商品。

5. 保管好购物小票,以备退、换货时需要。

6. 谨防推销和诈骗,必要时要及时通知家属。

7. 陪伴患病老年人外出购物要准备好常规急救药品。

8. 诚实守信,付账时要耐心说明,充分沟通。

9. 要掌握识别假币的基本方法或带上验钞小电筒,避免老年人在购物时收到假币。

技=能=要=求

技能　陪伴老年人购物

一、操作准备

1. 知识准备:掌握老年人购物的注意事项等知识。
2. 物品准备:家政服务员准备好自己的外出用品。

二、操作步骤

步骤1　准备物品

家政服务员在陪老年人购物前要准备好相关的物品,一类是老年人外出需要的用品,可以参考上一学习单元的相关内容;另一类是老年人购物所需要的物品,包括购物袋、购物小车,超市会员卡、优惠券、现金、银行卡、公交卡等。

步骤2　梳理购物单

准备好物品后,家政服务员要同老年人一起,梳理要购买的物品,避免购买的时候遗漏,或购买不必要的物品。如果记不住或怕到时候遗忘,家政服务员可以把需要购买的物品记录下来,列成购物清单。

步骤3　出门安全检查

出门购物前,家政服务员应检查家中的水、电、燃气的开关是否关好,门窗是否锁严,要确保无火源,防止意外情况的发生。

步骤 4　陪伴购物

外出购物时，家政服务员要跟随在老年人的左右，看好财物，保证安全，让老年人舒心购物。在人多拥挤的地方要搀扶好老年人一同行走。

购物时如出现推销或诈骗等情况，要及时提醒老年人注意防范，理性判断。

结账时，家政服务员要帮助老年人核对物品是否购买齐全、小票上的金额是否正确，帮助老年人查看付款金额是否正确等。

结账后，家政服务员要主动提拿购买的物品，不能让老年人负重行走。

步骤 5　结束工作

回到家中，家政服务员要先安排老年人休息并饮水，再将购买的物品整理、放好，如将食物放到厨房或冰箱中，将洗护用品放到洗浴间等。

学习单元 7　陪伴老年人就医

知=识=要=求

1. 在陪伴老年人就医时，家政服务员不要让老年人离开自己的视线，尤其是意识不太清楚的老年人，以免发生意外。

2. 做好检查前的准备工作。如抽血化验需要空腹进行，抽血前还应避免剧烈运动；胃镜检查前一天晚上 8∶00 起开始禁食，禁服药物，检查当天空腹等。

3. 如果老年人的病情严重，家政服务员要及时通知老年人的家属。

4. 如果老年人因为自身病情而出现不良情绪，家政服务员要及时给予开导。

技=能=要=求

技能　陪伴老年人就医

一、操作准备

1. 知识准备：掌握陪伴老年人就医的注意事项等知识。

2. 物品准备：家政服务员准备好自己的外出用品。

二、操作步骤

步骤1　准备就医

家政服务员要了解天气状况，如果能自由选择就医时间，要选择天气好的时候陪老年人就医或检查。

根据天气状况，准备老年人出行需要的物品，如雨伞、衣物、帽子等；准备好相应药物，防止意外发生；准备好老年人的诊疗本、检查报告、病历等，参与社保的老年人还要带上社保卡或医疗证等；准备好公交卡、零钱，看病用的现金、银行卡等。

在出门就医前，家政服务员应检查家中的水、电、燃气的开关是否关好，门窗是否锁严，要确保无火源，防止意外情况的发生。

步骤2　陪伴就医

到达医院后，家政服务员要安排老年人休息一会儿，再去排队挂号。

就医时，一般由老年人自己述说病情，家政服务员协助老年人，告知医生老年人最近的饮食、睡眠、用药情况。

家政服务员要认真记住医嘱，如用药时间、用药剂量、注意事项、复诊时间等，如果记不清，要用纸和笔记录下来。

家政服务员在陪伴老年人取药时，要帮助老年人仔细核对药品，如药品的数量、保质期、功效等，有不明白的地方要及时询问。

步骤3　陪伴结束

就医结束后，家政服务员要安排老年人适当休息，再回家。

回到家后，家政服务员要将出行物品归置安放好，药物要放在老年人习惯存取且有利于药物保存的地方。

职业模块 7 照护病患

内容结构图

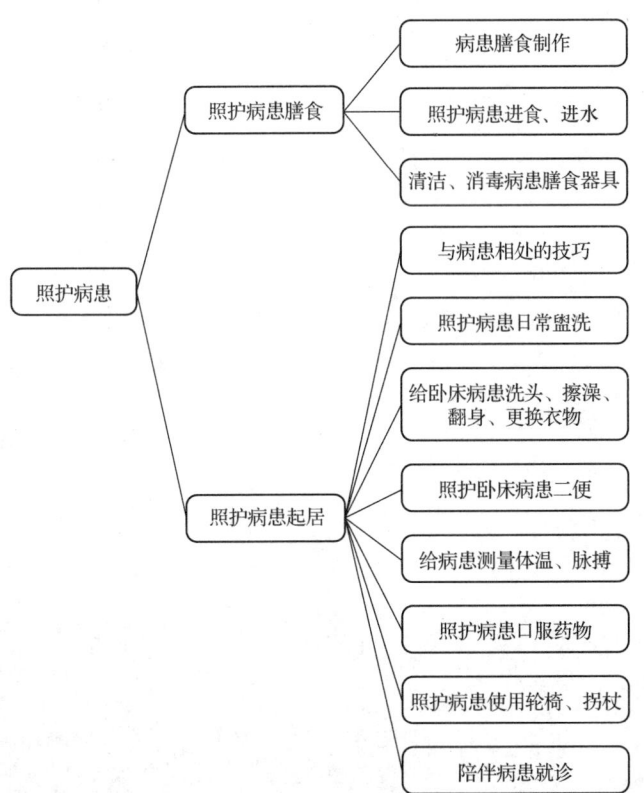

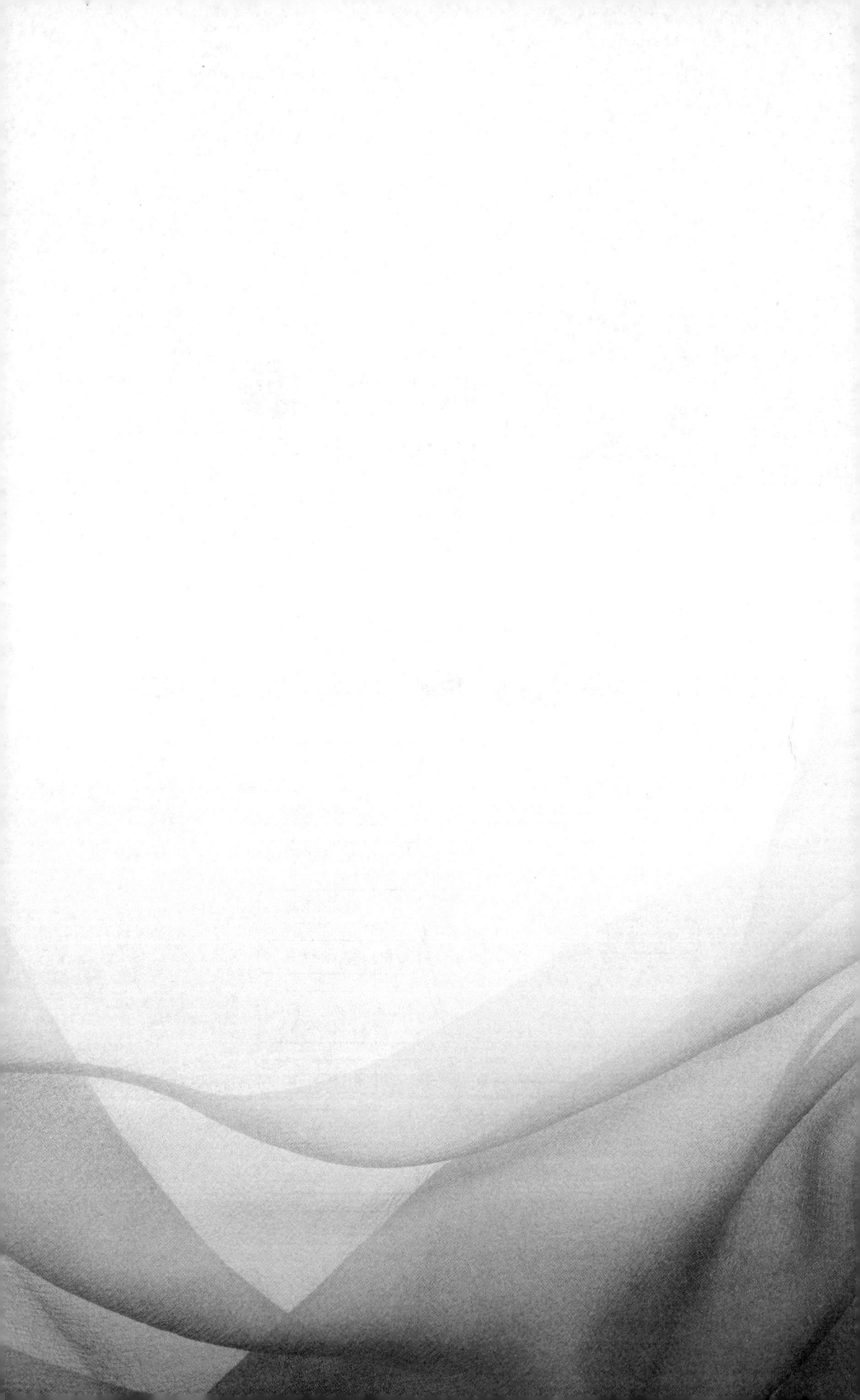

培训课程 1

照护病患膳食

对病患进行良好的饮食护理,是家政服务员成功实施病患照护的一个重要环节。家政服务员应了解病患的饮食习惯,在病情允许的前提下尊重病患对饮食的选择,尤其要尊重不同地区、不同宗教和不同民族的饮食习惯。

合理安排好病患在治疗及康复期间的饮食、起居,满足病患的营养需求,并创造良好的休养环境,可达到增强病患的抵抗力,加快疾病康复的目的。

学习单元1 病患膳食制作

知=识=要=求

一、常见病患饮食分类及膳食特点

1. 常见病患的基本饮食

(1)普通饮食

1)适用对象。普通饮食与健康人的饮食相仿,适用于病情较轻或疾病恢复期消化功能正常,没有特殊要求的病患。

2)特点。以易消化、无刺激性的食物为主。

3)用法。每日三餐,主食、副食(蔬菜、水果、肉食)、汤类均衡搭配,需要蛋白质70~90克。不宜多吃油炸、易胀气的食物。

(2)软食

1)适用对象。软食适用于年老、年幼病患或患口腔疾病、胃肠疾病、低热及处于手术后恢复期的病患。

2）特点。以软烂、无刺激性、容易消化的食物为主。主食首选软米饭、面条、小馒头、花卷、馄饨、饺子、发糕、肉龙等。菜品首选绿叶菜、菌类、豆制品、鸡肉、猪肉、牛肉等，但须是煮烂和切碎的菜肉。

3）用法。每日三餐，每两餐之间适当加餐，需要蛋白质约70克。

（3）半流质饮食

1）适用对象。半流质饮食介于软食与流食之间，外观呈半流体状态，适用于身体虚弱，咀嚼消化能力较差，发热，患口腔疾病、消化道疾病的病患。

2）特点。少食多餐，以易消化、无刺激性、纤维素含量少且易于吞咽的食物为主，如大米粥、小米粥、面条、面片、肉末粥、蛋花粥、馄饨、鸡蛋羹、藕粉、蛋花汤、豆腐脑、牛奶、酸奶、果汁、果泥、西瓜、熟香蕉、菜泥、菜汁、各种肉汤、肉末、鱼片、泥糊状食品等。可以用粉碎机将一些食物（如豆类、干果、鱼肉、虾肉）打碎后煮粥、做汤。

3）用法。每日5~6餐，需要蛋白质约60克。

（4）流质食物

1）适用对象。流质食物是一种液体，无渣，不用咀嚼且易于消化和吞咽，比半流质饮食更易于消化。适用于进食有困难、高热、大手术后、消化道有疾病、病情危重或全身衰竭的病患。此种膳食只能作为过渡期的膳食短期食用。

2）特点。以流质食物为主，需要用营养价值高的各种食材制作，如牛奶及奶制品、蛋白粉、豆浆、藕粉、米汤、肉汁、杏仁茶、蛋花汤、肉汤冲鸡蛋、牛奶冲鸡蛋、菜汁、果汁、煮水果水、清肉汤、肝汤等。

3）用法。每日6~8次，或每2~3小时一次，每次200~300毫升，需要蛋白质约40克。

（5）鼻饲管饮食

1）适用对象。其实质为流质食物的一类，适用于因病不能口腔进食者，经鼻插入胃管，以保证病患营养的摄入，如混合奶（奶中加蛋黄、鱼泥、虾泥）、果汁、无渣汤汁等。

2）特点。用注射器抽取管饲饮食，缓慢注入胃管。

3）用法。进食量由少量开始逐渐增加，一次不超过200毫升。

2. 治疗饮食

治疗饮食主要包括高热量饮食、高蛋白饮食、高纤维饮食、少渣饮食、少油饮食、低蛋白饮食、低盐饮食、低脂肪饮食、低胆固醇饮食、无盐低钠饮食等。

二、常见病患饮食制作要求

本部分仅简单介绍病患的常见饮食制作要求，涉及饮食制作技法的内容可参考家庭餐制作模块。

病患饮食要注重食物的色、香、味、形，这样才能引起病患的食欲。

1. 保证病患饮食合理、规律。根据病情可适当增加就餐次数，注意营养搭配，做到品种多样、比例适当、调配得当、饮食适量，并富含多种微量元素、优质蛋白、丰富维生素、膳食纤维等，以增强细胞活力，促使身体早日康复。

2. 生食和熟食分开保存。制作生食后，应将所用刀具、砧板清洗干净，尽量做到生熟分开。食物一次不可做太多，避免浪费。

3. 蔬菜应用清水完全清洗干净，水果尽量去皮。

4. 食物必须新鲜，并尽可能立即食用。

5. 进餐后及时将锅、盆、盘子等餐具清洗干净，并放在架子上晾干。

技 = 能 = 要 = 求

技能 1　煮软米饭

一、操作准备

材料准备：大米、水等。

二、操作步骤

步骤 1　将淘洗干净的大米和适量水（按 1 份米、2 份水的比例）放入电饭煲内胆。

步骤 2　擦干净内胆外表的水渍后放入电饭煲内，摇匀使米平摊在锅底。

步骤 3　检查电热盘，接触应良好。

步骤 4　盖好锅盖，按下煮饭按键。

步骤 5　接通电源，煮饭指示灯亮，开始煮饭。

步骤 6　饭熟后，保温指示灯亮。再等待约 10 分钟，电热盘的余热将饭彻底焖透，无须保温时，拔下电源线，切断电源。

三、注意事项

正常煮米饭按 1 份米、1.5 份水的比例，此处软米饭水量要比正常多。

技能 2　煮馄饨

一、操作准备

材料准备：馄饨、水等。

二、操作步骤

步骤 1　在锅内倒入适量的水烧开。
步骤 2　陆续放入馄饨，一边下，一边用手勺慢慢推转。
步骤 3　馄饨浮起，在锅内四周加入少量冷水。
步骤 4　盖上锅盖继续煮沸，待水开时，即可捞出盛碗。

三、注意事项

1. 加冷水时不能加在馄饨上面。
2. 加热时间不宜过长，过长容易使馄饨裂开。

技能 3　熬小米粥

一、操作准备

材料准备：小米、水等。

二、操作步骤

步骤 1　在锅内倒入适量的水烧开。
步骤 2　将小米淘洗干净后下锅。
步骤 3　先用大火烧沸，开锅后调小。

步骤 4　熬到所需的稀稠度关火。

三、注意事项

1. 淘好的小米应立即下锅，不要久置。
2. 熬粥时不要反复加水、搅动，否则容易粘锅。

技能 4　炒青椒肉片

一、操作准备

材料准备：猪肉 100 克、青椒 50 克、淀粉、盐、料酒、油、水或高汤等。

二、操作步骤

步骤 1　清水冲洗后将猪肉去皮切片。
步骤 2　加盐、料酒、淀粉、调料将肉搅拌后，静置 30 分钟。
步骤 3　青椒洗净，去籽，切成片。
步骤 4　锅烧热放油，加热至四成热，倒入肉片炒至半熟，放入青椒片翻炒，一起倒出沥油。
步骤 5　锅内放水或高汤，加盐，烧开，勾芡后倒入肉片、青椒片翻炒均匀即可。

三、注意事项

控制好油温、火候。

技能 5　清蒸鱼

一、操作准备

材料准备：鱼、油、姜、葱、香菜、蒸鱼豉油等。

二、操作步骤

步骤 1　取蒸碟一个，铺上几片姜。

步骤 2　鱼清理干净后，放入碟子内，鱼身上再铺上几片姜，以除腥味。

步骤 3　锅里放入适量水，水煮沸后将鱼放入锅内蒸 10 分钟左右，取出蒸好的鱼，倒去多余的水，在鱼身上铺上葱、香菜，然后倒入适量的蒸鱼豉油。

步骤 4　另起一个锅，烧开适量的油，然后浇到蒸好的鱼身上。

三、注意事项

清蒸鱼味道鲜美，但吃时一定要小心鱼刺。

技能 6　疙瘩汤

一、操作准备

材料准备：番茄、鸡蛋、面粉、油、葱末、生抽、蒜末、盐、香油、水等。

二、操作步骤

步骤 1　番茄洗净切成小块。

步骤 2　炒锅内倒入适量油，油热后下蒜末爆香。

步骤 3　把番茄放进锅内翻炒至出汤汁。

步骤 4　炒至番茄没有块状后，加入三碗水。

步骤 5　大盆内放入面粉，分多次，每次少量地加水，边加水边用筷子快速搅拌成絮状。

步骤 6　水开锅后，关小火，把搅拌好的面一点一点地放进锅内，一边倒一边搅拌。

步骤 7　加入适量盐、生抽。

步骤 8　打散鸡蛋，以线状形式慢慢淋到锅里面。

步骤 9　稍煮两分钟后放入葱末。

步骤 10　盛入碗中，淋少量香油。

三、注意事项

和面时水要一点一点地加，不能一次放入太多。

学习单元 2　照护病患进食、进水

知=识=要=求

照护病患进水的护理方法与进食方法类似，本学习单元主要介绍照护病患进食的方法。

一、协助能下床病患进食护理

1. 进餐前
（1）向病患解释，必要时协助病患排便洗手，家政服务员清洗双手。
（2）清洁餐桌，准备筷子、勺子。盛好饭、菜端至餐桌上。
（3）搀扶病患（根据病情可采取步行或使用轮椅）到餐桌前就座。
（4）胸前围围嘴，手边放清洁、潮湿小毛巾或纸巾，如有假牙须戴好。
（5）介绍本餐的主食和副食。

2. 进餐中
（1）保持安静，关闭电视。
（2）饭菜温度适宜，最好先喝适量的汤再进食。
（3）进餐的速度要适中，饭菜放在容易取到的位置。
（4）盛饭做到少量多次，随时添加，避免浪费。

3. 进餐后
（1）整理餐具，清洁餐桌。
（2）协助病患洗手、洗脸、漱口。
（3）搀扶病患（根据病情可采取步行或使用轮椅）离开餐桌。
（4）鼓励病患在床旁稍事休息（或活动）。
（5）如需卧床应采取右侧卧位（或平卧位），这样有利于食物的消化。
（6）清洗餐具并消毒。
（7）清洁地面。

相关链接

照护小贴士

如果病患上肢有活动障碍,可选择勺把加大、加粗的汤勺,餐具下面垫入可吸式吸盘,以便固定,防止烫伤。

二、协助不能下床病患进食护理

1. 向病患解释,取得配合。
2. 准备好洗手用具。
3. 搀扶病患坐起,或是将床头摇起呈半坐位。
4. 协助病患清洗双手。
5. 清洁餐桌后将餐桌摆放于床上,准备筷子、勺子和盛好的饭菜。
6. 必要时,在病患颈下、胸前围围嘴,手边放清洁、潮湿小毛巾或纸巾,如有假牙须戴好。
7. 介绍本餐的主食和副食。
8. 鼓励病患自己进餐,必要时在旁协助进食。
9. 餐后协助病患洗手、洗脸、漱口。
10. 鼓励病患在床上稍事休息,这样有利于食物的消化。
11. 收纳整理用物,清洗餐具并消毒。

相关链接

照护小贴士

1. 喂食速度视病患病情而定,每次喂食量应在汤勺的1/3左右。固体和流质食物应交替喂食,避免呛噎。

2. 偏瘫病患进食时须采取侧卧位,头部不要向后仰,以免发生呛咳。

3. 对于视力有障碍的病患,在进食前要主动告诉其食物的名称、摆放位置。如果有鱼类食物,应提前将鱼刺去掉。

三、协助吞咽困难病患进食护理

1. 向病患解释,取得配合。
2. 准备好洗手用具。
3. 搀扶病患取半坐位或是坐位。
4. 协助病患清洗双手,手边放清洁、潮湿小毛巾或纸巾。
5. 准备筷子、勺子和盛好的饭菜。
6. 颈下、胸前围围嘴,如有假牙须戴好。
7. 先喂适量温水,湿润口腔。
8. 喂食固体食物应送入口腔健侧。
9. 喂流质食物时要防止呛咳。
10. 鼓励病患吞咽。
11. 餐后协助病患洗手、洗脸、漱口。
12. 如需卧床应采取右侧卧位(或平卧位),这样有利于食物的消化和吸收。
13. 收纳整理用物,清洗餐具并消毒。

相关链接

照护小贴士

1. 带骨头的食物应去骨、切细、煮软,必要时将食物用粉碎机打成糊状。
2. 不宜选择圆形、润滑或带黏性的食物。

学习单元3 清洁、消毒病患膳食器具

知=识=要=求

病患餐具应该做到专人专用,选择器具时尽量选用瓷器、不锈钢制品、玻璃制品等。

一、病患餐饮用具的清洁消毒

1. 病患餐饮用具清洁

清洁餐具时，先将碗、盘子、杯子等物品中的剩余食物倒入厨余垃圾桶内，再用流动水冲洗一下，清除餐具上的食物残渣。刷洗餐具上的油迹或污物步骤如下。

（1）使用45 ℃左右的热水。

（2）加入餐具洗涤剂或碱水擦洗。

（3）将餐具置入水中浸泡1~2分钟。

（4）认真刷洗餐具的表面，并用流动水清洗干净。

（5）检查餐具的洁净情况，不洁净的进一步刷洗。

2. 病患餐饮用具消毒

家庭常用的消毒方法主要有煮沸消毒、蒸汽消毒、消毒柜消毒、微波炉消毒和化学药物消毒。

（1）煮沸消毒

煮沸消毒是家庭中最容易实现的消毒方法，操作简便，效果可靠。餐饮用具中陶瓷、搪瓷、不锈钢等材质的碗、盆、碟、勺子、筷子等最适合煮沸消毒。耐高温的玻璃器具也可以煮沸消毒。

具体方法：准备一个煮锅，放入清水和清洗干净待消毒的餐具，水应完全覆盖餐具，水开后煮10分钟。待冷却后取出自然晾干。如果是传染病病患用过的餐饮用具，则需要单独清洗和煮沸。煮沸时间应该在15分钟以上。

（2）蒸汽消毒

将洗干净的餐具放入蒸笼内，盖紧锅盖。打开开关，水开后蒸10~15分钟，关火。待冷却后再取出，以防烫伤。

（3）消毒柜消毒

消毒柜消毒是近几年发展起来的餐具消毒方法。家庭用的消毒柜一般分为上下两层，上层利用臭氧起消毒的作用，主要用于儿童塑料餐具和不耐高温的餐饮具等的消毒；下层采用远红外线产热起到消毒的作用，用于耐高温餐饮具的消毒。消毒柜使用省时省力，但应注意产品质量，并按说明书操作，以达到预期效果。消毒时先将洗干净的餐具放入消毒柜中，打开开关，按下定时器。

先烘干,后消毒。

(4)微波炉消毒

微波炉使用时炉内温度可升高至120 ℃左右,与高压蒸汽灭菌的温度相近。将清洗干净的餐具控干水分,放入微波炉中,高火10分钟,即可达到消毒的目的。

(5)化学药物消毒

对于不耐高温的餐饮用具,特别是酒具等遇热易爆裂、变形的餐饮用具,可使用漂白粉、高锰酸钾、过氧乙酸等消毒药液浸泡。使用化学方法消毒餐饮用具时选用的消毒剂,必须是经有关部门批准使用的餐具消毒剂,不能使用非餐具消毒剂进行餐具消毒。消毒液的浓度必须达到产品说明书规定的浓度。餐具放入消毒液中浸泡时,应完全浸没,不能露出液面。餐具消毒完毕后应使用流动水冲洗餐具表面残留的消毒剂。

相关链接

照护小贴士

1. 消毒后的餐具不能用抹布擦拭。
2. 采用化学药物消毒时,应随时更新消毒液,不可长时间反复使用。

二、病患膳食器具的收纳方法

餐具的种类繁多,家中常用到的有陶瓷、搪瓷、不锈钢制品、玻璃制品、塑料餐具等,一般按照不同的材质进行分类放置。病患的饮食器具消毒后必须单独放置,做到专人专用。

培训课程 2

照护病患起居

学习单元1　与病患相处的技巧

知=识=要=求

一、良好的礼仪素养

礼仪是人际交往中最重要的行为规范准则，而礼节、礼貌、仪表等则是礼仪的具体表现形式。在家政服务工作中，家政服务员的礼仪既是家政工作者修养素质的外在表现，也是家政服务员职业道德的具体表现，是家政服务员在进行护理和健康服务过程中应该自觉遵守的行为规范。

良好的礼仪素养对提高家政服务员护理质量起着举足轻重的作用。因为护理的对象是病患，所以家政服务员的言谈举止、一颦一笑都将会对病患的心理和健康产生巨大的影响，家政服务员端庄的仪表、得体的举止、和蔼可亲的态度以及恰当的言谈等对病患的康复意义重大。

1. 着装整洁，端庄大方

（1）工作时穿工作装，衣帽整洁，穿着要舒适、便于操作，同时要经常清洗、晾晒衣服。工作时要穿袜子，穿软底、平跟或坡跟鞋，不可穿高跟鞋或易发出声响的硬底鞋。

（2）梳短发时头发以在颈部之上为宜，长发者工作时要束发。

（3）经常修剪指甲，不留长指甲或做美甲。

（4）可以化淡妆，不可浓妆艳抹和佩戴过长的首饰，尤其不能佩戴戒指、手镯

2. 举止端庄、得体

（1）站姿要端正、挺拔，双目平视，面带微笑。站立疲劳时可适当更换体

位,但不要东倒西歪,不要探脖、塌腰、耸肩、双腿弯曲或不停地抖动等。

(2)走姿要轻快、稳健。为病患端水、拿物时,要注意屈肘将物品端在胸前,避免洒水、摔坏物品。走路时要避免不良的姿势,如内、外八字,歪肩晃膀,扭腰摆臀,左顾右盼,上下颠动,脚蹭地面等。

(3)坐姿要优雅,腰背要挺直,双腿并拢,抬头挺胸。不要弯腰驼背,无精打采。

3. 讲究卫生

(1)家政服务员要注意个人卫生,定时沐浴、理发、洗头、更衣,若在照顾病患过程中不慎弄脏身体、衣服,应及时清洗、更换。

(2)在工作时不要当着病患的面做不雅行为,如抠鼻子、挖耳朵、剪指甲等。

(3)在工作时如因身体不适而咳嗽、打喷嚏或流涕时,应及时用手绢或纸巾遮掩口鼻,将头转向一侧,事后应向在场的人说声"对不起",以表歉意。

4. 礼貌待人

家政服务员对待病患及其家属和同事都要有礼貌,语言文明、规范。

(1)与病患说话时语言要亲切、温和,声调、语速要适中,态度要真诚、和蔼。

(2)行走中若遇到病患要礼让病患,对行动不便者要主动帮扶,并帮助病患提拿物品。

(3)为病患做事时要事先向病患做好解释,得到病患的同意后方可进行。

(4)接待病患的家属来访时,要起身迎送,做到来有迎声,去有送声。

(5)在交谈时注意使用礼貌用语,如"请""您""谢谢""对不起"等。

(6)若遇到病患家属询问病患身体、生活等情况时,要详细、耐心地回答,对自己不了解的事项,可指引其到有关部门咨询。

(7)在病患面前要始终保持平和、真诚的心态,使自己真正成为病患最可以信赖的朋友。

二、语言沟通技巧

1. 获得好感的说话技巧

(1)记住对方的名字、工作、职称,交流中使用病患喜欢听的称谓,不以简称、床号、编号代称。

(2)记住对方所说的话。

(3)及时发现对方微小的变化。

(4)多提一些善意的建议。

2. 让语言充满亲和力

(1)态度诚恳,表现出兴趣、友善、轻松、愉快、幽默,谦虚有礼。

(2)注意倾听,勿随意打断对方谈话,勿插话。

(3)掌握分寸,言谈举止文明,异性之间不开过分的玩笑,不谈隐私,不揭人短处,不背后议论他人。

(4)平等待人。

3. 语言沟通

(1)引导病患主动交流。病患是否愿意与家政服务员交流,取决于家政服务员的态度,家政服务员如果态度和蔼、语言恰当,就会取得病患的好感和信任,才能引导病患说出自己对病情的认识、担心、自我心理状态等,这样家政服务员才能有针对性地给予有效护理。切忌对病患热情过度,有时过分的热情反而会收到相反的效果。

(2)与病患进行开放式谈话。如果病患主动就某种症状进行探讨,家政服务员不要简单地回答"是"或"不是",而应根据病患的谈话延伸提问,使沟通有效地进行下去,了解病患更多的自觉症状及心理需要,从而做出相应的心理护理。

(3)认真倾听,注意反馈。与病患进行语言沟通时,家政服务员应注意力集中地倾听对方的谈话内容,并把自己所理解的内容及时反馈给病患,表示自己正在听并且在仔细听,增加病患的信任,使沟通更融洽。给病患提供信息时,语速要适中,所给予的信息不要太复杂,术语不要太多或含糊其词。

(4)避免尴尬的谈话气氛。有的病患在谈话时故意停顿,中断谈话,以便看清家政服务员的反应,这时家政服务员应鼓励病患进一步讲述,适当插入提问引导病患继续谈话或先提出一些病患感兴趣的话题,在病患有主动性语言沟通欲望时,再引导其回到原来的沟通话题上。适时的提问是打破尴尬气氛的有效方法。

(5)做到以病患为中心。家政服务员与病患进行沟通时,本来是出于好心,但有时却会受到病患的责难。这时,家政服务员应保持冷静,尽量少说、多听,如果对方言语激烈,应借故离开,不要与病患急吵,更不可怒形于色,与病患对峙。可待病患平静后,再找机会进行询问或解释。良好的语言沟通可以缓解病患的心理压力,使病患保持良好的精神状态,从而缩短康复周期。事实证明,语言沟通是心理护理中不可或缺的重要环节。

4. 常用敬语

家政服务员与病患交流中使用敬语,会使病患感觉到被尊重。家政服务员应该掌握适当的敬语,如"早上好""晚上好(晚安)""再见(一会儿见、回头见)""失陪(告辞)""请回(请留步)""慢走(不送)""请问(借问)""打扰""请教""劳驾(麻烦)""抱歉(对不起、对不住)""请便(自便、随意)"等。

5. 禁忌用语

(1)忌用粗话、脏话。粗话、脏话是令人厌恶的,是对病患的不礼貌、不尊重,是没有教养的表现。

(2)忌出言不逊,恶语伤人。这常表现为斥责病患,如病患不吃饭就斥责说:"不吃,饿死算了!"这样会使病患与家政服务员对立起来。

(3)忌用质问式语言。这样会使病患产生一种被审问的感觉,从感情上难以接受而令人不快。在大多数情况下,都可以用商量的语气来解决问题,这样沟通的效果反而会更好。

(4)忌用命令式语言。这样会使病患感到被驱使,甚至会使病患产生不平等的感觉,进而发展成不合作。

(5)忌用土语、习惯语、暗语和所谓的行话。因为这些语言往往带有地方性、行业性,并非所有人都能听懂,可能会使病患产生无所适从的感觉,从而产生焦虑心理。

(6)忌对病患不愿回答的问题刨根问底。对方不愿回答某问题,一定有难言之隐,一再追问会使病患反感,被认为不友好、不尊重别人,甚至会被理解为不怀好意、别有用心等。

(7)忌带口头禅。与病患交谈时带有口头禅,会使谈话内容支离破碎,使病患感觉不舒服或产生厌恶感。

(8)忌与病患谈论死亡的话题,因为这会让病患感觉不舒服、不吉利。

学习单元 2　照护病患日常盥洗

日常盥洗不仅是人的生理需要，也是心理需要，细心的照护是促进病患康复的有利因素。

技=能=要=求

技能　盥洗护理

一、操作准备

洗脸盆、水、毛巾2块、洁面乳、香皂、护肤霜、指甲刀、剃须刀、梳子、塑料布等。

二、操作步骤

1. 自理病患盥洗护理

步骤1　病患采取坐位，为其松开领口、卷起袖口。

步骤2　将毛巾围在病患胸前、脖颈下。

步骤3　洗脸盆内先倒入凉水，后倒入热水，水温调至38~40℃。

步骤4　将洗脸盆放在病患面前，先用蘸湿的毛巾擦洗病患脸部、双眼（从内眦向外眦擦洗）、鼻、耳、耳后、颈部。

步骤5　用洁面乳（或香皂）擦洗一遍，再用毛巾蘸水反复擦净。

步骤6　拧干毛巾，擦干面部。

步骤7　梳理病患头发。

步骤8　为男病患刮去胡须。

步骤9　蘸湿双手，擦上香皂搓洗一遍，然后用水反复洗净、擦干。

步骤10　如病患身体有输液后留下的胶布痕迹，要认真清洗干净，必要时修剪指甲（每周一次）。

步骤11　涂护肤霜。

步骤12　整理、清洗用物，晒干毛巾。

2. 卧床病患盥洗护理

步骤 1 病患呈仰卧位。

步骤 2 将毛巾或塑料布围在病患胸前脖颈下,一侧垂置床边,以防浸湿床单、衣物。

其他操作方法和具体步骤与自理病患盥洗护理类似。

三、注意事项

1. 水温以 38~40 ℃为宜。

2. 清洗病患眼睛时,防止洁面乳(或香皂)进入眼睛。

3. 男士电动剃须刀要经常清理、充电,以便使用。

4. 手动剃须刀必须有泡沫剂或肥皂,操作时要注意避免划破皮肤,用后要及时清洗、保养。

学习单元 3　给卧床病患洗头、擦澡、翻身、更换衣物

技=能=要=求

技能 1　给卧床病患洗头

洗头可以促进头皮的血液循环,去除异味,清洁头皮屑或掉发等,使病患感觉舒服,头发易梳理。

一、操作准备

洗脸盆、40~45 ℃的温水、洗发液、大毛巾、小毛巾、梳子、吹风机、棉球、眼罩、塑料布、小水壶、矮凳子等。

二、操作步骤

步骤 1 将病患枕头靠床边放好,头下铺塑料布,再铺大毛巾。

步骤 2 病患采取平卧位,头稍靠床边。

步骤 3　两耳塞上棉球，用眼罩遮住病患双眼并叮嘱病患闭眼。

步骤 4　头下放矮凳子（凳子上放洗脸盆）。

步骤 5　用装好温水的小水壶轻轻冲洗头发。

步骤 6　一只手将适量洗发液涂于头上，另一只手揉搓使头发浸透，反复搓洗。

步骤 7　反复多次冲洗干净头发。

步骤 8　用小毛巾擦干耳朵、颈部、头发。

步骤 9　用吹风机吹干头发，用梳子梳理整齐。

步骤 10　整理、归纳用物。

三、注意事项

1. 室温应适宜，以 24 ℃ 为宜，关好门窗，避免对流风。

2. 洗头过程中要注意观察病患的病情，如面色、脉搏、呼吸，如有异常，要立即停止。

3. 洗头时动作要轻、柔、快，以防病患疲劳。

4. 防止水流入耳、眼内。

技能 2　为卧床病患擦澡

床上擦浴通常适用于病情较重、长期卧床不能自理的病患。

一、操作准备

屏风或布幔、干净衣裤、袜子、水桶两个（分别盛温水和污水）、塑料布、大毛巾、小毛巾、热水、洗脸盆、香皂、指甲刀、梳子、水温计、护肤霜等。

二、操作步骤

步骤 1　向病患做好解释，关闭门窗，室温调至 23~27 ℃。用屏风或布幔遮挡病患。

步骤 2　洗脸盆内放入 50~60 ℃ 的温水，用水温计监测水的温度。

步骤 3　病患采取平卧位。

步骤4 先将大毛巾铺于塑料布上，再铺在病患身下。

步骤5 松开病患衣领口，按顺序擦洗。

步骤6 先脱近侧，再脱对侧，如有外伤或一侧肢体不便，先脱健侧，后脱患侧衣袖擦洗。

步骤7 解开病患的上衣和裤带，擦洗胸腹部，帮助病患翻身，擦洗后背及臀部，换上干净的衣服。

步骤8 脱去病患的裤子，擦洗两腿及腹股沟、会阴部。为病患换上干净的裤子。

步骤9 清洗双脚，穿上干净的袜子。

步骤10 擦洗时，先用涂香皂的小毛巾擦洗，再用湿毛巾擦去香皂液，清洗毛巾后再擦洗，最后再用干毛巾擦干。及时清洗毛巾，将污水倒入水桶。

步骤11 整理床铺，清理、归纳物品。必要时帮助病患梳头、剪指甲、更换床单。

三、注意事项

1. 穿脱衣物时，先近侧，后对侧，有外伤时，先健侧，后患侧。
2. 擦洗时注意遮挡，避免着凉和保护隐私。
3. 操作时动作要敏捷、轻柔，洗完一边再转至另一边，尽量减少不必要的翻动次数。

技能3　为卧床病患翻身

病患长时间处于同一卧床状态，使局部组织受压过久，可导致压疮的发生，从而加重病情甚至危及生命，因此必须定时为卧床病患翻身。

一、操作准备

翻身前向病患解释，准备靠垫、软枕（用于固定病患），并依据需要准备衣服、床单、35%的乙醇或2%的樟脑乙醇、爽身粉、清洁垫、气圈或海绵垫、一盆40℃左右的温水、擦浴毛巾等。

二、操作步骤

1. 对侧转向翻身的操作方法

步骤 1 病患仰卧，双手放于腹部，两腿屈膝。

步骤 2 家政服务员一只前臂伸入病患腰部，另一只手臂伸入病患胯下，用力并迅速将病患抬起，移向自己。

步骤 3 翻转病患使背部朝向家政服务员，必要时移动髋部以纠正重心，移动病患的头、肩部转向对侧。

步骤 4 在病患背后垫一个软枕（用于保持体位），胸前放一个软枕（支持前臂）。

步骤 5 协助病患将上腿弯曲，下腿微曲（以防两腿间相互挤压和摩擦）。

步骤 6 如病患身上有污物或身体骨隆突部有压红，可用35%的乙醇或2%的樟脑乙醇擦洗，或用温水擦洗、热敷并按摩，涂爽身粉。

步骤 7 必要时给病患更换干净的衣服和清洁垫或床单。

步骤 8 将病患置于舒服的体位，骨隆突部垫上气圈或海绵垫，整理床单。

> **相关链接**
>
> ### 护理小贴士
>
> 1. 一般每2小时给病患翻1次身，翻身后用手掌揉搓背部。
> 2. 病患翻身或坐起后，在其身后垫一个靠垫加以固定。
> 3. 需要换清洁垫或床单时，先移动病患后再撤掉空出侧的床单并在这一侧铺上新的清洁垫或洁净的床单，再将病患翻转后更换另一侧床单。

2. 同侧转向翻身的操作方法

步骤 1 病患仰卧，移去垫枕，将病患远侧手臂放于胸前。

步骤 2 家政服务员两臂越过病患身体，一只手伸到肩下，另一只手伸到髋下，轻轻将病患翻转面向自己。

步骤 3 将病患臀部向后移（注意保持肩部、髋部平稳），垫好头下软枕

（以保持舒适体位）。

步骤 4 盖好被子，整理床铺，给病患披上外衣，做简单的肢体按摩。

> **相关链接**
>
> ### 护理小贴士
>
> 1. 指导和协助病患起卧、翻身时应注意姿势正确、支撑合理。
> 2. 翻身移动体位时，不可拖、拉、推，应托起病患后再翻转。
> 3. 依病情定时翻身并注意观察皮肤情况，如发现皮肤发红或破损应及时处理，并增加翻身和按摩次数。

技能 4　给卧床病患更换衣物

整洁、洁净的着装能建立病患的自信心，维持病患的良好形象。家政服务员通过给病患更换衣物，可观察并了解病患全身皮肤的状况，及时发现和预防压疮的出现，掌握病患的病情变化。

1. 衣物质地的选择

选择吸汗能力强、透气性好、便于洗涤的纯棉服装或棉织品。毛和麻质衣服容易刺激皮肤引起过敏；化纤衣物带有静电，对皮肤有刺激作用，容易引起皮肤瘙痒，不宜选择。

2. 衣物样式的选择

所穿衣物层数不要太多，开口部分宜宽，应穿着舒服、穿脱方便。尽量不要穿套头衣服，衣服的纽扣不要太多，拉锁也要少用。

3. 衣服多少的选择

裤子的数量要多于上衣（裤子被污染的概率大，尤其是内裤和衬裤要多备几条）。准备不同季节穿的鞋和袜子。冬天最好穿保温、平底、透气、防滑、舒适的棉鞋，最好选择纯棉质地、袜口宽松的袜子。

一、操作准备

1. 向病患或家属做好病患更换衣物的解释工作。

2. 准备干净衣裤、袜子、被单、屏风等。

二、操作步骤

步骤1 家政服务员整理好清洁衣物，备齐用物，放至病患床边。

步骤2 关好门窗，避免病患着凉。拉好屏风，以保护病患隐私。协助病患取舒适体位，若病情允许，请病患取坐位。

步骤3 协助病患脱去衣物

（1）解开衣服纽扣或带子。

（2）先脱近侧、健侧或没有输液的上肢衣服。

（3）对于取仰卧位的病患，协助病患微微侧卧，面向家政服务员。将脱下的衣袖塞在背后，移至另一侧。

（4）用同样方法脱去另一侧衣袖。

（5）将换下的衣物暂时放在床尾。

步骤4 协助病患穿衣

（1）先穿远侧、患侧或正在输液的一侧上肢衣袖。

（2）对于取仰卧位的病患，协助病患侧卧，整理好背部的衣物，然后平卧。

（3）穿好近侧、健侧或没有输液的上肢衣袖。

（4）扣好衣扣。

步骤5 协助病患脱去裤子

（1）拉开裤子的拉链。

（2）家政服务员一手放在病患的腰骶部向上抬举，同时嘱咐病患一起用力向上。另一只手抓住裤子的腰带处向下拉，脱去裤子。

（3）将脱下的裤子暂时放到床尾。

步骤6 协助病患穿裤子

（1）先将裤脚套好。

（2）协助病患穿好远侧或患侧的裤腿。

（3）协助病患穿好近侧或健侧的裤腿。

（4）与脱裤子类似，一手抬高病患腰骶部，一手抓住裤子的腰带向上拉。

（5）拉好拉链，整理好裤子。

步骤7 整理并带走换下的衣物。

三、注意事项

1. 防止着凉,保护隐私。
2. 动作要轻、柔、快。

相关链接

照护小贴士

腹泻病患尽量选择浅色内裤,以便于观察排泄物的性状。

学习单元4　照护卧床病患二便

知=识=要=求

一、大便的观察

1. 便量与次数

正常人每天排便1~2次,平均量为150~200克,大便量的多少与食物的种类、数量及消化功能有关,进食肉类、蛋白质多的人要比吃素食的人排便量少。

2. 性状

正常人的大便为成形软便。当病患消化功能下降或患急性肠炎时,大便不成形;当病患便秘时,大便为栗子样;当病患直肠、肛门狭窄或有部分梗阻时,大便可呈扁条形或是带状。

3. 颜色

正常人大便呈黄褐色,当食用含叶绿素丰富的蔬菜时,大便呈绿色;当摄入动物血、肝脏类食物或是服用含铁的药物时,大便呈酱油色;服用钡剂后,大便可呈灰白色。

在出现异常情况时,如上消化道出血的病患,大便呈漆黑光亮的柏油样;下消化道出血的病患大便呈暗红色;胆道完全阻塞时,大便呈陶土色;当病患患阿米巴痢疾或是肠套叠时，大便呈果酱样；排便后有鲜血滴出的，大多数是患有直肠息肉或是肛裂、痔疮的病患。

4. 气味

大便气味与食物种类、肠道疾病有关。当病患消化不良时，大便呈酸臭味；当病患患有直肠溃疡或肠癌时，大便呈腐臭味；有消化道出血时，柏油样的大便呈腥臭味。

5. 黏液和脓

正常大便含有极少量混合均匀的黏液。当大便中混有大量的黏液就说明肠道有炎症；混有黏液的同时伴有血液，多见于痢疾、肠套叠等病。

二、尿液的观察

1. 尿量变化

（1）正常情况

成人24小时排尿量为1 000～2 000毫升。尿量的多少与饮水、饮食、气温、运动、精神等因素有关。成人白天排尿3～5次，夜间0～1次，每次尿量为200～400毫升。

（2）异常情况

1）多尿。24小时尿量超过2 500毫升。

2）少尿。24小时尿量少于400毫升。

3）无尿。24小时尿量少于100毫升，或是12小时内完全无尿。

2. 尿液颜色

（1）正常情况

颜色呈淡黄色，澄清、透明。尿色与饮水量和出汗量有关。

（2）异常情况

1）红色或是棕色。尿液中混有血液，多见于泌尿系统结核或是肿瘤、外伤、血液病等病患。

2）白色混浊状。尿液中有脓细胞，多见于泌尿系统严重感染的病患。

3. 尿液气味

（1）正常情况

正常的新鲜尿液有特殊、微弱的芳香味，静置一段时间后，尿分解放出氨，有氨臭味。

（2）异常情况

1）新鲜尿液有氨臭味，多见于膀胱发炎的病患。

2）尿液有甜味，多见于糖尿病病患。

3）尿液有烂苹果味，多见于糖尿病病患伴酸中毒时。

三、卧床病患大（小）便护理的目的

护理的主要目的是清洁局部，观察病患有无红臀以及排泄物，使病患身体干净、无异味，尽最大可能让病患感觉舒服、舒适。

技 = 能 = 要 = 求

技能　照护卧床病患大（小）便

一、操作准备

便盆、热水、清洁用盆、垃圾桶、卫生纸、毛巾、凡士林、尿垫等。

二、操作步骤

步骤1　臀下垫尿垫，使病患平卧，解开裤子脱至膝盖处，观察有无红臀。

步骤2　一只手托起腰臀部，另一只手将便盆垫于臀下。

步骤3　排便后协助病患侧身，取出便盆，观察排泄物。先用卫生纸从前向后擦干净会阴部及肛门。

步骤4　再用温湿的毛巾清洁局部。如病患有自理能力，可协助病患清洗局部。

步骤5　局部涂凡士林，以保护皮肤。

步骤6　将病患置于舒适卧位，盖好被服。

步骤7　清理杂物、洗手（必要时留取便标本）。

三、注意事项

1. 放取便盆时不能强行拉拽，以免损伤病患皮肤。

2. 整个过程动作要轻、柔。

3. 凡士林涂抹要均匀,量不能太大。

4. 便器使用后要及时清理消毒,保持干净,无污迹、无异味。

学习单元5 给病患测量体温、脉搏

知=识=要=求

一、体温测量

1. 体温的基本知识

体温是指身体内部的温度,人体正常体温(腋下温度)为36~37 ℃。体温受诸多因素影响,如运动、进食、年龄、情绪、时间、性别、环境等。此外,不同部位的温度也是不同的,直肠温度高于口腔温度,口腔温度高于腋下温度。正常情况下,直肠温度在37.5 ℃左右,口腔温度在37.0 ℃左右。

2. 体温计的种类

水银体温计是一种标有刻度的真空毛细玻璃管,玻璃管的一端为储汞槽,如图7-1所示。不同种类的体温计粗细也不同,主要有肛表、口表、腋表三种。除了水银体温计外,还有各种电子体温计。红外电子体温计如图7-2所示。

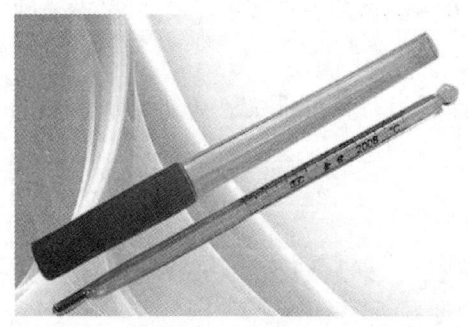

图7-1 水银体温计

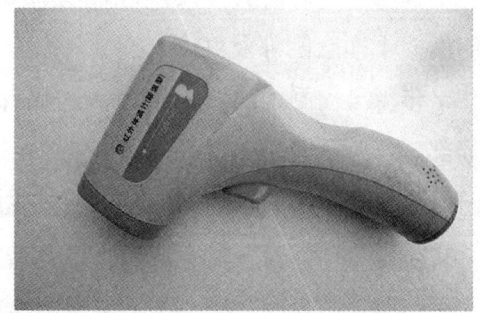

图7-2 红外电子体温计

3. 各种体温计的测量方法

(1)直肠温度测试方法

1）取一支干净且已消毒的体温计。

2）查看体温计水银读数是否在 35 ℃以下，如果在 35 ℃以上，则需要将体温计水银读数甩至 35 ℃以下。

3）将体温计测温端涂以肥皂水或润滑油，自肛门插入约 4 厘米。

4）保持 3 分钟左右，取出体温计。

5）读取体温计度数。读数时手持体温计至与视线平齐处，转动体温计，直到看清读数，并做好记录。

6）清洗体温计，消毒收纳。

相关链接

照护小贴士

1. 有心脏病、肛门直肠疾病、精神病的病患及婴幼儿不宜测量肛温。
2. 甩表时注意周围环境，避免磕破体温计，或伤到其他人。

（2）口腔温度测试方法

1）取一支干净且已消毒的体温计。

2）查看体温计水银读数是否在 35 ℃以下，如果在 35 ℃以上，则需要将体温计水银读数甩至 35 ℃以下。

3）将体温计测温端放在舌下热窝（热窝位于舌系带两侧）。

4）保持 7~8 分钟，取出体温计。

5）读取体温计度数。读数时手持体温计至与视线平齐处，转动体温计，直到看清读数，并做好记录。

6）清洗体温计，消毒收纳。

（3）腋下温度测试方法

1）取一支干净且已消毒的体温计。

2）查看体温计水银读数是否在 35 ℃以下，如果在 35 ℃以上，则需要将体温计水银读数甩至 35 ℃以下。

3）将体温计测温端放于腋下，屈臂过胸夹紧。

4）保持 5~10 分钟，取出体温计。

5）读取体温计度数。读数时手持体温计至与视线平齐处,转动体温计,直到看清读数,并做好记录。

6）清洗体温计,消毒收纳。

（4）体温计测量注意事项

1）体温计必须甩至 35 ℃以下。

2）取出体温计后手不能接触水银端。

3）如果测得的体温数据可疑,应复测体温。

4）电子温度计按下开关即可测试。

（5）体温计的清洁消毒

常用消毒液有 70% 的乙醇、1% 的消毒灵、20% 的碘伏、1% 的过氧乙酸等。可采用有盖的塑料制品盛装消毒液来浸泡体温计。消毒液每日更换一次,容器每周消毒一次。

1）口表、腋表消毒方法。准备两盒消毒液,先将体温计浸泡在一份消毒液中,30 分钟后取出,将体温计甩至 35 ℃以下,再放入另一份消毒液中,30 分钟后取出,用冷开水冲干净,再用消毒纱布擦干净,存放在清洁盒内备用。

2）肛表消毒方法。用消毒纱布将肛表擦净,再按口表、腋表方法消毒。

二、脉搏测量

1. 脉搏的基础知识

正常人的脉率因年龄、性别、运动、情绪等有所不同。健康成人脉率波动的幅度很大,一般在 60~100 次/分钟,女性较男性脉率稍快,新生儿一般为 140 次/分钟左右。成人脉率超过 100 次/分钟,称为心动过速;脉率小于 60 次/分钟,称为心动过缓。

2. 脉搏测量方法

脉搏测量一般选择较表浅的动脉,最常用的是桡动脉。被测者取卧位或坐位,将手臂放在舒适的位置,手心向上,测量者用食指、中指和无名指的指端按在动脉上,压力适中,以能够清楚触到动脉搏动为度,数一分钟动脉搏动次数,如图 7-3 所示。

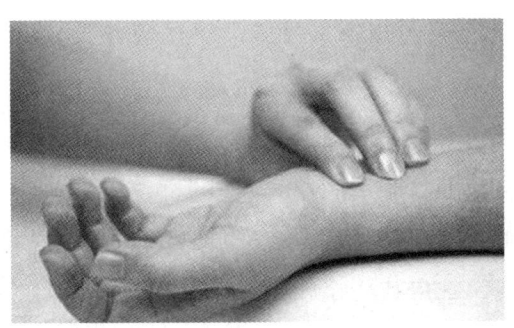

图 7-3 脉搏测量

学习单元 6 照护病患口服药物

知=识=要=求

口服给药是最常用的给药方法，具有方便、经济、安全的特点，药物口服后经胃肠道黏膜吸收进入血液循环，从而发挥局部或全身的治疗作用，但不适用于意识不清、急救、频繁呕吐的病患。

一、用药基本常识

1. 要妥善保管好药物的包装和说明书，以免发生服用方法或服用剂量的错误。
2. 不同的药物不要在同一包装或容器中储存，避免药物作用受到影响或变质。
3. 药物由瓶内取出后应避免再倒回去，以免污染整瓶药物。
4. 中药与西药应错开时间服用，两者间最少错开 1~2 个小时。
5. 用药期间切勿因症状减轻而私自终止服药。需要停药、更换药物或减少剂量时，应遵从医师的指导。
6. 根据药物的特性合理掌握服用方法

（1）健胃药、增进食欲的药物应在饭前服用。

（2）助消化药物和刺激性药物应在饭后服用。

（3）喉片、含片应在口内含化，不要直接咽下。

（4）服用发汗药物后要多饮水，以增加疗效。

（5）磺胺类药物服用后应多饮水，以免因尿少析出结晶，导致肾小管堵塞。

（6）缓释药、胶囊类药物不可咬破，应直接吞服，以免药物受胃酸破坏，或刺激胃黏膜。

（7）对牙齿有腐蚀作用或使牙齿染色的药物，如酸剂或铁剂，用饮水管吸服，避免与牙齿直接接触，服用后及时漱口。

（8）氢氧化铝片应嚼碎后咽下，以便在胃中形成保护膜，保护胃壁溃疡，不受胃内物质的刺激。酵母片应嚼碎咽下，以利于吸收。

（9）止咳糖浆可覆盖在咽部黏膜表面，以减轻炎症对黏膜的刺激。服药后不宜立即饮水。若同时服用多种药物，应最后服用止咳糖浆。

（10）危重病患应喂药，不可强行灌药，以免造成呛咳、吸入性肺炎，甚至窒息。鼻饲病患应将药粉用水溶解后从胃管注入，再以少量温开水冲入胃管。

7. 口服用药应用白开水送服，不要用果汁、牛奶、茶水等送服，以免影响药物疗效。

8. 遵守用药时间，按时服药。

9. 协助服药时，应让病患保持上身直立，便于吞咽。

10. 服用药物后应注意观察病患用药后的反应。若出现异常，立即就医。

二、给药方法

1. 给药前先清洁双手。

2. 拿取药物时将药瓶或药盒的标签朝向自己，以便看清药物名称、浓度、剂量等内容。

3. 依据不同药物剂型采取不同的取药方法

（1）固体药物（片剂、胶囊）。一只手拿药瓶，另一只手用药勺取出所需药量。

（2）液体药物。先将药液摇匀。打开瓶盖后，将瓶盖内面朝上放置。用量杯量取药液，一手持量杯，拇指置于所需刻度处，举起量杯，使所需刻度和视线保持水平；另一只手将药瓶的标签握于掌心部分举起，倒药液至所需刻度。药液倒取完毕，用纸巾擦净瓶口。如需服用多种药液，更换药液时，应洗净量杯。

4. 协助病患采取坐位、立位，倒温开水或使用饮水管协助病患服药。

5. 对某些特殊的病患，应将药物放入研钵内彻底研碎后再给药，如严重食道静脉曲张的病患、鼻饲的病患等。

6. 服药后协助病患取舒适体位，方便休息。随时观察病患服药后的反应，若有异常及时与医师联系。

学习单元 7　照护病患使用轮椅、拐杖

技=能=要=求

轮椅、拐杖是行动不便的病患最方便、有效的助行器。轮椅如图7-4所示。

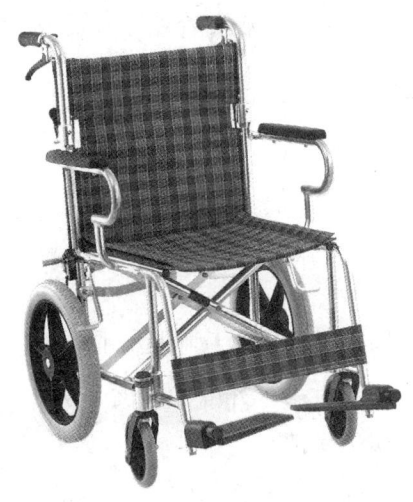

图 7-4　轮椅

技能 1　照护病患使用轮椅

一、操作准备

检查轮椅是否完好,轮胎是否充满气,病患身体状况是否允许,准备衣物及必需品。

二、操作步骤

1. 照护病患坐轮椅

步骤1　将轮椅推至床旁,椅背和床尾平齐,面向床头,按下车闸,固定轮椅。

步骤2　扶病患坐起,披上外衣,穿鞋,下地。

步骤 3 扶病患坐上轮椅，叮嘱病患尽量往后靠，双手扶着轮椅的扶手。

步骤 4 放下脚踏板，将病患的脚放在脚踏板上。

步骤 5 打开车闸，推车。

步骤 6 在推轮椅行进的过程中要注意安全，叮嘱病患保持舒适坐位。推车下坡时减慢速度，过门槛时翘起前轮，以防发生意外。

2. 照护病患下轮椅

步骤 1 将轮椅推至床旁，面向床沿，按下车闸，固定轮椅。

步骤 2 收起脚踏板，使病患双脚着地。

步骤 3 扶病患下轮椅坐到床上。

步骤 4 整理、归纳物品。

三、注意事项

1. 轮椅应先固定，以防摔伤。
2. 扶病患上、下轮椅时，脚踏板应收起，防止磕伤。
3. 推轮椅下坡时应倒退行走，并减慢速度，防止摔伤。
4. 外出时注意观察病患病情。

技能 2　照护病患使用拐杖

拐杖有两种，即固定式的和可调式的。可调式的拐杖可根据使用者的要求调整高度和扶手位置，拐杖的高度以使用者身高 ×77% 为宜，下端着地点为同侧足前外方 10 厘米处。拐杖有腋下和手两处支撑，稳定性较好，主要适用于有下肢疾病和外伤的病患，如图 7-5 所示。

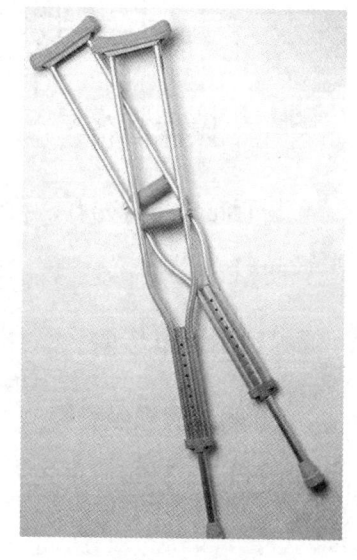

图 7-5　拐杖

一、操作准备

根据病情选择拐杖，检查拐杖是否完好，调好尺寸。

二、操作方法

1. 行走

（1）四点法：左拐扙→右脚→右拐杖→左脚，较安全稳定。

（2）三点法：患肢稍可或完全无法负重时，两边拐杖跟患肢一同往前，健肢再向前。

（3）两点法：左拐杖与右脚一致，右拐杖与左脚一致。

（4）摇摆法：此法在快速通过时使用，两边拐杖同时前进，双腿再一起摆荡往前。

（5）三脚架法：用于下肢麻痹者，右拐杖→左拐杖→两腿。

2. 站立及坐下

（1）站立：拐杖置患侧，用另一只手支持扶手撑起。

（2）坐下：用患侧的手握拐杖，另一只手撑在椅子上，弯曲健侧膝盖，慢慢坐下。

3. 上下楼梯

原则：健肢先上，患肢先下。

（1）下楼：把重量置于健肢，双手分别支撑拐杖，拐杖先下一阶，同时患肢跟上，再移动健肢。

（2）上楼：双手分别支撑拐杖，健肢跨上一阶，再移动双拐和患肢，上到同一阶。

三、注意事项

1. 拐杖不能太长，太长易压迫腋下，引起臂神经受损或手臂发麻；太短则容易滑倒。

2. 扶手高度以手肘能弯曲30°为宜，拐杖与腋窝保持2~3指距离。

学习单元 8　陪伴病患就诊

知=识=要=求

要简便、快捷、顺利地完成陪伴病患就诊的工作，就需要家政服务员提前做大量的准备工作，只有这样才能做到有的放矢。

一、诊前准备

1. 了解病患的健康状况

家政服务员陪病患到医院就诊前，需要充分掌握病患的所有病情，以利于就医过程的顺利进行。

（1）了解病患的疾病情况。如病患曾患过哪些疾病、是否长期进行有效的治疗、有无过敏史、服用药物的情况以及服药后的反应等。

（2）了解病患的生活、起居情况。如病患的精神、饮食、排泄和活动情况，情绪的变化和心理状态，有无发生重大的家庭变故，身体各部位有无发生异常变化的情况，等等。

（3）了解病患的发病过程。简明扼要地向医生陈述此次就诊的不适、发病时间、伴随症状、处理经过及治疗效果等，并如实回答医生的询问。

2. 正确选择就诊医院

（1）了解备选医院的地理位置。可通过医院网站或地图查询网站查询医院所在的地理位置，做好路况调查、出行计划，一般首选离病患居住地较近的医院，可避免长时间坐车造成的不适。

（2）了解备选医院及专家的情况。可通过医院网站了解医院概况、科室设置及专家信息，避免仓促就医，以节省就诊时间和费用。

（3）了解门诊开放时间。综合医院的门诊开放时间为周一至周五全天和周六、日上午，其他时间只能看急诊。所有医院的急诊都是24小时开放。

（4）选择合适的就诊时间。通过医院的咨询电话了解相关医生信息后，理性地安排好就诊时间，若不是特别急的病症，如定期体检、复诊等可避开周一上午和每日的上午9:00—10:00等就诊高峰期，选择病患相对较少的时间前去就诊。

3. 辅助物品的准备

（1）携带相关的病历资料。备齐看病所需要的资料，包括门诊病历本、就诊卡和以前做过的辅助检查结果、化验报告等，方便医生查看以往病史记录，协助诊断。

（2）携带相关证件。在医院就医时必须携带医保卡、社保卡、就诊卡、身份证等证件。

（3）携带足够的资金。病患可根据自己的病情携带现金、银行卡等，以保证就医、检查、治疗的顺利进行。

4. 为病患所做的相关准备

（1）药品的准备。根据病患的病情携带必要的药品，如患心脏病的病患需随身携带硝酸甘油片或速效救心丸，患哮喘的病患应随身携带平喘的气雾剂等。

（2）日常用品的准备。根据病患的实际情况配备物品，如水杯、纸巾、塑料袋、衣物、轮椅、拐杖等，以方便其使用。

（3）衣着的准备。病患就医前，应穿着宽松、舒适的衣服和鞋袜，最好穿开襟的衣服，不要穿紧身及套头的服装，以方便检查和治疗。

（4）妆容的准备。就诊前不要化妆，有许多疾病如心脏病、肺结核、肝胆疾病、贫血等，各有其特殊的神态、气色。化妆品会掩盖病患自然的面容，给诊断带来困难。

（5）特殊检查前的准备。在医院看病时需要做某些检查项目，如静脉抽血、腹部B超等，需要病患在空腹的情况下进行检查。但是，为防止空腹的病患在看病过程中出现低血糖等情况，家政服务员应为其携带适当的食品。

（6）特殊人群的准备。女性病患如果不是急病的话，最好不要在月经前和月经中去看病。许多人在月经前有腰酸、下腹坠胀、腿酸等症状，容易与慢性盆腔炎、盆腔结核等病症混淆。月经期阴道流血，此时不能做阴道检查，且不适宜化验小便，因小便中易混入经血，从而影响小便化验结果的准确性。

（7）心理准备。有些病患发现自己患病后，会担心、急躁、焦虑、紧张，从而引起身体的内在变化和反应，如血压不稳定等。所以在就诊前，家政服务员或家属应尽量安慰病患，使其心情平静，不要在情绪急躁时就诊。

5. 护送病患须知

（1）危重病患应选择就近的医院进行急救和治疗。

（2）护送者要熟悉病患的基本情况，并携带以往全部的病历资料及相关物品。

（3）就医过程中应随时观察病患的病情变化，如神志、面色、呼吸、脉搏等。

（4）外伤所致的颈、胸及脊柱损伤，应尽量减少搬动，从而减少颠簸造成的再次损伤。

（5）对于进行输液、吸氧的病患，应随时注意观察液体和氧气管是否畅通。

（6）有伤口的病患，应注意伤口的出血情况，必要时进行重新包扎。

（7）老年病患就医时要有专人陪护。

（8）行动不便、认知有障碍的病患就医时应有两名陪同人员，以保证病患的人身安全。

二、门诊就诊程序及须知

一般的疾病和慢性病，须到医院的门诊部就医，综合性医院按不同的科室分设门诊，并配有放射科、化验室、理疗科、B超室及药房（中药房、西药房）等。

1. 就诊咨询及挂号

如果病患自己无法正确选择就诊科室，可咨询医院门诊部设置的咨询台后，再到挂号处挂号。

2. 候诊

挂号后直接到所挂号的科室外候诊，就诊按照挂号顺序进行。等待期间，应服从门诊医务人员的安排，候诊时保持安静，减少不必要的走动，以保障门诊工作的有序进行。

3. 就诊

按照护士的呼叫到诊室就诊，就诊时应向医生如实叙述病情，回答医生的有关询问，接受医生所做的身体检查安排。医生应诊后会有三种情况。

（1）对疾病作出初步诊断，提出治疗建议，在征得病患同意后给予治疗；或开具处方，并在交费后到药房取药。

（2）医生对诊断存有疑问，需要进一步化验或进行其他相关的检查。此时医生会征得病患的同意，然后根据具体情况开出各项检查单。

（3）对于病情较复杂、不宜在门诊进行诊断和治疗的病患，医生可在征求病患及家属的同意后开具留院观察处方或住院通知单，病患按医生的要求进行留院观察或住院检查及治疗。

4. 医技科室的检查和治疗

需要进行化验或进行其他检查的病患，由接诊医生开出单据，然后持单据到收费处交费后，到化验室或相关的科室进行检查。

（1）一般的检查可以即时进行。

（2）有些复杂的检查需要病患做特殊的准备，需要采取预约的方式。预约的方法是：先到有关科室进行登记、预约，然后按规定的时间、要求做好准备后再去接受检查。

（3）一切检查结果都要交给接诊的医生，以提供诊断和治疗的依据。

5. 离院、留院观察或住院

（1）经过医生的诊断或经过必要的检查和治疗后，有些病患就可以离开医院了。

（2）需要进行药物治疗者，应持医生开具的药方到收费处交费，最后到对应的药房领取药品。取药时，应注意查看有无具体的使用方法，如有疑问及时咨询。

（3）需要留院观察或是住院的病患，应持医生开具的留院观察处方或住院通知单到门诊留院观察室或是住院处办理相关手续。

三、急诊就医

1. 需要紧急就医的情况

病患在家中突然发生意外或患重病时，家政服务员首先要保持冷静，然后以最快的速度求助于最近的医疗单位。如发生下列疾病必须紧急就医。

（1）各种原因引起的休克，如心源性休克、过敏性休克、感染性休克等。

（2）急性心力衰竭、急性心肌梗死及严重的心律失常。

（3）急性呼吸困难、呼吸衰竭或窒息。

（4）各种原因引起的昏迷。

（5）高血压、脑血管意外（脑出血、脑血栓）。

（6）急性外伤，如骨折、颅脑外伤、内脏损伤、脊髓损伤等。

（7）急产、流产及产前、产后大出血等。

（8）急性出血，如呕血、便血、咯血等。

（9）中毒、宠物咬伤、自杀、溺水及电击等。

（10）烧烫伤。

（11）耳道、鼻腔、咽部、食管、气管及眼内异物等。

（12）急腹症，如各种不明原因腹痛。

（13）急性炎症。

（14）突发高热，体温在 38.5 ℃以上。

（15）慢性病的急性发作。

相关链接

> **照护小贴士**
>
> 急诊分为抢救室、留院观察室、治疗室等部分。急诊室一般位于医院大门的一侧或楼群的最前部，并设有醒目的标志。

2. 呼叫救护车的注意事项

救护车是专门运送病患的车辆，车内备有医疗器械和抢救药品。呼叫救护车时应注意以下事项。

（1）要准确拨打医疗救护中心电话，急救电话是"120"或"999"。

（2）在电话中要讲清病患所在的详细地址或标志性建筑物。

（3）说清病患的主要病情及症状。

（4）报告呼叫者的姓名、电话号码。

（5）挂断电话后，派人在住宅门口或交叉路口等候救护车的到来。

（6）准备好病患随身携带的物品等。若是服毒或食物中毒的病患，应把可疑的残留药品或残留食物带上。

（7）疏通搬运病患的通道。

（8）选择医院的原则：一是就近，二是医院的特色、专长。

（9）若有成批的伤员或中毒者，必须报告事故缘由，如煤气中毒、食物中毒等，并报告大致的人数，以便急救中心调集更多车辆和急救医生。

（10）呼叫信号发出后还未见救护车到来，可继续拨打急救电话。

（11）救护车运送病患需要使用者承担一定的费用。